KB202412

제과제빵 재료학

조남지 김영호 이재진 박지양 황윤경 공저

BnCworld

제과제빵 재료학

초판발행 2000년 8월 17일
2판 10쇄 2025년 3월 20일

저자 조남지, 김영호, 이재진, 박지양, 황윤경
발행인 장상원
발행처 (주)비앤씨월드
1994.1.21. 제 16-818호
주소 서울특별시 강남구 선릉로 132길 3-6 서원빌딩 3층
전화 02) 547-5233
팩스 02) 549-5235
인쇄 신화프린팅
ISBN 978-89-88274-05-7 93570

http://www.bncworld.co.kr

머 리 말

우리 나라 국민의 식생활이 다양화되고 편리함을 추구함에 따라 제과제빵산업이 급속하게 발전되었고 이에 수반하여 제과제빵기술 및 제과제빵에 사용되는 재료도 그 종류와 용도가 아주 다양해졌다.

좋은 빵과 과자를 만들기 위해서는 좋은 재료의 선택이 필수적이며 좋은 재료를 선택하기 위해서는 재료에 관한 정확한 지식과 그 식품성분이 국민 건강에 미치는 영향을 알고 사용해야 될 필요성이 절실히 요구되고 있다.

그러나 제과제빵산업의 기술적 발전과 국민들의 식품에 대한 요구도 및 품질에 대한 의식 수준에 비하여 그동안 제과제빵 재료에 관한 교육은 과학적 지식과 체계적 이론의 결핍으로 경험과 제조업자의 설명에 의존하면서 국민의 빵과자에 대한 선택의 폭을 좁게 하고 있는 실정이다.

따라서 본 교재는 제과제빵 재료에 관한 과학적 지식과 이론 및 사용 예 등을 외국 및 국내의 연구 결과를 토대로 좀 더 과학적으로 접근하고 이해할 수 있도록 대학 교재로 구성하였으며 주어진 시간 내에 재료에 관한 내용을 모두 설명할 수 있도록 하였다.

본 교재에서는 특히 최근 국민들이 건강지향적이고 자연친화적인 식품에 대한 높은 관심을 갖고 있는 것을 감안하여 기능성 및 천연 원료 그리고 이스트 이외의 발효미생물들을 소개하여 산업현장에서 응용이 가능하도록 하였으며, 재료들의 품질 평가 방법을 부분적으로 설명하여 재료에 관한 지식의 폭과 응용성을 넓히는 데 도움을 주고자 하였기 때문에 본 교재는 제과제빵을 전공하는 전문대학 및 대학생들 뿐 만 아니라 현업 종사자 및 관련산업 종사자들이 제과제빵 재료에 관한 이론과 용도를 정리하고 활용하는 데 길잡이가 되도록 하였다.

본 교재를 발간하는 데 관련 전공 교수들이 참여하여 많은 노력을 하였음에도 불구하고 아직 부족한 부분이 많을 것으로 생각되는 바 독자의 넓은 관용을 바라며 기회가 있을 때마다 시정 보완할 것을 약속드린다.

또한, 본 교재의 집필 시 참고로 한 많은 논문과 서적의 저자 분들에게 충심으로 감사드리며, 끝으로 이 책의 출판에 온갖 정성을 다하신 비앤씨 월드의 임직원 여러분께도 깊이 감사드린다.

저자 씀

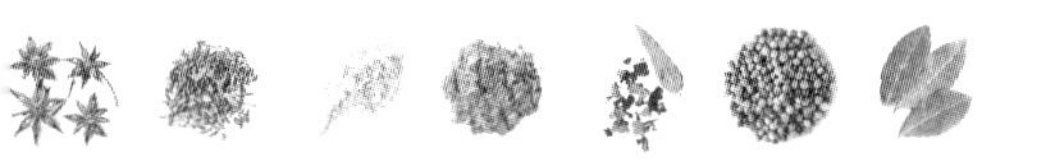

차 례

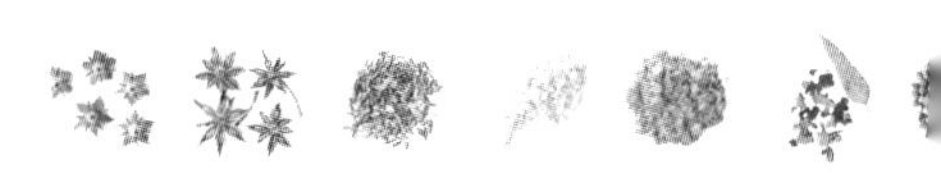

제 1 장 탄수화물

제 2 장 지방질

제 3 장 단백질

제 4 장 효 소(enzymes)

제 5 장 밀가루

제 6 장 기타가루

제 7 장 감미제

제 8 장 유지 제품

제 9 장 유가공품

제 10 장 계란과 그 가공제품

제 11 장 발효에 관여하는 미생물 - 이스트와 젖산균

제 12 장 화학적 팽창

제 13 장 식염과 제빵 개량제

제 14 장 초콜릿

제 15 장 물

제 16 장 제과제빵에서의 유화제의 역할

제 1 장 탄수화물(carbohydrate)

탄수화물은 당질이라고도 하며 지질, 단백질과 같이 생물체를 구성하는 유기화합물로서 자연계에 다량으로 존재한다. 탄수화물은 동식물체내의 에너지 저장형태로 동물의 에너지원으로 사용될 뿐 아니라 동식물 세포의 주된 구성 성분이다. 탄수화물은 탄소, 수소, 산소 등의 원소로 이루어진 화합물로 $Cm(H_2O)n$ 또는 CmH_2nOn으로 나타낸다. 화학적으로 탄수화물은 한 분자내에 1개 이상의 알콜기(-OH)와 1개의 알데히드기(-CHO) 또는 케톤기(-CO)를 가지는 화합물 또는 축합물이다. 탄수화물은 식물의 광합성 작용에 의하여 형성되며 이 과정은 다음과 같은 화학식에 의하여 요약 할 수 있다.

$$nCO_2 + nH_2O + \text{빛} \rightarrow (CH_2O)n + nO_2$$

탄수화물은 당분(sugar), 전분(starch) 및 섬유소(fiber) 등의 형태로 곡류의 주성분으로 존재한다.

1-1. 탄수화물의 분류

탄수화물은 더 이상 가수분해되지 않는 단당류(monosaccharide)와 그 유도체들이 여러 개 결합된 형태를 갖고 있다. 이 당과 당 사이의 결합은 산, 알칼리, 효소 등의 작용에 의하여 가수분해된다. 따라서 탄수화물은 가수분해의 정도에 따라서 그 구조의 파괴 없이 더 이상 분해될 수 없는 단당류, 여러 개의 단당류로 구성된 과당류(oligosaccharide) 및 수백 개 이상의 단당류로 구성된 다당류(polysaccharide)로 분류된다.

1-2. 단당류(monosaccharide)

단당류는 분자식 중에 알데히드(-CHO) 또는 케톤기(-CO)를 한 개 가진 당으로 더 이상 분해될 수 없는 최종산물이며 탄소 원자 수에 따라 3탄당 부터 8탄당까지 있으며 이들이 알데히드기나 케톤기 중 어느 것을 함유하느냐에 따라 알도스(aldose) 또는 케토스(ketose)로 분류된다. 이중 제과제빵에서 중요한 것은 6탄당이다. 6탄당은 탄소 6개로 된 단당류로서 분자식이 $C_6H_{12}O_6$ 로 표시되며 대부분 이당류나 다당류의 구성성분으로 존재한다.

1. 포도당(glucose)

자연계에 널리 존재하며 과실, 벌꿀, 혈액 등에 있고, 특히 포도에는 약 20% 정도 함유되어 있다. 포도당은 과당과 함께 설탕, 전화당의 주성분이며 이당류인 맥아당과 함께 물엿의 구성성분이다. 포도당은 환원당(reducing sugar)으로 α, β의 두 이성질체가 존재하며 포도당 용액을 방치하면 α, β형의 평형혼합용액을 만든다. 전분을 가수분해해서 얻은 결정 포도당은 비교적 안정한 α형(α-D-glucose)으로 감미료로 사용되며 상대적 감미도는 75정도로 알려져 있다. 포도당은 광학적 우선성이 있어 dextrose라고도 한다.

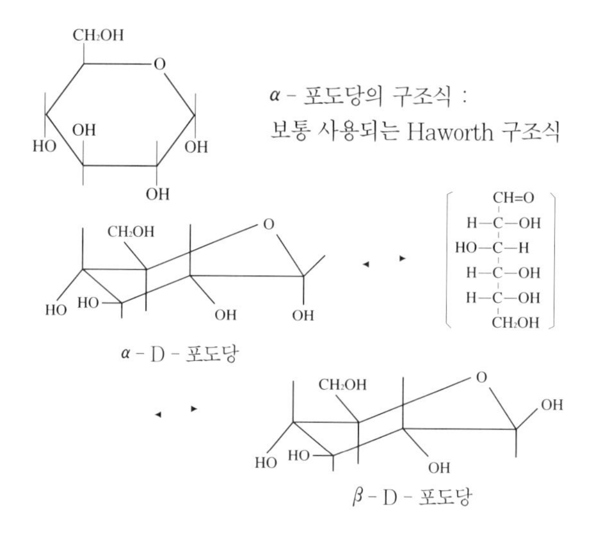

그림 1-1. α - D - 포도당 또는 β - D - 포도당의 가역적 이성화

2. 과당(fructose)

과당은 좌선성이 있어 levulose라고 하며 유리상태에서는 과일, 꿀 등에 많고 결합상태에서는 설탕, 이눌린(inulin)의 구성성분으로 존재한다. 과당은 다른 분자와 결합상태에 있을 때는 푸라노오스(furanose)형을 갖고 있으며, 유리상태로 존재할 때는 피라노오스(pyranose)형으로 존재한다. 과당의 상대적 감미도는 175정도이며 환원당이다. α, β의 두 이성질체가 있으며 자연에서는 β-D-fructofuranose 형만 존재한다. 과당은 포도당, 설탕 등과 같은 당류와 비교하여 다음과 같은 특성을 가지고 있다.

가. 당류 중 단맛이 가장 강하며 단맛이 순수하고 상쾌하다.

나. 당류 중 용해도(solubility)가 가장 커서 과포화 되기 쉽다.
다. 점도가 포도당이나 설탕보다 작다
라. 매우 강한 흡습 조해성(hygroscopic property)을 갖고 있다
최근에는 포도당 용액 중 일부를 과당으로 이성화(isomerization)시키는 반응을 촉진시켜 줄 수 있는 글루코오스 이성질화효소(glucose isomerase)를 이용하여 공업적으로 고과당 물엿을 제조하고 있다.

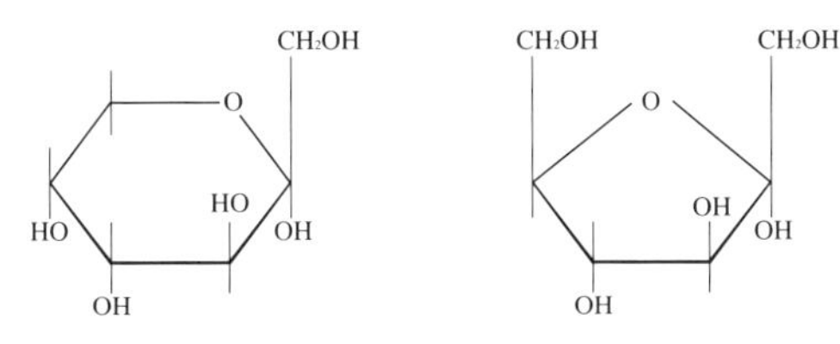

· 결정상태 즉, 유리상태로 있는 과당의 상태 (α - D - fructopyranose)
· 설탕 분자속에서와 같이 결합상태에 있는 과당의 분자형태 (α - D - fructofuranose)

그림1-2. 과당의 두 형태

3. 갈락토오스(galactose)

갈락토오스는 포도당 이성체의 하나로 유당, 갈락탄, 한천 등의 구성성분이며 동물의 뇌, 신경조직에도 존재한다. 갈락토오스는 환원당이며 보통 α-형으로 존재하고 감미도는 포도당보다 약하다.

4. 만노오스(mannose)

만노오스는 포도당이나 갈락토오스의 이성체의 하나로 만난(mannan), 갈락토만난(galactomannan)의 구성성분이다. 만노오스는 환원당이며 α-, β-형의 두 이성체가 존재한다. 단맛의 정도는 갈락토오스와 비슷하다.

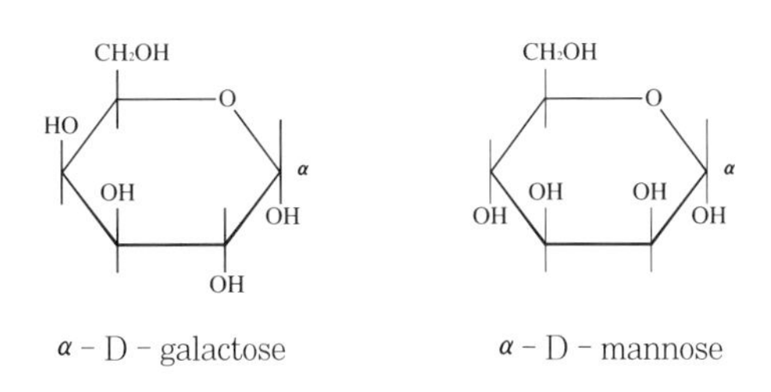

α - D - galactose　　α - D - mannose

그림1-3. 갈락토오스와 만노오스의 구조

5. 당 알콜류

당 알콜류는 당류의 카르보닐기가 알콜기로 치환된 폴리히드록시 알콜들

(polyhydroxy alcohols)로 과실류, 채소류 및 해조류에 널리 분포되어 있다. 당 알콜에는 소르비톨, 만니톨, 이노시톨 등이 있으며 이중 소르비톨과 만니톨이 식품가공에 널리 사용되고 있다.

1) 소르비톨(sorbitol)

소르비톨은 공업적으로 포도당에 수소첨가하여 제조되며 단맛은 설탕의 약 50~60% 정도이고 그 맛은 상쾌하다. 소르비톨은 포도당처럼 쉽게 흡수되나 혈당으로 전환되지 않기 때문에 당뇨병환자들을 위한 감미료로 사용되고 있다. 또한 소르비톨은 주위의 수분을 매우 강하게 흡수하는 수분조절제(humectant)로 사용되고 있다.

2) 만니톨(mannitol)

만노오스의 유도체인 만니톨은 갈조류에 자연적으로 존재하며 공업적으로는 포도당에 수소첨가하여 얻어지며 그 단맛은 설탕의 약 70% 정도이다.

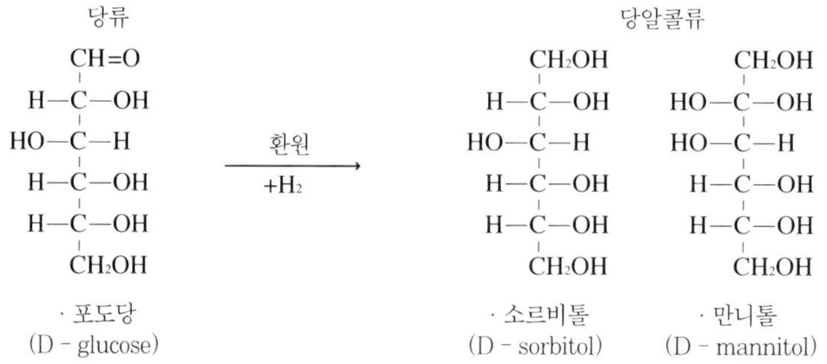

당류		당알콜류	
CH=O		CH_2OH	CH_2OH
H—C—OH		H—C—OH	HO—C—OH
HO—C—H	환원 → $+H_2$	HO—C—H	HO—C—H
H—C—OH		H—C—OH	H—C—OH
H—C—OH		H—C—OH	H—C—OH
CH_2OH		CH_2OH	CH_2OH
· 포도당 (D - glucose)		· 소르비톨 (D - sorbitol)	· 만니톨 (D - mannitol)

그림1-4. 당 알콜류의 구조 및 당류와 당 알콜류의 관계

1-3. 과당류(oligosaccharide)

과당류는 단당류 2분자가 탈수 축합한 화합물로서 자연계에는 2당류, 3당류, 4당류 등이 존재한다.

1. 이당류(disaccharide)

이당류는 가수분해되어 2분자의 단당류를 생성한다.

$$C_6H_{12}O_6 + C_6H_{12}O_6 \rightleftharpoons C_{12}H_{22}O_{11} + H_2O$$

대표적 이당류로는 설탕 (포도당 + 과당), 맥아당 (포도당 + 포도당), 유당 (포도당 + 갈락토오스) 등이 있다.

1) 설탕(자당, sucrose)

설탕 즉 자당은 식물계에 널리 분포하며 사탕수수와 사탕무에 다량 함유되어 있다. 설탕 용액을 산, 알칼리 또는 인베르타아제(invertase)라는 효소에 의해서 가수분해하면 포도당 한 분자와 과당 한 분자가 생성된다. 이때 용액전체의 선광도가 우선광도에서 좌선광도로 바뀌지기 때문에 전화(inversion)라고 불려지며, 이렇게 형성된 포도당과 과당의 혼합물을 전화당(invert sugar)이라고 한다. 설탕은 포도당과 과당의 카르보닐기가 결합되어 있기 때문에 유리된 카르보닐가 없어 비환원성을 나타내며 α-, β-형의 이성체가 존재하지 않는다. 당류들의 감미도는 설탕의 감미도 100을 기준으로 다른 당류의 감미도를 상대적으로 나타낸다. 한편, 설탕을 미생물로 발효시키면 에틸알콜이 생성되며 설탕과 지방산의 에스테르(sugar ester)는 효과가 좋은 유화제로서의 기능을 갖고 있다.

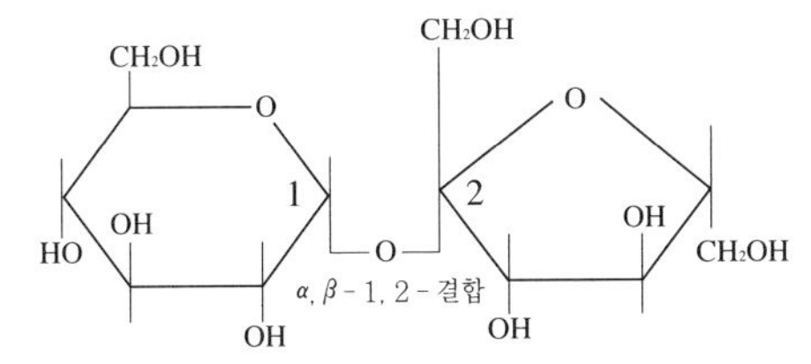

· 설탕(sucrose : α - D - glucopyranosyl - β - D - fructofuranoside)

그림1-5. 설탕의 구조

2) 맥아당(maltose)

물엿과 전분의 주요 구성성분이며 전분에 맥아를 넣으면 디아스타제가 작용하여 맥아당을 생성한다. 맥아당은 포도당 두 분자가 α-1,4결합을 통하여 결합된 이당류로 말타아제(maltase)라는 효소에 의해서 2분자의 포도당으로 분해되며 α-, β-의 두 이성체를 갖고 있는 환원당이다. 맥아당의 상대적 감미도는 33정도이다.

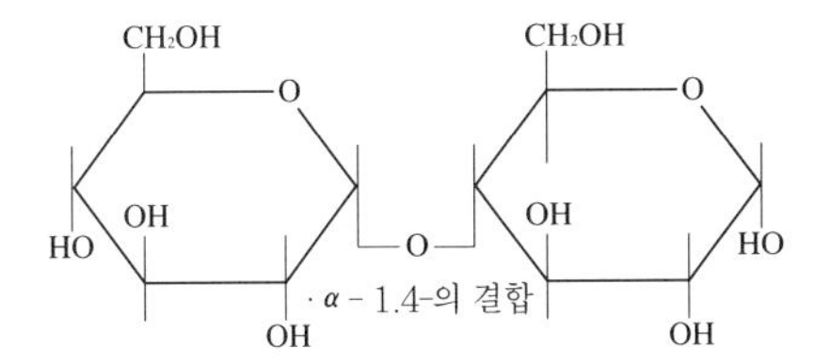

· α - 맥아당 (α - maltose, 4 - α - D - glucosyl - α - glucoside)

그림1- 6. 맥아당의 구조

3) 유당(lactose)

유당은 모든 포유동물의 젖 중에 6~8%정도 함유되어 있으며 자연상태로 존재한다. 유당, 즉 젖당은 락타아제(lactase)라는 효소에 의해서 포도당과 갈락토오스로 분해된다. 유당은 효모에 의해 발효되지 않으며 젖산균에 의해서 분해되어 젖산을 생성하여 젖산균 음료의 특유한 맛과 향을 낸다. 환원당이며 대장 내에서 내산성 박테리아를 잘 자라게 하고 칼슘의 흡수와 이용을 돕는다.

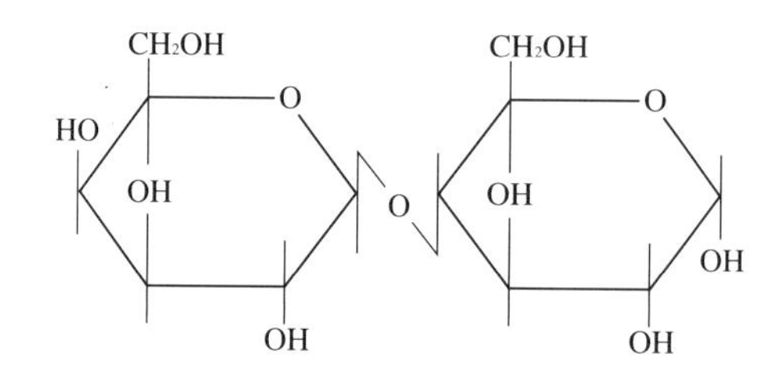

그림1-7. 유당의 구조

2. 삼당류(trisaccharide)

삼당류에는 단당류 3분자가 축합하여 물 2분자를 잃고 분자식이 $C_{18}H_{32}O_{6}$ 으로 표시 되는 라피노오스(raffinose)가 있다. 라피노오스는 두류 또는 면실과 같은 종자들 속에 널리 분포되고 있다.

한편, 라피노오스는 두류가공식품을 섭취할 때 장내 가스 발생의 원인이 되는 성분으로 알려져 있다. 이 라피노오스는 4당류인 스타키오스(stachyose)와 함께 존재하는 경우가 많은 것으로 알려져 있다. 라피노오스는 효소에 의해 가수분해되어 과당, 포도당, 갈락토오스로 분해된다.

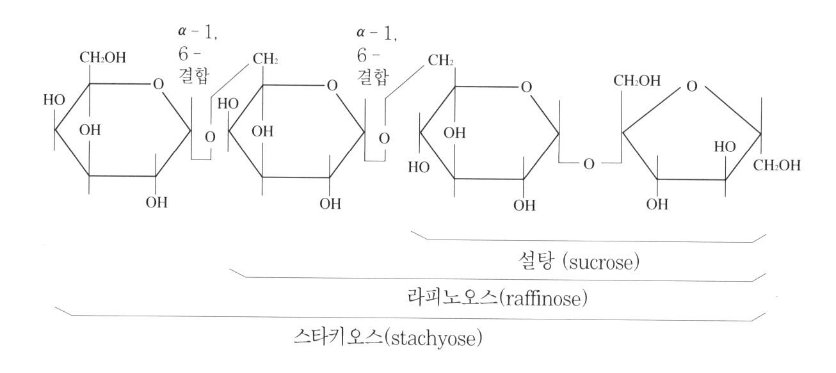

그림1-8. 설탕, 라피노오스, 스타키오스의 구조

3. 말토덱스트린류

말토덱스트린류는 전분의 중간 가수분해물로서 α-포도당을 구성단위로 하는 삼당류인 말토트리오스(maltotriose), 사당류인 말토테트라오스(maltotetraose), 오당류인 말토펜타오스(maltopentaose), 육당류인 말토헥사오스(maltohexaose)등으로 구성되어 있다. 이중 말토트리오스와 말토테트라오스가 50%이상 함유된 당을 올리고당이라고 하며 저감미료로 과자류와 아이스크림 등에 이용되고 있다. 말토헥사오스는 환상형태로 존재하는 시클로덱스트린(cyclodextrin)의 한 종류로 저분자량 화합물임에도 불구하고 요오드의 청색 정색 반응을 일으키는 특성을 보이며 휘발성물질의 포집, 용해성 및 흡습성 등의 물성 개선, 난백의 기포성 향상 및 식품분말의 기초제로 제과, 제빵 등에서 널리 사용된다.

1-4. 다당류(polysaccharide)

다당류는 자연계에 널리 분포되어 있고 단당류가 탈수 축합되어 된 고분자 화합물이며 일반식은 $(C_6H_{12}O_5)n$ 으로 나타낸다. 다당류는 일반적으로 물에 녹지 않고 콜로이드 상태를 나타내며 감미, 환원성, 발효성이 없다. 다당류 중 가장 중요한 다당류는 전분으로 전인류의 주요 칼로리원 뿐만 아니라 가공식품의 주요성분으로 이용되고 있다.

1. 전분(starch)

전분은 식물계에 널리 분포하고 곡류, 근채류, 두류, 열매 등에 다량 함유되어 있으며 동물의 중요한 에너지원이다. 전분분자는 포도당이 다수 축합되어 이루어진 중합체이며 이 전분분자들은 수소결합을 통하여 여러 개가 미셀(micelle), 즉 다발을 형성하고, 이 미셀이 다시 모여 층을 만들면서 전분입자(starch granules)를 형성한다. 전분의 분자량은 커서 평균 중합도가 6,000~37,000 정도이며 전분입자의 비중은 1.55~1.65에 달한다. 전분입자는 전분의 종류에 따라 크기가 다르며(그림1- 9) 호화온도 및 호화 양상도 다르다.

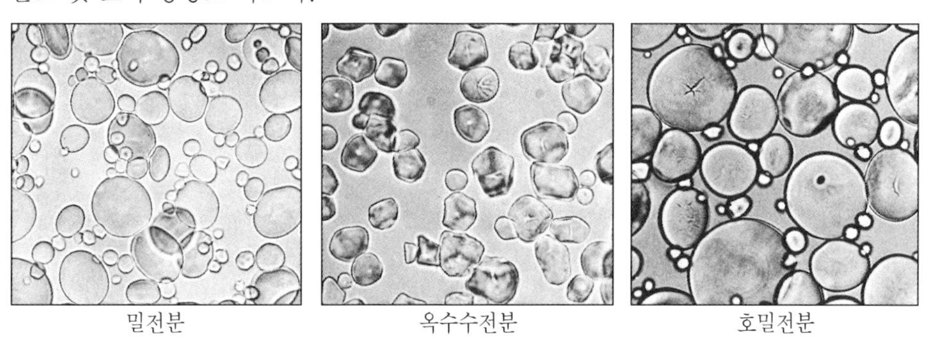

밀전분 옥수수전분 호밀전분

그림 1- 9. 각 전분 입자들의 실제사진 700X

전분은 물을 흡수하여 팽윤하며 60℃ 전후로 열을 가하면 콜로이드 상태가 되어 (즉 호화 되어) 가용성 전분이 된다. 전분은 포도당의 중합체로서 아밀로오스(amylose)와 아밀로펙틴(amylopectin)으로 구성되어 있으며 보통의 곡물은 아밀로오스가 17~28%이고 나머지가 아밀로펙틴이다. 찹쌀의 전분은 아밀로펙틴 100%로 되어 있다.

가) 아밀로오스(amylose)

아밀로오스는 포도당이 직쇄 모양으로 α-1,4 결합을 통해 형성된 고분자중합체이며 포도당분자들끼리 α-1,4 결합을 할 때 각도 때문에 나선형(helical form)으로 알려진 코일(coil)상의 분자형태를 갖고 있다. 따라서 그 내부공간에 지방산이나 요오드 분자가 들어가 복합체를 형성할 수 있으며 요오드와는 청색 정색 반응을 일으킨다. 아밀로오스는 β-아밀라아제에 의해 거의 완전히 맥아당으로 분해되며 아밀로오스를 냉각하면 쉽게 퇴화하여 겔상으로 단단해진다.

나) 아밀로펙틴(amylopectin)

아밀로펙틴은 아밀로오스와 같이 α-1,4 결합을 통하여 결합되어 있는 직선상의 구조 이외에 직선사슬 군데군데에 α-1,6 결합의 가지를 만들어 측쇄를 가진 구조를 형성하고 있다. α-1,6 결합에서 다음의 α-1,6 결합까지의 평균 포도당의 수는 24 ~30개 정도로 알려져 있다. 아밀로펙틴은 물에 잘 녹지 않으며 점조성이 있고 분자량이 커서 100만 이상 되는 것이 많다. 요오드 용액에의해 적자색 반응을 하며 퇴화되는 경향은 아밀로오스에 비해 적다. β-아밀라아제에 의해 분해되어 한계덱스트린을 생성한다. 한편, 동물성전분으로 알려진 근육조직과 간에 존재하는 글리코겐(glycogen)은 아밀로펙틴과 구조는 비슷하나 가지와 가지사이의 평균 포도당수는 8~16개로 아밀로펙틴보다 훨씬 많은 가지를 갖고 있는 것이 특징적이다.

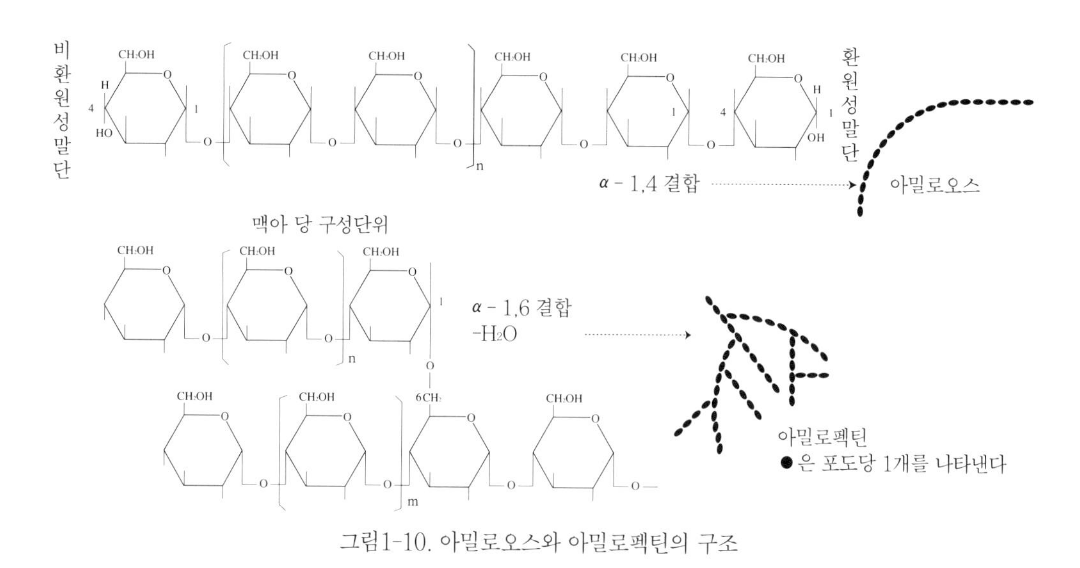

그림1-10. 아밀로오스와 아밀로펙틴의 구조

1) 전분 가수분해물

전분을 가수분해했을 때 최종 생성물들인 포도당과 맥아당을 제외한 일체의 가수분해 생성물들을 덱스트린(dextrins) 또는 호정이라 한다. 한편 전분 또는 전분질 식품을 높은 온도에서 가열할 때 전분분자의 부분적인 가수분해 또는 열분해가 일어나는데 이러한 현상을 덱스트린화 또는 호정화라고 한다. 식빵을 토스트할 때 열에 의하여 전분의 일부가 덱스트린화 되어 색상이 진해지는 현상이 호정화의 한 예이다.

2) 전분분해 효소들

(1) α-아밀라아제(α-amylase)

α-아밀라아제는 침, 췌장액, 발아 중인 종자들과 일부 미생물에 존재하는 효소로서 전분 분자 중의 α-1,4 결합을 무작위적(at random)으로 절단한다. α-아밀라아제는 교질 상태로 물에 분산되어 있는 전분분자들을 가수분해하여 용액상태로 만들어주기 때문에 액화효소(liquefying enzyme)라고도 한다. 한편, α-아밀라아제는 α-1,4 결합에만 작용하기 때문에 직선상의 아밀로오스는 잘 가수분해하나 α-1,6 결합을 갖고 있는 아밀로펙틴 분자는 가수분해하지 못하고 α-1,6 결합과 α-1,6 결합에 가까운 부분을 남겨놓는데 이와 같이 가수분해하지 못하고 남겨 놓은 부분을 α-아밀라아제 한계덱스트린(α-amylase limit dextrin)이라 한다. α-amylase는 전분을 가수분해하여 물엿 또는 결정포도당을 만들 때 사용된다.

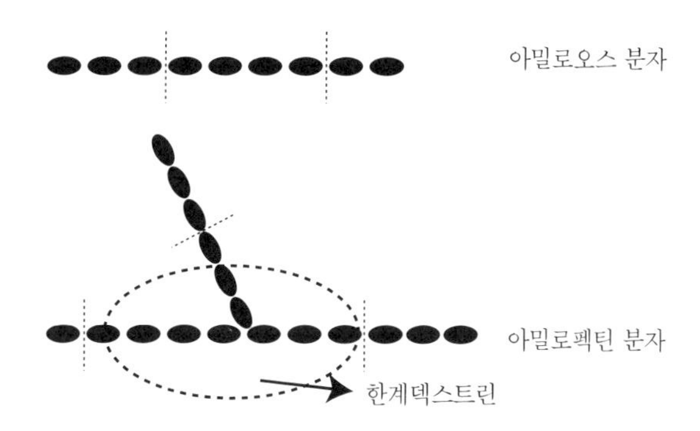

α - 1,4 결합을 무작의적(at random)으로 가수분해하며 α - 1,6 결합 또는
α - 1,6 결합에 가까운 부분 즉 한계 덱스트린을 남겨 놓는다.

그림 1-11. α-아밀라아제의 작용기구

(2) β-아밀라아제(β-amylase)

β-아밀라아제는 곡류, 두류, 엿기름, 침, 발아 중인 종자들과 일부 미생물에 존재하는 효소로서 전분분자 중의 α-1,4 결합을 말단에서부터 맥아당 단위로 가수분해하며 α-1,6결합은 가수분해하지 못한다. 이 효소가 전분의 교질용액을 가수분해함에 따라 포도당과 맥아당의 함량이 증가하면서 단맛이 급격하게 증가하기 때문에 당화효소(saccharifying enzyme)라 부른다. 아밀로오스 및 아

밀로펙틴에 대한 β-아밀라아제의 작용은 완전히 끝까지 진행되지 못하고 가수분해가 중단되는데 이와 같이 가수분해되지 않고 남은 부분을 β-아밀라아제 한계덱스트린(β-amylase limit dextrin)이라 부른다. 한편 α-및 β-아밀라아제에 의한 가수분해는 전분의 현탁액에서는 일어나지 않고 호화된 용액에서 일어나기 때문에 α-및 β-아밀라아제의 내열성은 효과적인 전분의 가수분해를 위하여 중요하다.

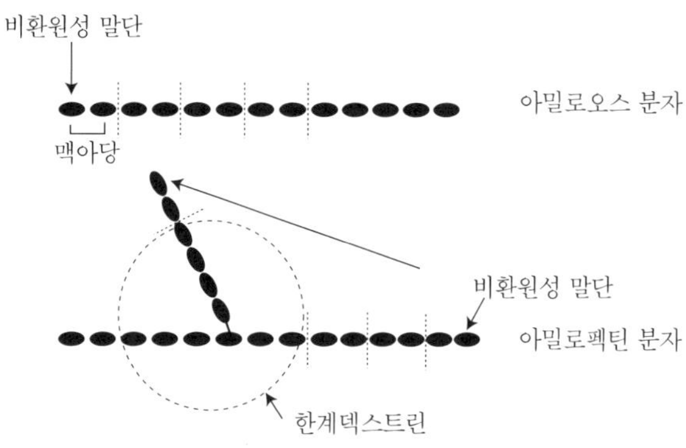

그림1-12. β-아밀라아제의 작용기구

(3) 글루코아밀라아제(glucoamylase)

글루코아밀라아제는 동물의 간조직과 각종 미생물에 존재한다. 글루코아밀라아제는 아밀로오스나 아밀로펙틴 분자들의 α-1,4 결합, α-1,6 결합 및 α-1,3 결합을 포도당 단위로 말단에서 순서대로 가수분해하여 고순도의 결정포도당을 생산한다.

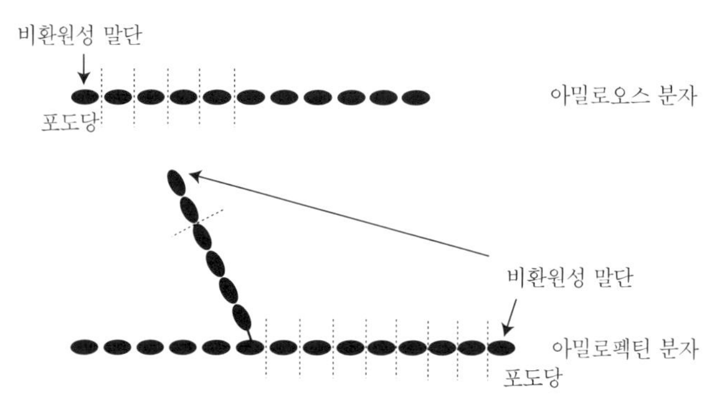

그림 1-13. 글루코아밀라아제의 작용기구

3) 전분의 호화 (gelatinization)

아밀로오스와 아밀로펙틴 분자들은 수소결합에 의해 전분입자 속에서 미셀(micell)구조를 형성하고 있으며, 이 미셀이 모여 전분층을 형성하며 전분층이 겹쳐서 전분입자들을 형성한다. 그런데 이 전분에 물을 가하여 가열하면 열 에너지에 의해서 전분의 규칙적인 미셀구조가 느슨해져서 물이 침투해 들어가 팽윤하게 된다. 한층 더 가열을 계속하면 미셀구조는 파괴되고 전분입자들의 콜로이드 용액이 형성되면서 점도가 상승된다. 이런 현상을 호화(α화)라고 한다.

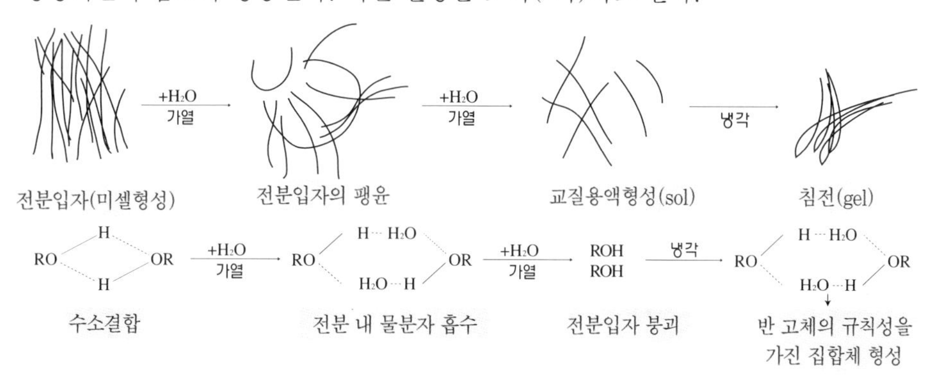

그림1-14. 전분의 호화 과정

전분은 호화되면서 전분이 갖고 있던 결정성물질 특유의 방향부동성이나 복굴절(birefringence)의 성질을 잃어버린다. 전분의 호화는 전분입자들의 내부구조와 크기, 형태 등과 밀접한 관계가 있기 때문에 전분의 종류에 따라 각각 다른 온도에서 일어난다. 그리고 수분함량이 많을수록, 전분현탁액의 pH가 알칼리상태일수록 전분의 호화를 촉진시킨다. 대부분의 염류는 수소결합에 크게 영향을 미치기 때문에 전분현탁액에 존재할 때는 전분의 호화를 촉진시킨다. 그러나 황산염은 극히 예외적으로 호화를 억제하는 것으로 알려져 있다. 밀가루나 전분의 호화 성상을 관찰하기 위해 사용되는 아밀로그래프의 경우는 밀가루 65g을 물 450㎖에 혼합하여 현탁액을 만들어 사용하며, 이 조건에서는 61~62℃정도에서 전분의 호화가 시작되며 85℃를 초과하면서 전분의 팽윤과 구조파괴가 완료되어 점도가 최고점을 나타낸다.

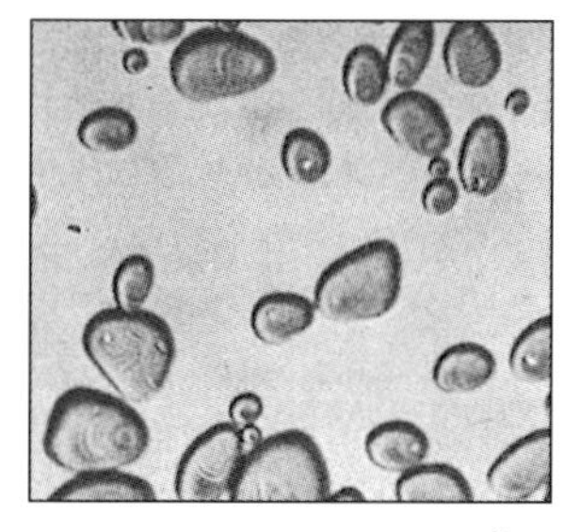
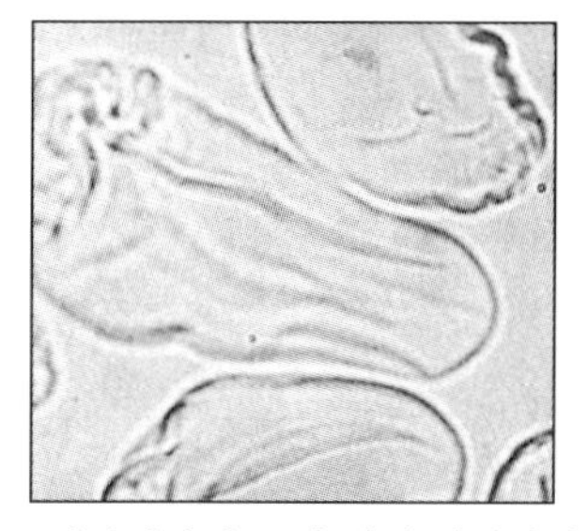
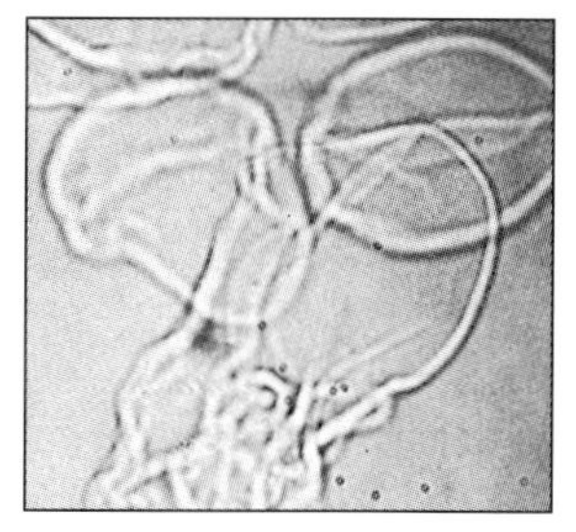

그림1-15. 전분입자의 호화 과정 확대사진

4) α-전분과 β-전분

결정성 전분입자의 X-선 회절도(X-ray diffraction pattern)를 보면 동심원륜(concentric rings)의 회절도를 보이며 회절도의 종류는 전분의 종류에 따라 다르게 나타난다. 즉 쌀, 옥수수의 생전분은 A도형을, 고구마, 녹두 등의 생전분은 B도형을, 그리고 감자, 밤 등의 전분은 C도형을 나타낸다. 한편 호화된 전분 용액에 부틸알콜을 가하여 전분분자들을 침전시킨 후 건조시켜 얻은 호화된 상태의 전분은 어떤 종류의 전분이건 무정형의 특징을 나타내는 V도형의 회절도를 나타낸다. 이와 같이 A나 B나 C도형의 X-선 회절도를 나타내는 전분을 β-전분, V도형을 나타내는 전분을 α-전분이라 부른다. 따라서 전분의 호화는 β-전분이 호화된 상태의 α-전분으로 변화되는 과정이라고 정의할 수 있다. α-전분은 전분입자가 풀어진 무정형의 상태이기 때문에 α-전분을 건조시킨 후 다시 물을 가하면 물을 쉽게 흡수하여 젤상태 즉 콜로이드상태로 되돌아간다. α-콘의 상품명으로 시판되고 있는 α-전분은 모두 이런 특성을 이용하여 끓이지 않아도 쉽게 교질화되도록 만든 제품들이다.

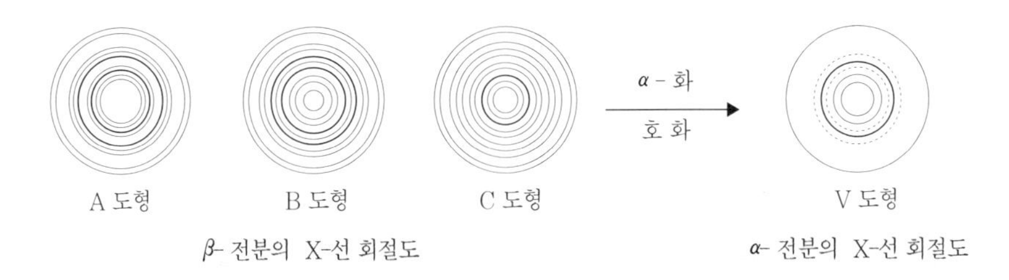

그림1-16. 전분의 X-선 회절도.

5) 전분의 노화(retrogradation)

호화된 전분분자들의 교질용액을 냉각시키면서 장시간 방치하면 아밀로오스 분자들이 서서히 가라앉아 재결정화 되면서 호화전분의 특성을 잃게되는데 이런 현상을 전분의 노화(β화)라 한다. 또한, 전분이 노화되면서 X-선 회절도는 V도형에서 B도형으로의 변화된다.

이와 같은 전분의 재결정화 즉 노화는 가. 전분의 종류 나. 전분입자내의 아밀로오스와 아밀로펙틴의 함량 다. 수분함량 라. 온도의 영향 마. pH, 염류, 당류의 영향 바. 유화제의 존재 등에 영향을 받는 것으로 알려져 있다.

가. 전분의 호화가 전분의 종류와 밀접한 관계가 있듯이 전분의 노화도 전분분자의 크기와 형태들에 영향을 받는다. 일반적으로 옥수수, 밀과 같은 곡류 전분은 노

화되기 쉬우나 근경류(감자, 고구마, 칡, 타피오카)의 전분은 노화되기 어렵다. 또한, 찹쌀, 찰옥수수와 같은 아밀로펙틴으로만 구성된 전분은 노화가 가장 느리다.

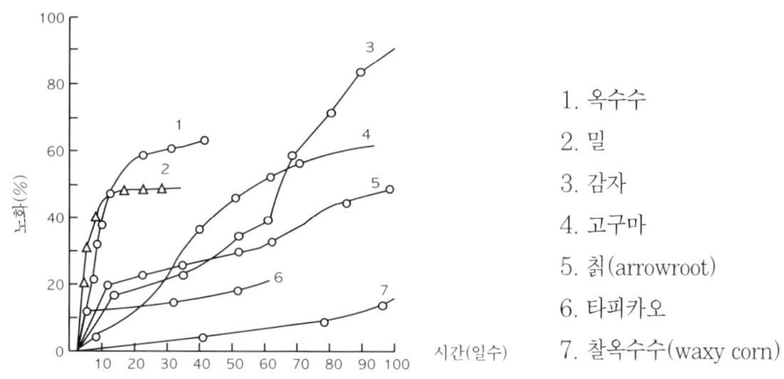

그림1-17. 각종 전분의 2% 용액에서의 노화속도 곡선

나. 전분의 노화에는 아밀로오스와 아밀로펙틴이 관여하며 아밀로오스는 그 분자형태가 직선상이며 분자량이 적기 때문에 아밀로펙틴에 비교할 때 호화되기도 쉽고 또한 노화되기도 쉽다. 따라서 거의 아밀로펙틴으로 구성된 찹쌀 등은 일단 호화되면 아밀로오스와 아밀로펙틴으로 구성된 일반 곡류의 전분에 비해서 노화되기 어렵다. 한편 전분의 결정화 즉 노화 과정은 아밀로오스에 의한 순간적인 핵 형성에 따른 막대기 모양의 결정성장이 원인이라는 것이 밝혀져 있으며 아밀로오스 함량이 증가할수록 노화속도는 증가한다.

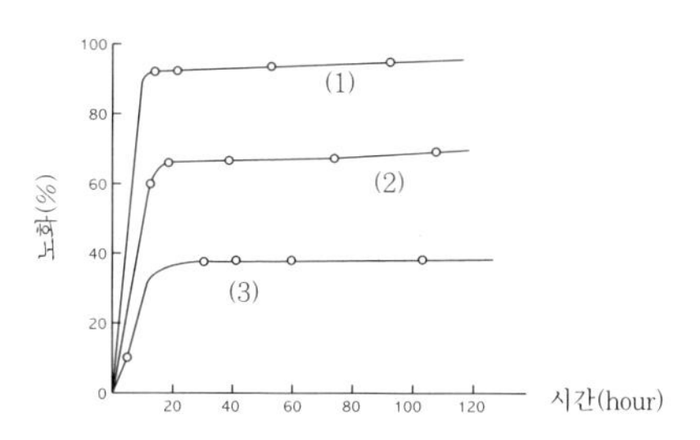

0℃에서 0.85%의 농도의 아밀로오스(amylose) - 아밀로펙틴(amylopectin) 혼합물(mixture)의 노화속도(rate of degradation)
(1) 90% 아밀로오스 (2) 75% 아밀로오스 (3) 50% 아밀로오스

그림1-18. 0℃에서 0.85% 농도의 아밀로오스-아밀로펙틴 혼합물의 노화속도

다. 전분분자들은 호화된 상태에서 수분함량이 30%이하가 될 때는 호화전분 중의 아밀로오스 분자들의 침전과 회합이 방해되므로 노화가 억제되고 수분함량이 증가함에 따라 노화가 촉진되는 경향을 보인다. 한편, 수분함량이 60%가 넘는 경우에는 오히려 노화가 억제되는데 그 이유는 회합 또는 침전할 분자들의 농도가

희석되기 때문으로 생각되고 있다.

라. 전분의 노화는 온도가 낮아질수록(냉장온도) 교질 구조가 불안정해지기 때문에 촉진되며 식품의 빙점(-2℃)이하로 온도가 내려가면 자유수가 빙결되므로 아밀로오스의 회합, 침전이 억제되어 노화가 억제된다.

마. pH가 알카리성일 때 호화가 촉진되며 노화가 억제된다고 알려져 있으나 빵 · 과자의 pH가 5~7사이에 있기 때문에 pH가 주는 영향은 크지 않다. 무기염류는 일반적으로 호화를 촉진시켜 주고 노화를 억제하는 경향이 있으나 예외적으로 황산염(sulfates)은 노화를 촉진시킨다.
한편, 당류는 식품 중의 수분과 수소결합을 통하여 수화(hydration)되기 때문에 식품중의 자유수를 감소시키는 탈수제로 작용한다. 따라서 전분질 식품 중 당류의 함량이 증가할수록 전분분자사이의 회합과 침전이 억제된다. 따라서 당류를 첨가하여 전분질 식품의 노화를 억제시키는 방법이 빵 · 과자류를 비롯한 가공식품 산업에서 널리 사용되고 있다.

바. 유화제는 교질화된 전분분자 사이의 회합, 침전을 방해하는 즉 교질 상태를 안정화시키는 역할을 한다. 스테아릴산 젖산 나트륨과 같은 유화제는 빵 전분 중의 아밀로오스와 나선형 복합체를 형성하여 아밀로오스의 용출을 방해하므로써 부분적으로 전분의 노화를 지연시키는데 사용되고 있다.
빵의 노화현상은 스테일링(staling)이라 하며 스테일링의 원인은 복합적인 것으로 알려져 있다. 그 원인으로 수분의 탈수(dehydration), 단백질의 변성, 지방질의 산패 및 호화된 전분의 노화 등을 들 수 있다. 일반적으로 빵의 수분함량(30~60%)과 보관 온도(0~20℃)는 전분의 노화가 가장 빠른 수분함량 및 보관온도와 일치하는 경우가 많기 때문에 빵의 스테일링의 여러 원인 중 전분의 노화는 탈수와 함께 가장 중요한 원인으로 생각되고 있다. 따라서 빵류의 노화 즉 스테일링을 억제하기 위해서는 설탕 등 당류의 첨가, 각종 유화제의 사용 및 빵 내부 자유수를 얼리는 냉동 저장 방법 등이 사용되고 있다. 한편 전분의 노화과정은 부분적인 가역과정으로 볼 수 있기 때문에 빵이 변질되기 전에는 가열처리(토우스트)함으로써 다시 α-화시켜 소화성을 높일 수 있다.

2.셀룰로우스

셀룰로우스(cellulose) 즉 섬유소는 식물체의 기본구조(세포의 세포막에 존재)를 형성하는 다당류로서 인체에 직접적인 에너지원이 되지 못하더라도 간접적인 여러 가지 중요한 영양학적 의의를 갖고 있다.

셀룰로우스는 β-포도당이 β-1,4결합을 통하여 결합된 분자량이 100만에 달하는 직선상의 고분자 화합물로서 기본단위는 β-포도당 두개가 β-1,4결합으로 결합된 셀로비오스(cellobiose)이다.

셀룰로우스 분자들은 상호간 수소결합에 의하여 미셀(micelle)을 형성하며 이 미셀들이 다시 모여 셀룰로우스 섬유를 형성한다. 셀룰로우스는 결정성 영역의 비율이 전분보다 훨씬 커서 약 70%에 달하며 나머지 30%는 무정형 영역으로 구성되어 있다. 한편, 셀룰로우스는 사람의 경우 셀룰로우스를 분해할 수 있는 효소체계가 결핍되어 직접적으로는 이용할 수 없으나 인체 장내에 기생하는 미생물에 의하여 일부 흡수, 이용되는 것으로 알려져 있다. 또한, 셀루로오스는 인체의 장을 자극하여 그 연동작용에 관여함으로서 음식물의 소화와 이동을 도와준다.

셀룰로우스의 유도체들로는 메틸셀룰로우스, 헤미셀룰로우스 등이 존재하며 카아복시 메틸셀룰로우스(carboxymethyl cellulose, CMC)는 식품안정제 또는 증점제(thickener)로서 아이스크림, 과자류에 널리 사용된다.

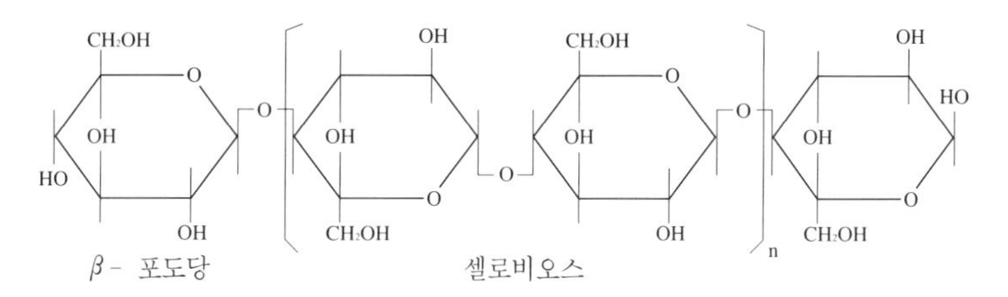

그림1-19. 과실, 채소류의 구조를 형성하는 셀룰로우스의 구조
(셀로비오스는 β-포도당 두 분자가 β-1,4 결합을
통하여 만든셀룰로우스의 기본단위이다.)

3.친수성 콜로이드 물질(hydrocolloid substances)

용액(solution)과는 다르게 어떤 물질(주로 고분자 화합물)이 물에 전혀 녹지 않으나 물분자들과의 친화력 때문에 물에 분산되어 좀처럼 가라앉지 않는 경우를 교질 상태 또는 콜로이드 상태에 있다고 하며, 물과 강한 친화력을 가지고 물에 쉽게 분산되어 교질 상태로 되는 고분자 화합물을 친수성 콜로이드(hydrocolloid)라고 부른다. 자연식품과 가공식품에서는 그 식품 중의 여러 성분들이 친수성 콜로이드의 상태를 유지하고 있는 경우가 많으며 또한 이들 식품의 교질상태를 섭취할 때까지 유지시키는 일이 매우 중요하다. 이러한 목적 때문에 친수성 콜로이드 물질들이 식품첨가물(food additive)로서 여러 가지 용도로 사용되고 있다(표1-1). 자연에서 얻어지는 친수성 콜로이드 물질들은 단백질인 젤라틴을 제외하면 거의 전부가 다당류에 속하는 탄수화물이며 합성 유화제와는 달리 독성이 거의 없는 것이 큰 장점이다. 자연에 존재하는 친수성 콜로이드 물질들을 출처에 따라 분류하면 다음과 같다.

① 해조에서 추출한 고무질 물질들 :
한천(agar), 알긴(algin), 카라기난(carrageenan) 등
② 식물체에서 추출 또는 얻어지는 물질들 :
펙틴(pectin), 전분(starch), 아라비아 검(gum arabic),
로커스트 콩검(locust bean gum) 등
③ 동물에서 얻어진 물질들 : 젤라틴(gellatin), 키틴(chitin) 등
④ 미생물에 의하여 만들어지는 고무물질들:
덱스트란(dextran), 크산탄검(xanthan gum) 등

표1-1 . 친수성콜로이드 물질들의 여러 가지 용도

기 능	사용실예
접착제(adhesive)	빵, 과자류의 글레이즈(bakery glaze)
결합제(binding agent)	소시지
칼로리 조정제(calorie control agent)	식이식품(dietatic foods)
결정 억제제(crystallization inhibitor)	아이스크림, 설탕, 시럽(syrups)
청징제(clarifying agent)	맥주, 술
유화제(emulsifier)	샐러드 드레싱 (salad dressing)
피막 형성제(film former)	소시지 덮개(sausage casings)
거품안정제(form stabilizer)	맥주(beer)
겔화제(gelling agent)	과자류(pudding, desserts)
안정제(stabilizer)	맥주, 마요네이즈(myonaise)
팽윤제(swelling agent)	가공육류(processed meats)
시네레시스 억제제(syneresis inhibitor)	치즈(cheese), 냉동식품(frozen foods)
증점제(thichening agent)	잼(jams), 소오스(sauces)

제2장 지방질(lipid)

지방질(lipid)은 탄수화물, 단백질과 함께 생체의 구성성분이며 에너지원으로 중요한 물질이다. 지방질은 탄수화물과 같이 탄소, 수소, 산소로 구성되어 있으나 그 배열과 조성이 다른 특성을 보인다. 블로아(Bloor,W.R.,1925)는 지방질을 물에 녹지 않으며 유용성 용매로 알려진 에테르(ether), 크로로포름($CHCl_3$), 벤젠(C_6H_6), 사염화탄소(CCl_4) 등에 잘 녹는 물질로 정의하고 있다.

지방질은 종류가 많기 때문에 그 화학적 성질과 구조에 따라 유사한 몇 개의 그룹으로 분류할 수 있으며 특히 알칼리에 의한 가수분해 여부에 따라 감화될 수 있는 지방질(saponifiable lipids)과 감화될 수 없는 지방질(unsaponifiable lipids)로 크게 분류된다.

감화될 수 있는 지방질에는 유지(fats & oil), 왁스류(waxes) 및 인지방질(phospholipids)이 있으며 감화될 수 없는 지방질에는 스테롤류(sterols), 일부 탄화수소들(hydrocarbons) 및 일부 유용성 색소들 또는 비타민류(oil-soluble pigments or vitamins)가 포함된다.

지방질은 지방질의 종류에 따라 함량이 많고 적음의 차이는 있으나 그 성분으로 반드시 지방산을 갖고 있다. 지방질 가운데 지방산 함량이 가장 많은 것은 유지, 즉 중성지방질로 성분 전체의 약 90%를 지방산이 차지하고 있으며 식품가공에 가장 중요한 역할을 한다.

유지는 한 개의 글리세롤(일명 glycerin) 분자와 3개의 고급지방산 분자들이 에스테르 결합을 하고있는 트리글리세리이드(triglyceride)의 혼합물로 정의된다. 일반적으로 식용유지는 상온에서 액체상태인 것은 식물성유(vegetable oils), 고체상태인 것은 동물성지방(animal fats)으로 구분하여 부른다.

그러나 이와 같은 구별은 어디까지나 물리적인 것이며 기본적인 화학구조와 화학적 성질들은 같다고 볼 수 있다. 한편 글리세롤에 지방산 1분자가 결합되어 있는 화합물은 모노글리세리이드(monoglyceride)라 하며, 지방산 2분자가 결합되어 있는 것은 디글리세리이드(di-glyceride), 그리고 지방산이 3분자 결합되어 있는 것을 트리글리세리이드(triglyceride)라 한다. 이 장에서는 식용유지에 국한하여 다루기로 한다.

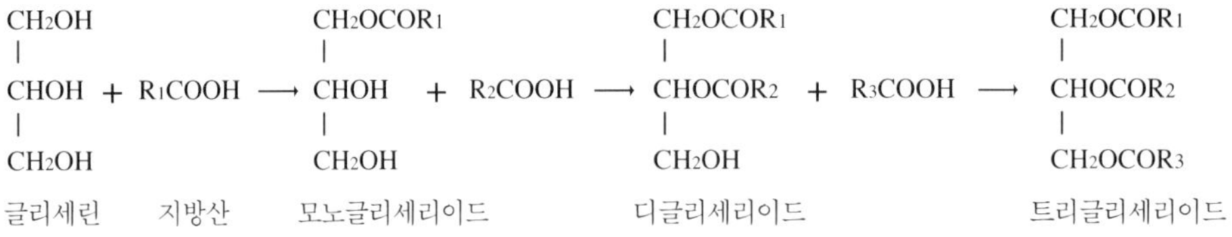

$$
\begin{array}{lllllllllllll}
CH_2OH & & & & CH_2OCOR_1 & & & & CH_2OCOR_1 & & & & CH_2OCOR_1 \\
| & & & & | & & & & | & & & & | \\
CHOH & + & R_1COOH & \longrightarrow & CHOH & + & R_2COOH & \longrightarrow & CHOCOR_2 & + & R_3COOH & \longrightarrow & CHOCOR_2 \\
| & & & & | & & & & | & & & & | \\
CH_2OH & & & & CH_2OH & & & & CH_2OH & & & & CH_2OCOR_3
\end{array}
$$

글리세린 지방산 모노글리세라이드 디글리세라이드 트리글리세라이드

그림2-1. 글리세린과 지방산의 축합

2-1. 지방산(fatty acids)

식용유지들은 한 개의 글리세롤과 세 개의 지방산이 결합된 형태로 존재하기 때문에 식용유지들 사이의 성질 차이는 글리세롤기에 기인하는 것이 아니라 구성 지방산기의 종류와 양이 다른데서 기인된다. 따라서 한 유지의 성질은 그 유지를 구성하고 있는 지방산의 성질을 조사해 봄으로써 알 수 있다.

식용유지를 구성하고 있는 지방산은 탄소수가 4~22개로 구성된 직선상 화합물이며 지방산 끝에 1개의 카르복시기(-COOH)를 갖고 있다. 지방산은 탄소수가 많아질수록 물에 대한 용해도는 급격히 감소하며 반대로 기름으로서의 성질은 강해진다.

한편 지방산은 그 분자 내에 이중결합을 갖고 있는 불포화 지방산(unsaturated fatty acid)과 이중결합이 없는 포화지방산(saturated fatty acid)으로 구분된다.

유지의 물리화학적 성질은 지방산의 종류, 지방산의 길이, 지방산의 포화 정도 그리고 글리세린에 결합하는 지방산 수에 따라 다음과 같이 달라진다. 즉, 지방산의 길이가 짧으면 실온에서 액체상태이고, 지방산의 길이가 길면 고체상태로 존재한다.

1. 포화 지방산(saturated fatty acids)

자연에 존재하는 지방산들은 지방산 사슬의 탄소원자가 2개의 수소원자와 결합하여 단일결합으로 이루어진 지방산을 포화 지방산이라 하며 $C_nH_{2n+1}COOH$로 표시한다. 포화 지방산은 탄소수가 증가함에 따라 물에 녹기 어렵고 융점과 비등점이 상승한다.

표2-1. 포화 지방산의 종류와 특징

종 류	일 반 식	융점(℃)	소 재
부티르산(butylic acid)	C_3H_7COOH	-7.9	우유 지방
카프로산(caproic acid)	$C_5H_{11}COOH$	-3.2	우유지방,코코넛 오일
미리스트산(myristic acid)	$C_{13}H_{27}COOH$	54.4	코코넛 오일, 야자유
팔미트산(palmitic acid)	$C_{15}H_{31}COOH$	62.9	동물성 지방, 식물성 기름
스테아르산(stearic acid)	$C_{17}H_{35}COOH$	69.6	동물성 지방, 식물성 기름

2. 불포화 지방산(unsaturated fatty acids)

지방산 사슬의 탄소원자가 2개의 수소원자를 갖지 못하여 탄소와 탄소 사이에 2중결합을 형성한 지방산으로 1개의 이중결합으로 이루어진 지방산은 단일 불포화 지방산(monounsaturated fatty acids), 2개 이상의 이중결합으로 이루어진 지방산은 다가 불포화 지방산(polyunsaturated fatty acids)이라 부른다. 일반적으로 불포화 지방산은 같은 수의 탄소를 함유하고 있는 포화 지방산보다 융점이 낮아 액체상태로 존재하며 불포화도가 증가할수록 화학적으로 반응성이 증가하여 산패되기 쉽다.

표2-2. 대표적인 불포화 지방산들

불포화 지방산의 이름	융점(℃)	분 자 식
팔미톨레산 $C_{16:1}$ (palmitoleic acid)	0.5	$CH_3(CH_2)_7COOH$ (cis)
올레산 $C_{18:1}$ (oleic acid)	13	$CH_3(CH_2)_7CH=CH(CH_2)_7COOH$ (cis)
엘라이드산 $C_{18:1}$ (elaidic acid)	44	$CH_3(CH_2)_7CH=CH(CH_2)_7COOH$ (trans)
리놀레산 $C_{18:2}$ (linoleic acid)	-5.8	$H_3(CH_2)_4CH=\overset{12}{C}HCH_2CH=\overset{9}{C}H(CH_2)_7COOH$(cis, cis)
리놀렌산 $C_{18:3}$ (linolenic acid)	-11	$H_3CH_2CH=\overset{15}{C}HCH_2CH=\overset{12}{C}HCH_2CH=\overset{9}{C}H(CH_2)_7$ COOH (cis, cis, cis)
아라키돈산 $C_{20:4}$ (arachidonic acid)	-49.5	$CH_3(CH_2)_4(CH=CHCH_2)_4CH_2CH_2COOH$ (all cis)

3. 필수 지방산(essential fatty acids)

불포화 지방산 중에는 체내의 대사 과정 중 중요한 역할을 담당하며, 체내에서 필요로하는 양 만큼 합성하지 못하여 외부에서 공급이 필요한 지방산이 있는데 이와 같은 지방산을 필수 지방산이라 한다. 필수 지방산에는 리놀레산(linoleic acid), 리놀렌산(linolenic acid) 및 아라키돈산(arachidonic acid)이 있다.

2-2. 식용유지에 존재하는 주요 지방산들

식용유지를 구성하고 있는 주요 지방산으로는 올레산, 리놀레산, 팔미트산 및 스테아르산 등이 분석되고 있다. 그러나 일부 식용 유지에서는 특수한 지방산들을 주요 구성지방산으로 갖고있는 데 그 대표적인 예가 우유 지방(butter fat)이다. 즉 우유 지방 속에는 저급지방산인 부티르산(butyric acid, C_3H_7COOH), 카프로산(caproic acid, $C_5H_{11}COOH$), 카프릴산(caprylic acid, $C_7H_{15}COOH$), 라우르산(lauric acid, $C_{11}H_{23}COOH$), 미리스트산(myristic acid, $C_{13}H_{27}COOH$)등의 함량이 비교적 커서 버터 특유의 풍미를 준다. 한편, 식용유지로서 그 생산량이 가장 많은 대두유는 평균 8%의 리놀렌산이 함유되어 있어서 저장 중 산패의 요인이 되고 있다. 따라서 보통 수소첨가 등에 의해서 그 함량을 줄여서 사용하고 있다.

코코넛 야자유(coconut oil), 팜 야자씨기름(palm kernel oil)들은 라우르산의 함량(40~52%)이 커서 이 두 기름의 융점이 23~26℃정도이기 때문에 수소 첨가하여 경화유로 만든 후 가공식품에 널리 이용되고 있다.

표2-4. 대표적인 식용유지의 지방산 조성

구성지방산의 종류	우유지방	돼지기름	쇠기름	코코넛야자유	팜야자유	면실류	참기름	대두유	옥수수 기름
부티르산(butyric acid)$C_{4:0}$	3								
카프로산(caproicacid)$C_{6:0}$	1								
카프르산(capric acid)$C_{10:0}$				6					
라우르산(lauric acid)$C_{12:0}$				44					
미리스트산(myristic acid)$C_{14:0}$	11	2	3	18	1	0.5~1.5			
팔미트산(palmitic acid)$C_{16:0}$	25	27	29	11	48	20~23	7~9	7~11	8~12
스테아르산(stearic acid)$C_{18:0}$	9	14	19	6	4	1~3	4~5	2~6	2~5
올레산(oleic acid)$C_{18:1}$	33	44	44	7	38	23~35	48~49	15~33	1.9~4.9
리놀레산(linoleic acid)$C_{18:2}$	4	11	1	2	9	42~54	35~47	43~56	34~62
리놀렌산(linolenic acid)$C_{18:3}$		1						5~11	
아라키드산(arachidic acid)$C_{20:0}$									
아라키돈산(arachidonic acid)$C_{20:4}$									

2-3. 식용유지의 물리화학적 성질

식용유지의 성질은 외적 성질인 물리적 성질과 내적 성질인 화학적 성질로 크게 구분된다.

1. 물리적 성질

1) 비중(specific gravity)

유지의 비중은 유지종류에 따라 다르지만 대체로 0.90~0.96 범위의 일정한 수치를 나타낸다. 보통 지방산의 탄소수가 클수록, 불포화 지방산이 많을수록 비중은 높아진다.

2) 융점(melting point)

유지의 융점은 다른 순수한 화합물과 같이 정확하지 않고 온도범위가 비교적 넓다. 이와 같이 융점이 불명확한 이유는 유지가 성질이 다른 수 많은 트리글리세라이드의 혼합물이며, 융점 이하 온도에서 유지는 두 개 이상의 결정상태를 갖는 동질다형현상(polymorphism)을 나타내기 때문이다.

3) 발연점(smoke point)

유지를 가열할 때 유지의 표면에서 엷은 푸른 연기가 발생할 때의 온도를 말하며 유지의 정제도, 순수성 등을 측정하는데 매우 유용한 물리적 성질이다. 발연점은 유리지방산의 함량이 많을수록, 노출된 유지의 표면적이 클수록, 사용시간이 길어 불순물이 많이 함유될수록 발연점은 내려간다. 발연점이 낮은 유지는 인화점(flash point)도 낮고 연소점(fire point)도 낮으므로 발연점이 높은 유지를 사용하여야 한다.

4) 고체유지의 가소성(plasticity)

유지는 지방산의 종류에 따라 상온에서 액체 또는 고체로 존재하는데 고체상의 유지를 가열하면 고체상은 액체상으로 변하면서 고체-액체상이 공존하는 영역이 존재하게 되는데 이 영역을 가소성 영역이라 하며 적당한 유연성을 갖고 있어 정형하기 쉬운 상태로 되어 있다. 고형유지는 고체지방의 비율이 15~25%일 때 가장 큰 가소성과 탄성을 갖는다. 가소성은 온도와 밀접한 상관관계를 나타내며 고체지 지수(SFI : solid fat index)에 의해서 유지 전체 중 고체지의 비율을 %로 나타낸다.

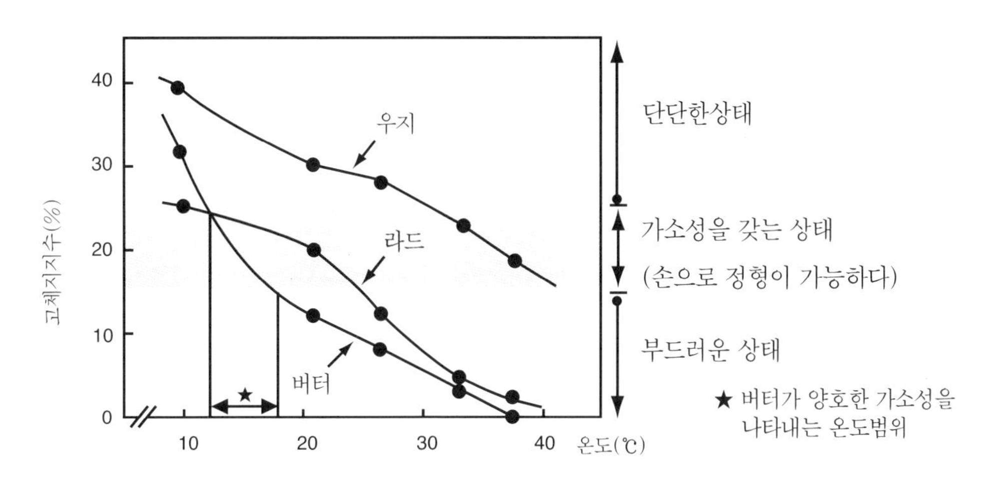

그림 2-2. 버터,라드,우지의 가소성 범위

5) 유지의 풍미

유지의 풍미는 온화하여야 하며 튀김이나 굽기 과정을 거친 후 냄새가 환원되지 않아야 한다. 유지의 풍미를 시험하는데 현재로는 숙련된 경험자에 의한 관능검사법이 널리 사용된다.

2. 화학적 성질

식용유지의 여러 화학적 성질들 중에서 잘 알려진 것은 다음과 같다.

1) 산가(acid value)

유지의 가수분해 정도 즉 정제 정도를 나타내는 지표로 1g의 유지에 들어있는 유리지방산을 중화하는데 필요한 수산화칼륨(KOH)의 양을 mg으로 나타낸 값으로 정제식용유지에서는 0.3이하가 보통이다. 올레산으로 표시된 % 유리 지방산 함량으로 표시할 경우에는 산가에 0.5를 곱하여 사용한다.

2) 요오드가(iodine value)

유지의 불포화도를 나타내는 지표로 유지 100g에 대해서 반응한 요오드의 양을 g수로 나타낸 값으로 요오드가가 크다는 것은 자동산화를 받기 쉽다는 뜻이다.

식용유지는 이 요오드가에 따라 세 가지 그룹으로 분류된다. 요오드가 120 이상의 기름은 묽게 해서 공기 중에 방치하면 자동 산화에 의해 산화 중합이 빠르고 건조 피막을 만들기 쉬우므로 건성유(drying oil)라 하며 해바라기기름, 들깨기름등이 이에 속한다. 반건성유는 요오드가가 90~120 정도의 유지로 면실유, 대두유, 옥수수기름, 참기름이 이에 속하고, 비건성유는 요오드가 80 이하의 유지를 말하는데 팜 야자유, 코코넛 야자유, 돼지기름, 쇠기름 등이 비건성유이다.

3) 감화가(saponification value)

감화가는 식용유지 1g을 가수분해 하는데 필요한 수산화칼륨(KOH)의 mg수를 말한다.

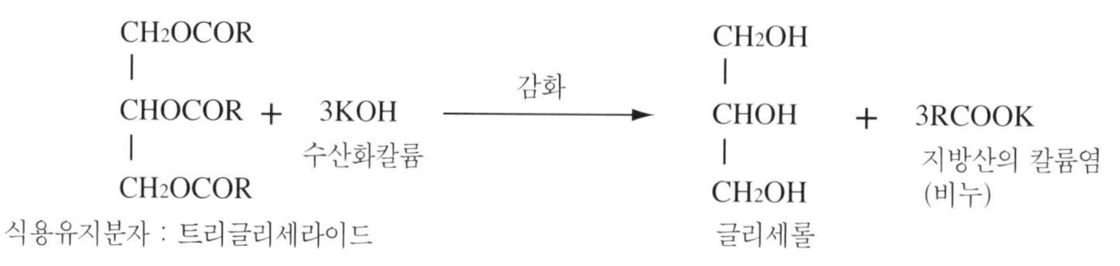

그림2-3. 감화공정

식용유지의 감화가 클수록 평균 분자량이 적다. 즉, 유지분자를 구성하고 있는 지방산의 탄소 길이가 짧다. 따라서 저급지방산의 함량이 커서 평균 분자량이 다른 식용유지에 비해서 적은 우유지방의 감화가는 210~230 정도이며 탄소의 길이가 비교적 긴 지방산으로 구성된 옥수수유는 187~193 정도이다.

2-4. 유지의 가수분해

유지 즉 트리글리세라이드 분자에서 가장 반응성이 큰 부분은 에스테르 결합이다. 이와 같이 글리세라이드의 에스테르 결합이 분해되어 원래의 지방산과 글리세린으로 되돌아가는 변화를 가수분해라 한다. 유지의 가수분해 방법은 알칼리에 의한 비누화, 물에 의한 분해, 가수분해 효소(lipase)의한 것들이 있다. 유지는 가수분해되어 유리지방산 함량이 높아지면 튀김기름은 거품이 많아지고 발연점이 낮아진다.

2-5. 수소 첨가 (hydrogenation)

유지의 수소첨가란 글리세라이드의 지방산기에 있는 탄소의 이중 결합에 수소가 부가되어 포화 결합으로 바뀌는 화학 반응으로 유지의 안정성 및 보존성을 향상시키기 위해 이용된다. 한편 액체지방에 공업적으로 수소를 첨가하면 비교적 단단한 고체지방이 얻어지기 때문에 이 수소첨가공정을 경화(hardening)라 하며, 이렇게 만들어진 제품을 경화유라 한다.

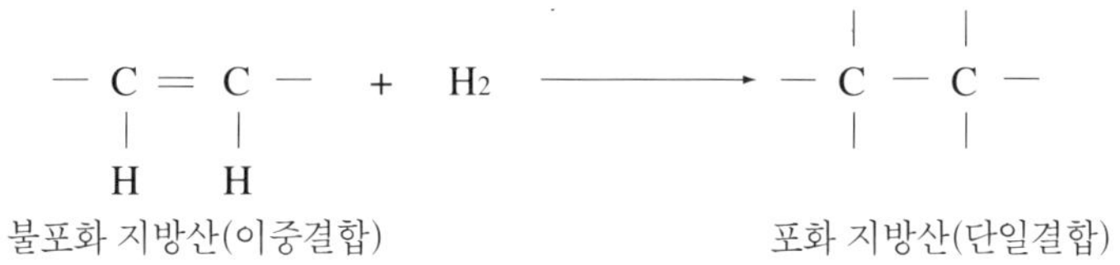

그림2-4. 경화과정 화학식

2-6. 식용유지의 산패(rancidity)

유지의 산패(rancidity)는 정제 직후 무색, 무취의 유지가 상온에서 일정한 기간을 거친 후 비정상적인 냄새와 맛을 갖는 상태로 변화하는 현상으로 정의할 수 있으며 산패의 원인에 따라 다음과 같이 분류 할 수 있다.

가) 유지가 외부의 냄새를 흡수하는 경우(off-flavor)

나) 유지가 가수분해되어 비정상적인 냄새와 맛을 갖는 경우 즉, 가수분해에 의한 산패(hydrolytic rancidity): lipase의 작용

다) 유지의 산화에 의한 산패-자동산화(autoxidation)와 가열산화(thermal oxidation)

1. 유지의 자동산화

대부분의 유지나 지방질 식품의 경우는 세번째, 즉 저장중의 산화에 의해서 품질의 저하가 일어난다.

1. 초기단계 (initiation reaction)

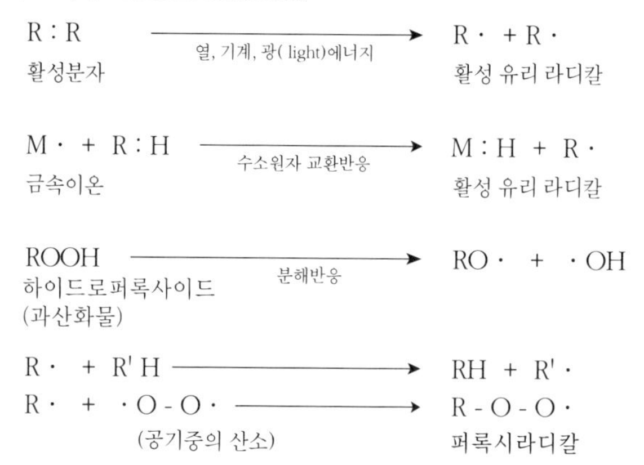

2. 중간단계 즉, 연쇄반응단계 (chain reaction)

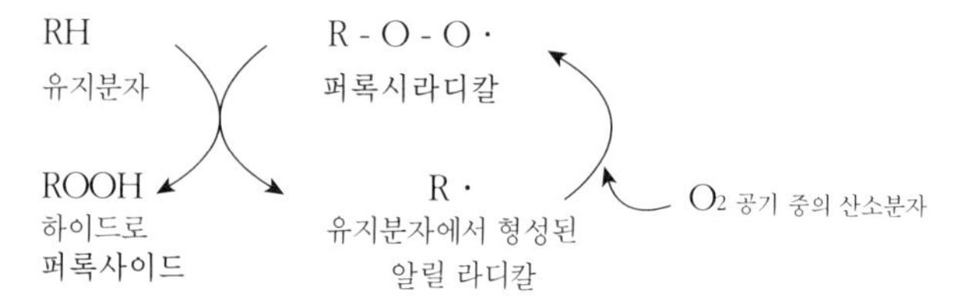

3. 종결단계 (termination)

R · + R' · ⟶ R : R'

ROO · + R' · ⟶ ROOR'

중합체(polymers)의 형성

※ 중간 산화생성체인 하이드로 퍼록사이드는 계속 산화되어 알콜류(R−OH) 알데히드(RCHO), 케톤 $\frac{R}{R}\!>\!C=O$ 및 유기산(RCOOH)등의 최종 산화생성체들을 형성한다.

그림2-5. 유지의 자동산화과정 중 전반부의 하이드로 퍼록사이드, 중합체 등의 형성에 관계되는 유리 라디칼의 연쇄반응 기구

유지의 산화에 의한 산패 중 유지의 자동산화는 산소의 흡수속도가 급격하게 증가하는 시점까지의 기간인 유도기간(induction period)을 거친 후 공기중의 산소를 자연발생적으로 급속하게 흡수하여 유지의 물리화학적 변화가 현저해지고 관능적 요인의 변화를 초래하는 현상이다. 유지의 자동산화과정은 활성 유리 라디칼에 의한 연쇄반응이며 중간산화생성체인 하이드로퍼록사이드(hydroperoxide)가 계속 산화되어 최종 산화 생성체로서 알콜류, 알데히드류, 케톤 등과 같은 휘발성 카아보닐 화합물과 유기산을 생성함으로서 유지의 품질저하를 가져온다.

2. 유지의 가열산화

도넛과 같은 튀김식품에 사용되는 식용유지의 가열온도는 180~200℃ 전후의 높은

온도가 되기 때문에 자동산화과정이 급속도로 촉진되는 동시에 가열에 의한 변화도 함께 일어난다.

식용유지의 가열산화중의 변화들을 간략하게 살펴보면 다음과 같다.

가) 식용유지의 자동산화속도가 급속히 증가한다: 식용유지의 경우 온도계수(temperature coefficient)는 약 2($Q_{10}=2$)정도이며, 실온에서 일어나는 자동산화와는 달리 공기중의 산소가 유지분자 속의 이중결합과 직접 결합하여 과산화물을 형성한다.

나) 유리지방산이 증가한다 : 유지분자의 가열 분해가 크게 촉진되어 유리지방산이 증가하여 산가(acid value)는 높아지고 발연점(smoke point)은 낮아진다.

다) 휘발성 카아보닐 화합물이 생성되어 비린내와 같은 냄새를 형성한다.

라) 유지분자의 중합반응으로 중합체가 형성된다: 유지의 점도상승을 수반하며 생체는 중합체를 효과적으로 소화, 흡수하지 못하므로 가열 산화된 식용유지의 영양가는 감소한다.

마) 식용유지는 가열 산화되면서 거품을 발생하여 점도상승을 유발시키며 이로 인하여 튀김속도가 저하된다.

2-7. 식용유지의 냄새 복귀 현상(flavor reversion)

대두유 같은 식용유지는 정제됨에 따라 원래의 콩비린내(beany flavor)가 없어진다. 그러나 정제대두유를 잘못 보관하게 되면 원래의 콩비린내와 비슷한 냄새를 도로 갖는 경우가 있는데 이와 같은 현상을 변향 또는 냄새 복귀 현상이라 한다. 냄새의 복귀 현상의 원인으로는 확실히 규명된 것은 없으나 식용유지 중의 리놀렌산(linolenic acid) 또는 이소리놀레산(isolinoleic acid)이 자동산화 초기단계에서 에틸비닐 케톤 및 3-시스-헥산알 같은 휘발성 카아보닐 화합물을 형성함으로서 일어난다는 학설이 가장 유력하다.

이와 같은 냄새의 복귀현상을 방지하기 위해서는 식용유지를 낮은 온도에서 보관하고, 각종 광선의 조사를 피하도록 해야 하며 식용유지에 대한 금속의 오염을 피해야 한다.

2-8. 유지의 안정성과 비교시험법

식용유지의 산패 발생정도를 측정하는 문제는 식용유지의 산패 발생 시기를 측정함으로써 추정할 수 있는데 산패발생 시기는 그 유지의 자동산화과정 중 산소 흡수량이 급격하게 증가하는 시점이라 볼 수 있다.

1. 활성 산소법(A.O.M)

유지에 열을 가하면서 공기를 불어 넣어서 산화를 촉진함으로써 산화유도기를 단축해서 단시간에 안정성을 비교하려는 시험법으로 식물유의 경우, 유지의 과산화물값이 100에 도달할 때까지 걸린 시간으로 나타낸다. 예를 들어 A.O.M. 안정성 15시간이란 과산화물값 100이 되는데 15시간이 걸렸다는 의미이다. 따라서 수치가 큰 쪽이 안정성이 높다.

2. 오븐 테스트(oven test)

50g 정도의 유지를 얇은 비이커에 담고, 유리판으로 뚜껑을 덮어서 63±0.5℃로 조절한 전기 오븐 안에 방치해서 산화를 촉진시킨다. 그리고 매일 일정시간에 기름의 냄새를 맡아서 산패를 느낄 때까지의 일수를 기록한다. 즉 일수가 길수록 유지의 산화 안정성이 크다고 할 수 있다.

3.과산화물가(peroxide value)

유지의 자동산화의 경우 관능검사나 산소흡수속도에 의해서 정해진 산패발생시기는 과산화물 즉 하이드로퍼록사이드(hydroperoxide)의 함량이 급격하게 증가하는 시기와 높은 상관관계를 보인다. 따라서 식용유지의 산패정도를 측정하는데는 과산화물가 측정법을 기준으로 실시한다.

과산화물가는 식용유지 1kg에 함유된 과산화물(하이드로퍼록사이드)의 밀리몰수 또는 밀리당량수로 표시한다(1몰은 2당량에 해당한다). 일반적으로 식물성의 경우는 과산화물가가 60~100 밀리당량/kg이며; 동물성지방의 경우에는 20~40밀리당량/kg에 도달하는 시기를 산패 발생의 시기로 보고 있다.

4.기타 방법들 : TBA가 및 카아보닐가 측정법

두 방법 모두 식용유지나 지방질 식품의 산패과정 중 형성되는 카아보닐화합물의 양을 측정하여 산패정도를 알아보는 방법이다. TBA가(thiobarbituric acid value)는 산패된 유지 중 카아보닐화합물의 하나인 말론알데히드(malonaldehyde)와 티오바르비투르산이 빨간색의 복합체를 형성한다는 사실을 이용하여 일정한 조건에서 시료가 나타내는 흡광도를 측정한다. 반면 카아보닐가는 산패된 유지의 전체 카아보닐화합물에 2, 4-dinitrophenylhydrazine을 작용시켜 페닐하이드라존 유도체로 만든 다음, 이 유도체의 빨간색 결정을 수산화칼륨 용액에 용해시켜 그 색깔의 강도를 측정하는 방법이다.

2-9. 항산화제

유지의 산화는 공기가 존재하는 한 반드시 일어나지만, 그 진행의 속도는 유지의 불포화도, 온도, 광선, 금속화합물(구리, 철 등) 등의 미량물질의 존재에 따라 현저하게 영향을 받는다. 이와 같이 식용유지나 지방질 식품의 산패를 촉진시키는 물질들을 산화촉진제

(prooxidant)라고 부르며 이와 같은 요인을 산화촉진 요인이라 한다.

산화촉진 인자와는 반대로 근소한 양으로 자동산화를 방해하고 산화를 지연시키는 물질을 총칭하여 항산화제(antioxidant)라고 한다. 항산화제들은 유리라디칼 연쇄반응의 초기 단계에서 연쇄반응을 새로이 시작할 활성유리 라디칼에 수소원자를 제공하여 활성유리 라디칼을 안정한 분자로 만들고 자신은 공명에 의해 안정화된 라디칼(resonnance stabilized vadical)이 되므로서 활성유리 라디칼의 생성속도를 억제하여준다.

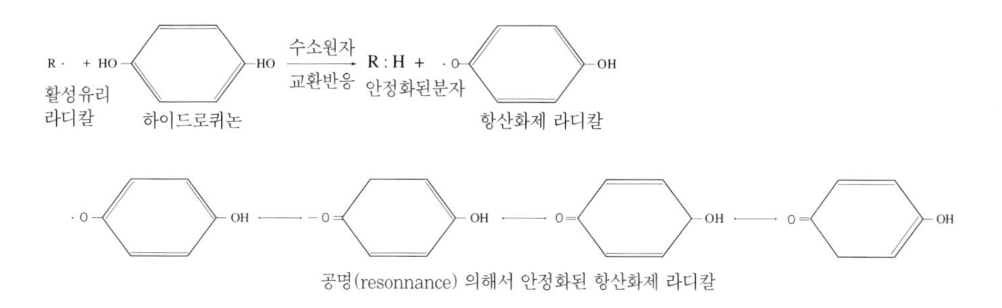

그림2-6 . 페놀계 항산화제인 하이드로키논(hydroquinone)의 항산화 작용기구

항산화제의 종류는 매우 다양하나 자연식품에 존재하는 자연 항산화제와 인공적으로 만들어진 합성 항산화제로 크게 분류할 수 있다.

1. 자연 항산화제

1) 토코페롤류(tocopherols)

토코페롤류는 곡류, 두류, 옥수수 등의 배아에 풍부하게 함유되어 있어 불포화 지방산의 함량이 큰 식물성유의 안정성에 기여한다. 토코페롤류는 α-, β-, γ-, δ-등의 동족체가 있으며 모두 항산화 효과를 가지고 있으며 δ-의 항산화 효과가 가장 큰 것으로 알려져 있다.

2) 레시틴 (lecithin)

대두유와 같은 식물 종자유에 많이 함유되어 있으며 정제 후에도 많은 양이 존재하여 지방질 속의 철, 구리 등의 금속 산화제와 결합하여 항산화 작용을 한다.

3) 세사몰(sesamol)

참기름에 함유된 자연항산화제로 산패에 대한 안정성이 크다.

4) 구아이약 수지(gum guaiac)

구아이약 수지 중에는 항산화작용을 가진 페놀화합물들이 함유되어 있다.

5) 일부 향신료와 향신유

로우즈메리(rosemarry), 실비아, 세이지(sage)등은 항산화력이 있는 것으로 알려져있다.

6) 아스코르브산(ascorbic acid)과 아스코르빌 팔미테이트(ascorbyl palmitate) 아스코르빌은 밀폐된 용기에서 그 속에 존재하는 산소를 흡수, 제거함으로써 유지의 자동산화를 억제하여 주나 수용성이기 때문에 유지에 녹지 않는 단점이 있다.

따라서 유지에 대한 용해성을 개선하기 위하여 아스코르빌 팔미테이트가 사용된다.

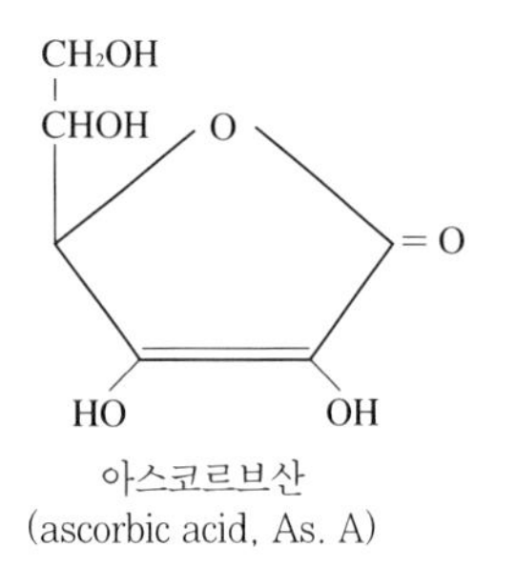

아스코르브산
(ascorbic acid, As. A)

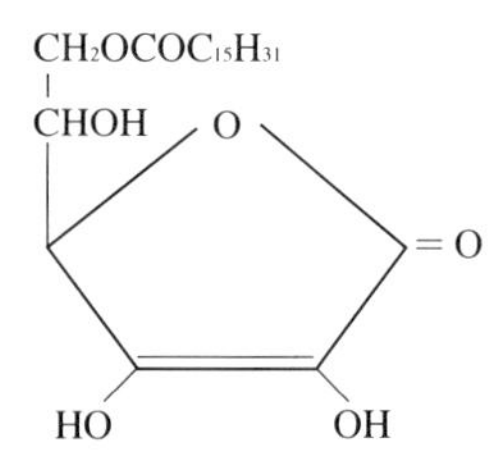

아스코르브산과 팔미트산의 에스테르
아스코르빌 팔미테이트(ascorbyl palmitate, AP), 유지에대한 용해도가 개선된 형태

그림2-7. 아스코르브산과 아스코르빌 팔미테이트의 구조

2. 합성 항산화제

1개 또는 그 이상의 수산기를 함유하고 있는 환상구조를 갖고있는 석탄산 계통(페놀계) 화합물로 BHA, BHT, 프로필 갈레이트(PG)등이 있다.

1) 부틸화 히드록시 아니솔(butylated hydroxyanisole, BHA)

BHA는 항산화력이 매우 강하고 독성이 낮기 때문에 쇼트닝, 정제된 식물성유, 라드 등에 널리 사용된다. 그러나 휘발성이 있어 장기간 높은 온도에서 유지되면 그 함량이 급격히 감소한다.

2) 부틸화 히드록시 톨루엔(butylated hydroxytoluene, BHT)

BHA와 함께 지방질 식품에 널리 사용되는 BHT는 항산화력이 매우 강하고 독성이 낮으며 BHA에 비하여 가격이 저렴하기 때문에 합성항산화제 중 가장 많이 사용되고 있다.

근래에 와서 BHA와 BHT의 항미생물작용 및 항암작용이 동물실험을 통하여 확증되면서 이에 대한 연구가 가속화되고 있다.

3) 상승제(synergist)

인산, 구연산, 중합인산, EDTA 및 아스코르브산(비타민 C) 등은 식용유지나 지방질식품속에 있는 산화촉진제인 철, 구리와 같은 금속과 강하게 결합하여 그 산화촉진작용을 제거함으로써 함께 존재하는 항산화제의 효과를 증진시켜주는데 이러한 물질을 상승제(synergist)라 한다. 한편 식용유지에 사용되는 대부분의 시너지스트는 산의 성질을 갖고 있으므로 산성 시너지스트라고도 한다. 아스코르브산은 그 자체의 항산화작용 이외에 금속제거 작용을 갖고 있어 각종 탄산음료 등에 금속제거제로 사용되고 있다.

제 3 장 단백질(proteins)

단백질은 탄소, 수소, 산소 및 질소 등의 원소로 구성되어 있는 크고 복잡한 유기화합물이다. 단백질은 질소(N)을 함유하고 있는 점이 탄수화물이나 지방과 다른 점이며 질소의 평균 함량은 평균 16~19%이다. 단백질에 포함되어 있는 무기성분으로는 황(S), 인(P), 요오드(I), 철분(Fe) 및 구리(Cu) 등이 있다.

단백질의 구성 기본 성분은 21종의 L－형 알파 아미노산이며 수백, 수천 개의 아미노산이 펩티드 결합을 통하여 단백질을 구성한다. 아미노산은 같은 탄소에 카르복실 그룹(COOH)과 아미노 그룹(NH_2)을 지니고 있는 특징이 있다 .

3-1. 아미노산(amino acids)

식품 단백질을 구성하고 있는 아미노산은 대략 21종이며 단백질을 가수분해하여 얻어지는 아미노산은 모두 α-아미노산이며 L- 배열을 하고 있다.

아미노산의 구조는 아래 그림과 같이 일반적으로 카르복실기(-COOH)에 대하여 α-위치에 있는 탄소에 아미노기($-NH_2$) 와 수소를 비롯한 다른 기능기(R)가 결합되어 구성된다. 한편 아미노산의 아미노기는 알칼리성을 나타내며 카르복실기는 산성을 나타내는 양성물질의 특성을 보인다.

$$
\begin{array}{c}
H \\
| \\
NH_2 - C - COOH \\
| \\
R
\end{array}
$$

아미노산(Amino acid)

1. 아미노산의 분류

1) 중성(지방족) 아미노산

분자 내에 탄화수소기를 가진 지방족 아미노산들로 글리신(Gly.), 알라닌(Ala.), 세린(Ser.), 트레오닌(Thr.), 발린(Val.), 로이신(Leu.), 이소로이신(Ile.) 등이 있다.

2) 산성 아미노산

분자 내에 한 개의 아미노기와 두개의 카르복실기를 가진 아미노산으로 약 산성을 나타내며 아스파르트산(Asp.), 글루타민산(Glu.)이 있다.

3) 염기성 아미노산

분자 내에 두 개의 아미노기와 한 개의 카르복실기를 가진 아미노산으로 약알칼리성을 나타내며 리신(Lys.), 아르기닌(Arg.), 히스티딘(His.) 등이 여기에 속한다.

4) 함유황 지방족 아미노산

분자 내에 유화원자를 가진 아미노산으로 시스테인(Cys.H), 시스틴(Cys.), 메티오닌(Met.)이 있다.

5) 방향족 아미노산

분자 내에 벤젠기를 갖고 있는 아미노산으로 페닐알라닌(Phe.), 티로신(Tyr.), 트립토판(Try.)이 여기에 속한다.

6) 이미노산(imino acid)

분자 내에 이미노기(=NH)을 가진 아미노산으로 프롤린(Pro.), 하이드록시프롤린(Hypro.)이 있다.

2. 필수 아미노산(essential amino acids)

식품단백질을 구성하고 있는 아미노산 중에서 체내에 꼭 필요하나 체내에서 합성할 수 없거나, 그 합성속도가 느려서 반드시 음식으로 공급되어야 하는 아미노산을 필수아미노산이라고 하며 다음 표3-2와 같은 8종류가 있다. 이 필수아미노산은 표3-2와 같은 비율로 함께 존재할 때 가장 효율적으로 이용된다. 그러나 보통 식품에는 필수아미노산의 조성이 표3-2와 같은 이상적인 비율로 존재하지 않는다. 따라서 섭취된 아미노산의 전체 효율은 가장 적게 섭취된 아미노산의 섭취량에 의하여 결정되는데 이와 같이 섭취한 아미노산의 전체 효율을 결정해 주는 아미노산을 제한아미노산(limiting amino acids)이라고 부른다. 8종의 아미노산 중 식품 단백질에 가장 적게 분포되어 있는 아미노산은 대부분의 경우 트립토판이기 때문에 트립토판이 제한아미노산이 되

표3-1. 단백질을 구성하고 있는 L-α 아미노산의 종류

이름	분자구조식	기호	비고(하루의 필요량)
alanine	$CH_3CH(NH_2)COOH$	Ala	
arginine[2]	$HN{=}C(NH_2)NH(CH_2)_3CH(NH_2)COOH$	Arg	
aspartic acid[1]	$HO-COCH_2CH(NH_2)COOH$	Asp	
(asparagine)	(H_2N-)	Asp(NH2)	
cysteine	$HSCH_2CH(NH2)COOH$	Cys	
(cystine)	$(SCH_2CH(NH_2)COOH)_2$	Cys Cys	
glutamic acid[1]	$HO-COCH_2CH_2CH(NH_2)COOH$	Glu	
(glutamine)	(H_2N-)	Glu (NH2)	
glycine	$CH(NH_2)COOH$	Gly	
histidine[2]	N - CH ═ ‖ CCH2CH(NH2)COOH HC - NH ╱	His	
hydroxylysine	$H_2NCH_2CH(OH)CH_2CH_2CH(NH_2)COOH$	Hylys	
hydroxyproline[3]	H HO-C-CH2 H2C CHCOOH (N) H	Hypro	
isoleucine	$C_2H_5CH(CH_3)CH(NH_2)COOH$	Ileu	필수아미노산(0.70)
leucine	$(CH_3)_2CHCH_2CH(NH_2)COOH$	Leu	필수아미노산(1.10)
lysine[2]	$H_2N(CH_2)_4CH(NH_2)COOH$	Lys	필수아미노산(0.08)
methionine	$CH_3SCH_2CH_2CH(NH_2)COOH$	Met	필수아미노산(1.10)
phenylalanine	$C_6H_5CH_2CH(NH_2)COOH$	Phe	필수아미노산(1.10)
proline[3]	H2C — CH2 H2C CHCOOH (N) H	Pro	
serine	$HOCH_2CH(NH_2)COOH$	Ser	
threonine	$CH_3CH(OH)CH(NH_2)COOH$	Thr	필수아미노산(0.50)
tryptophan	(benzene ring) CHCH2CH(NH2)COOH ‖ CH (N) H	Try	필수아미노산(0.25)
tyrosine	p-$HOC_6H_5CH_2CH(NH_2)COOH$	Tyr	
valine	$(CH_3)_2CHCH(NH_2)COOH$	Val	필수아미노산(0.80)

*아미노산 분류 1) 산성 아미노산
2) 염기성 아미노산
3) 환상 아미노산
4) 표시가 없는 아미노산은 모두 중성 아미노산이다.

는 경우가 많다.

한편 1973년에 국제식량농업기구(FAO)와 세계보건기구(WHO)의 협동위원회에서 추천한 이상적인 기준 아미노산 분포도를 보면 표3-2와 같다. 표와 같이 필수아미노산의 분포도에 가까운 아미노산 분포도를 보이는 달걀, 우유, 육류 등의 단백질은 고품질 단백질(high quality protein)이라 하며 필수아미노산의 함량이 적은 단백질을 저품질 단백질(low quality protein)이라 한다.

표3-2. FAO-WHO가 추천하는 이상적인 필수 아미노산 분포도

필수 아미노산의 종류		FAO-WHO 기준 아미노산분포도	트립토판의 필요량을 1로 할 때의 비율
류신	(L-leucine)	70	7.0
리신	(L-lysine)	55	5.5
이소류신	(L-isoleucine)	40	4.0
발린	(L-valine)	50	5.0
페닐알라닌	(L- phenylalanine)	60	6.0
트레오닌	(L-threonine)	40	4.0
메티오닌	(L-methionine)	35	3.0
트립토판	(L-tryptophan)	10	1.0

※ 단백질 1g에 대한 각 필수 아미노산의 mg 수를 나타냄.

3-2. 펩티드 결합의 형성

단백질을 형성하기 위하여 아미노산들은 펩티드 결합에 의하여 계속 결합되어야 한다. 하나의 아미노산의 아미노기와 다음 아미노산의 카르복실기가 물을 잃고 축합된 것을 펩티드 결합이라 한다.

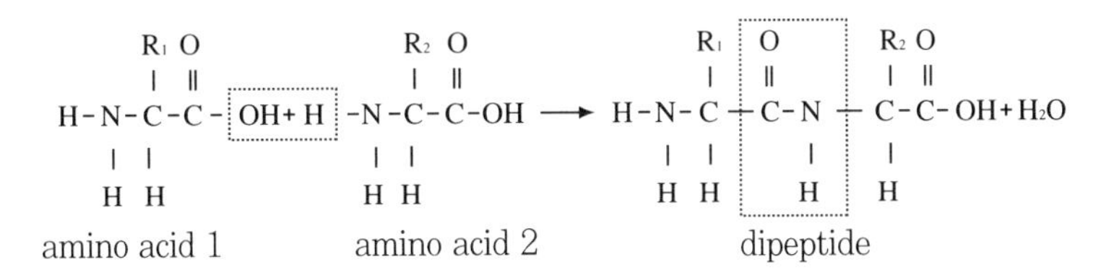

그림3 -1. 펩티드 결합

2개의 아미노산이 결합된 펩티드를 디펩티드라 하고, 3개는 트리펩티드라 하며 다수의 아미노산이 결합된 것을 폴리펩티드라하며, 단백질은 복잡한 폴리펩티드이다.

3-3. 단백질의 분류

단백질은 그 형태에 따라 콜라겐(collagen)과 같은 섬유상 단백질(fibrous proteins)과 오브알부민(ovalbumin)과 같은 구상 단백질(globular protein)로 분류되고 다시 산, 알칼리, 염용액, 유기용매 등에 대한 용해도의 차이에 의하여 화학적으로 다음과 같이 세 그룹으로 분류된다. 또한 오스본과 멘델의 동물성장 실험을 통한 영양학적 분류 방법이 있다.

1.화학적 분류

1) 단순 단백질(simple protein)

아미노산으로만 구성된 구조가 비교적 간단한 단백질로 알부민(albumin), 글로불린(globulins), 글루텔린(glutelins), 프롤라민(prolamins) 및 히스톤(histone) 등이 있다.

2) 복합단백질(conjugated proteins)

단순단백질에 비단백질 성분이 함유된 단백질로 어떤 성분이 함유되어 있는가에 따라서 핵 단백질, 당 단백질, 인 단백질, 지방 단백질, 색소 단백질로 나뉜다.

3) 유도단백질(derived proteins)

자연에 존재하는 단백질이 산, 알카리, 또는 효소에 의하여 부분적으로 변성된 단백질을 말한다. 변성된 정도에 따라 제일차 유도단백질 과 제이차 유도단백질로 분류된다.

(1) 1차 유도단백질(the first derived proteins)

제1차 유도단백질에는 콜라겐이 가수분해결과 형성된 젤라틴(gellatin)과 수용성단백질이 산, 알칼리 또는 가열 등에 의해서 불용성이 된 프로테안(proteans) 등이 있다.

(2) 2차 유도단백질(the second derived proteins)

2차 유도단백질은 자연단백질이 산, 알칼리, 또는 가열 등에 의해서 제 1차 유도단백질보다 가수분해 또는 변성이 더 진행된 단백질로 프로테오스(proteose), 펩톤(peptone) 그리고 펩톤보다 더 가수분해가 진행된 펩티드류(peptides)가 있다.

2. 영양학적 분류

동물의 성장에 영향을 미치는 식품에 함유된 아미노산의 종류와 양에 따라 다음과 같이 분류된다.

1) 완전단백질(complete protein)

정상적인 성장을 돕는 필수아미노산이 충분히 함유되어 있는 고품질 단백질 즉 생물가가 높은 단백질로 동물성 단백질, 우유의 카제인(casein), 계란의 오브알부민(ovalbumin) 및 대두의 글리시닌(glycinine) 등이 있다.

2) 부분적인 불완전 단백질(partial incomplete protein)

동물의 성장을 돕지는 못하나 생명을 유지시킬 수 있는 단백질로 몇 종류의 필수아미노산이 부족한 단백질이다. 밀의 글리아딘(gliadin), 보리의 호르데인(hordeine)등이 여기에 속한다.

3) 불완전 단백질(incomplete protein)

동물의 성장이 지연되고 체중이 감소하는 단백질로 젤라틴(gelatine)과 옥수수의 제인(zein)이 있다.

3-4. 단백질의 구조

단백질의 구조는 1차, 2차, 3차 및 4차 구조로 되어 있으며 1차구조(primary structure)는 펩티드 결합으로 사슬모양을 이루며 단백질 고유의 아미노산 배열(amino acid sequence)을 이룬다. 인슐린(insulin)은 21개의 아미노산 사슬과 30개의 아미노산 사슬이 -S-S-결합으로 연결되어 있다.

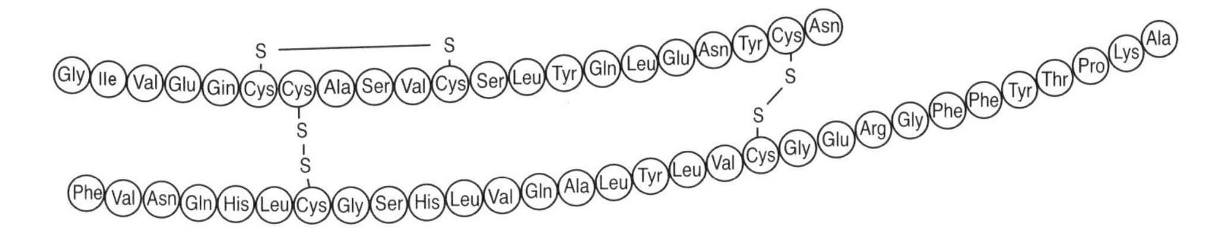

그림3-2. insulin의 polypeptide chain(1차구조)

2차구조(secondary structure)는 폴리펩티드 사슬이 수소이온이나 이온결합에 의하여 나선구조(α-helical structure)나 병풍구조(β-plated sheet structure)을 형성한다(그림 3-3).

3차구조(tertiary structure)는 폴리펩티드 사슬들이 이온결합, 수소결합, 소수결합, -S-S-결합 및 펩티드 결합 등에 의하여 구부러지고 압축되어 구상이나 섬유상의 복잡한 구조를 형성한 것을 말한다(그림 3-4). 4차구조(quarterly structure)는 3차구조의 단백질이 모여 소수성 결합, 수소결합 등에 의해 소단위(subunit)가 다시 입체적으로 배열된 구조를 말한다(그림3-5).

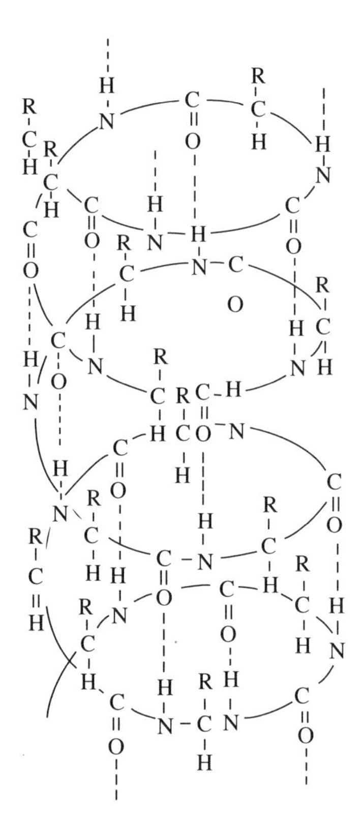

그림3-3. 나선구조(α-helix structure)

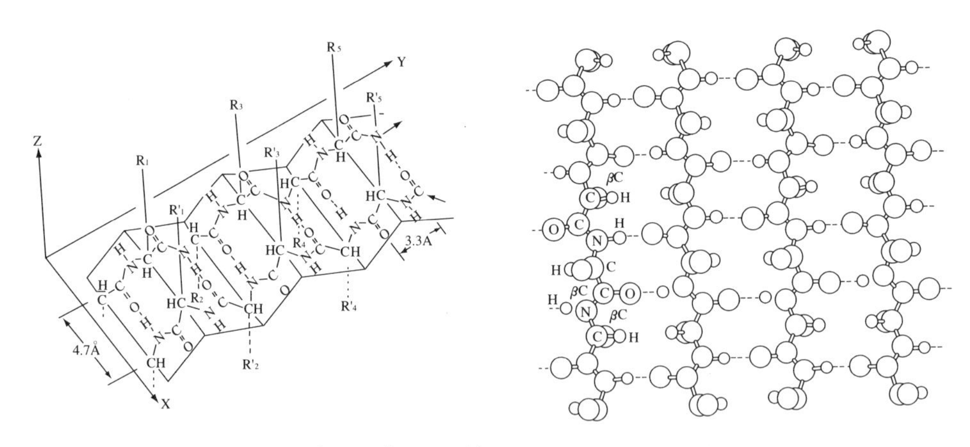

그림3-4. 병풍구조 (β-plated sheet structure)

구상 단백질

섬유상 단백질

그림3-5. 구상단백질(globular protein)과 섬유상 단백질(fibrous protein)

3-5. 단백질의 성질

1. 단백질의 결합

단백질은 L-α-아미노산이 펩티드 결합으로 형성되어 있다. 한편, 단백질의 구성단위로 존재하는 시스테인의 유리 -SH기들은 산화되어 -S-S-결합을 형성하며 환원될 때에는 다시 -SH기로 분리된다.

2. 단백질의 변성(protein denaturation)

아미노산으로 된 사슬의 입체구조, 즉 단백질의 구조가 붕괴되거나 구부러지는 일이 생기면 그 단백질의 성질은 크게 변해버리고 또 그 기능도 크게 손상을 입게된다.

이와 같이 단백질의 입체구조가 무너져서 그 성질과 기능이 크게 달라져 버리는 현상을 단백질 변성이라고 한다. 단백질의 변성의 원인은 가열, 가압, 동결, 표면장력, 초음파 등의 물리적 원인과 산, 알칼리, 염류, 유기용매, 효소 등의 화학적 원인에 영향을 받는다. 단백질이 변성되면 점도의 증가, 용해도의 변화, 응고, 침전 등이 일어난다.

3. 등전점(isoelectric point)

어떤 적당한 수소이온 농도 내지는 수산이온 농도에서는 단백질은 그 분자 속의 양의 하전과 음의 하전이 완전 중화되어 전기적으로 중성이 될 수 있으며 이때의 pH를 그 단백질의 등전점이라고 한다. 이 등전점에서 단백질은 그 용해도가 가장 낮으며 따라서 단백질은 가장 침전되기 쉽다. 대부분의 단백질에서 등전점은 pH5~7사이에 있으며 단백질의 분리, 정제에 이용된다.

표3-3. 일부 정제된 단백질들의 등전점

단백질의 종류		등전점(IP)
펩신	(pepsin)	1.1이하
계란 알부민	(egg albumin)	4.6
혈청 알부민	(serum albumin)	4.7
β- 락토글로불린	(β-lactoglobulin)	5.1
헤모글로빈	(hemogloin)	6.7
α- 카이모트립신	(α-chimotrypsin)	8.3
리보뉴우클레아제	(ribonuclease)	9.45
리소짐	(lysozyme)	11.0

3-6. 밀가루 단백질

밀의 단백질 함량은 빵의 부피를 결정하는 가장 중요한 품질지표로서 밀의 제빵 적성은 단백질의 함량 및 질에 좌우된다. 일반적으로 단백질 함량은 재배조건에 따라 변하게 되나 품질은 유전적인 인자이다. 밀가루의 단백질은 오스본(Osborne)의 용해도에 따라 다음 네 가지로 분류된다.

수용성 단백질 : 알부민(albumin)
염에 녹는 단백질 : 글로부린(globulin)
알콜에 녹는 단백질 : 프롤라민(prolamin)
알카리에 녹는 단백질 : 글루테린(glutelin)

밀의 단백질인 경우 프롤라민을 글리아딘(gliadin), 글루테린을 글루테닌(glutenin)이라고 한다.

밀가루 단백질의 특징 중의 하나는 밀가루를 물과 혼합하면 글리아딘과 글루테닌이 결합하여 글루텐이라는 단백질을 형성한다. 이러한 성질은 밀가루만이 갖는 독특한 성질이다.

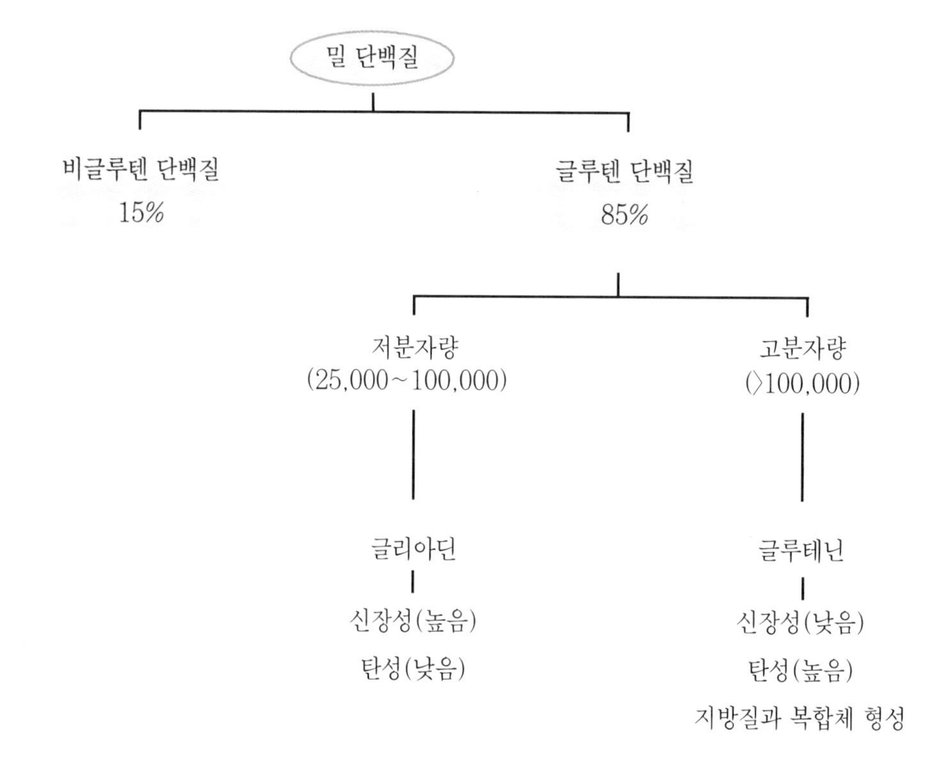

그림 3-6. 밀가루 단백질의 분류

밀가루 단백질은 그림 3-6과 같이 반죽을 형성하는 글루텐 단백질과 반죽을 형성하지 않는 비글루텐 단백질로 나눌 수 있다. 글루텐이 수화되면 탄성(elasticity)과 응집성(cohesiveness)을 보이는데 글루텐을 형성하고 있는 글리아딘은 응집성과 신장성을, 글루테닌은 탄력성을 보인다. 따라서 밀가루 반죽에 있어서 글루텐은 구조를 이루고 발효 중 생성되는 가스를 보유하는 기능을 갖게 된다. 글루텐 단백질 중 글리아딘은 빵의 부피와 관계가 있으며, 글루테닌은 반죽시간 및 반죽형성시간과 관계가 있다.

밀가루 단백질의 구조를 이루는 데는 여러 결합이 관여하게 된다. 글루텐 단백질은 이온그룹이 약 3%정도로서 아주 낮으며, 프롤린의 함량이 12~13%로 높은 특징을 보인다. 또한 산성아미노산(글루탐산과 아스파르트산)의 대부분은 아마이드 형태(글루타민, 아스파라긴)로 존재한다.

밀가루 반죽의 독특한 점탄성(viscoelasticity)에 관여하는 그룹은 아미드 그룹, SH그룹(thiol 또는 sulfhydryl) 및 이황화 그룹 (-SS-,disulfide), 수소결합으로 나누어 볼 수 있다.

글루텐 단백질의 아미노산중 약 1.4%를 차지하고 있는 시스틴 또는 시스테인은 시스테인의 -SH기가 산화되어 -SS-결합을 형성하거나 -SH기와 상호 교환작용을 함으로서 반죽에 경도와 이동성질을 생기게 한다.

제 4 장 효 소(enzymes)

효소는 생물체 중에 존재하는 생체촉매로서 화학적 촉매와는 달리 상온, 상압의 온화한 조건에서 반응을 촉진하며 작용 특이성이 대단히 높다.

효소는 단백질로 이루어져 있으며 기질과 반응 할 때 높은 선택성을 나타내며 이와 같은 선택성을 기질 특이성(specificity)이라 한다. 효소는 기질 특이성이 높기 때문에 유기화합물의 혼합액 중에서도 특정의 효소는 특정물질과 반응한다. 즉 효소와 기질의 관계는 열쇠와 자물쇠의 관계와 같다.

4-1. 효소의 분류

1. 촉매반응의 형식에 따른 분류

1) 산화환원효소(oxidoreductase)

산화환원반응을 촉매하는 효소로 산화효소, 환원효소, catalase, peroxidase등이 포함되며 생체 내에서는 이 효소계에 의해서 생명유지에 필요한 에너지를 얻는다.

2) 전이효소(transferase)

아미노기, 카르복실기, 메틸기 등의 그룹을 다른 기질에 옮기는 효소

3) 가수분해효소(hydrolase)

물 분자가 개입하여 기질의 공유결합을 가수 분해 시키는 효소로서 지질의 에스테르결합, 당질의 글리코사이드결합, 단백질의 펩티드 결합 등을 절단한다.

4) 탈이효소(lyase)

가수분해 이외의 방법으로 기질을 분해하는 효소

5) 이성화효소(isomerase)

입체이성질체의 변화, 분자 내 이중결합의 위치 변환 등의 이성화반응을 촉매하는 효소

6) 합성효소(synthetase)

2개의 분자를 결합시키는 효소

2. 작용기질에 의한 분류

1) 탄수화물 분해효소

(1) 셀룰라아제(cellulase)

섬유소를 분해하는 효소로 박테리아나 곰팡이에 존재한다.

(2) 이눌라아제(inulase)

돼지감자의 저장성분인 이눌린을 분해한다.

(3) 디아스타제(diastase)

전분이나 글리코겐을 포도당, 맥아당 및 덱스트린으로 분해하는 효소로 α-아밀라아제를 액화효소, β-아밀라아제를 당화효소라 하고 양자를 총칭하여 디아스타아제라 한다. 맥아 추출물, 밀가루, 박테리아와 곰팡이에 존재한다.

(4) 인베르타아제(invertase)

설탕을 포도당과 과당으로 분해하며 제빵용 이스트에 존재한다.

(5) 말타아제(maltase)

맥아당을 2분자의 포도당으로 분해하며 제빵용 이스트에 존재한다.

(6) 락타아제(lactase)

유당을 포도당과 갈락토오스로 분해하며 제빵용 이스트에는 존재하지 않는다.

(7) 치마아제(zymase):산화효소

포도당과 과당 같은 단당류를 알콜과 이산화탄소로 분해하며 제빵용 이스트에 존재한다.

2) 단백질 분해 효소

(1) 프로티아제(protease)

단백질을 펩톤, 폴리펩티드, 아미노산으로 분해시키며 밀가루, 곡류, 곰팡이 등에 존재하면 프로티아제, 위액에 존재하면 펩신, 췌액에 존재하면 트립신이

라 한다. 그리고 단백질 응고 효소인 레닌도 여기에 속한다.

(2) 펩티다아제(peptidase)

펩티드를 분해하여 아미노산으로 만들며 췌액에 존재하면 펩티다아제, 위액에 존재하면 에렙신이라 한다.

4-2. 효소의 활성에 영향을 미치는 요소

효소의 활성에 영향을 주는 중요한 요소는 효소와 기질의 농도, pH, 온도 등이며 각종의 무기염류, 유기물에 의하여 촉진되거나 저해된다.

1. 최적온도

효소의 반응속도는 일반 화학반응과 같이 온도가 상승하면 증가하지만 고온에서는 변성되어 활성을 잃는다. 적당한 온도 범위 내에서는 10℃ 상승에 따라 효소의 활성은 약 2배가 된다($Q_{10}=2$).

디아스타아제는 60℃까지는 활성이 증가되나 이 온도이상에서는 활성을 잃어버린다. 또한 효소의 공급원에 따라 열 안정성이 다르다.

2. 최적 pH

수소이온농도가 달라지면 효소의 활성도가 달라지며 같은 효소라도 그 작용기질에 따라 적정 pH도 달라진다. 제빵용 이스트의 경우 pH 4.6~4.8에서 활성이 가장 크다.

3. 활성화제와 저해제

효소는 촉매반응에 관여하는 화합물이 외의 물질에 의하여 효소활성이 상승하거나 저해 받는다. 특히 양이온이나 음이온은 효소의 활성을 저해시키는 것이 많다.

4-3. 제빵과 효소

제빵에 사용되는 효소는 주로 전분 분해효소와 단백질 분해효소이다. 제빵에 효소를 사용하는 목적은 밀가루에 부족한 효소를 보충하여 줌으로써 반죽의 발효 촉진과 빵의 품질 개선 및 빵의 부피를 증가시키는 데에 있다.

1. 아밀라아제

아밀라아제는 밀가루, 맥아, 취장액, 타액, 박테리아, 곰팡이에 존재하며 전분을 분해하는 작용을 한다.

1) α-아밀라아제

α-아밀라아제는 전분의 α-1,4 결합을 무작위적으로 가수분해하여 포도당, 맥아당

과 당류, 저분자량 덱스트린을 생성하며 전분의 현탁액을 급속도로 액화시키기 때문에 액화 아밀라아제라고도 한다. α-아밀라아제 관한 자세한 내용은 13장 제빵개량제를 참고하기 바란다.

2) β-아밀라아제

β-아밀라아제는 α-1,4 결합에만 작용하며 전분 분자의 비환원성 끝 부분부터 단계적으로 분해하여 맥아당을 생성하기 때문에 당화 효소라 하며, α-1,6 결합을 분해하지 못하고 남겨 한계덱스트린을 생산한다.

β-아밀라아제는 밀가루 자체에 충분히 들어 있어 별도로 첨가할 필요가 없으나 α-아밀라아제는 전분립의 숙성과정에서 불활성화 되어 밀가루에 함유량이 극히 적기 때문에 제분공정에서나 제빵공정 중에 적정 수준의 량을 첨가해야 한다. 밀가루에는 정상적인 전분과 손상 전분이 있다. 일반적으로 스폰지법에 있어서는 스폰지에 당분이 첨가되지 않는데 이것은 이스트가 소비되는 당분은 소맥분 자체가 갖고 있기 때문이다. 만약 당분이 없으면 효모의 가스발생이 약해진다. 이 때 α-아밀라아제가 있으면 손상전분에 작용해서 맥아당을 만들고 이것을 발효하여 한층 가스발생을 증대 시킨다. 또 α-아밀라아제는 β-아밀라아제의 기질을 만들어 이스트 당원 생성에 기여하기 때문에 반죽의 발효를 촉진시키는 역할을 한다.

이와 같이 스폰지의 발효나 당을 넣지 않은 프랑스빵 반죽과 같은 것에는 효과가 뚜렷한 반면 처음부터 당을 첨가하는 직접반죽법 등에 있어서는 발효촉진 효과는 별로 없다. α-아밀라아제의 보다 현저한 효과는 빵을 구울 때 나타난다. 일반적으로 반죽이 오븐 안에 들어가면 급속한 팽창을 일으키는데 이때 겉부분부터 호화가 시작되어 팽창을 방해한다. 이때 α-아밀라아제는 호화전분에 작용해서 점도를 떨어뜨리고 부드럽게 팽창할 수 있도록 한다. 또한 호화전분에도 손상전분과 똑같이 작용해서 당의 양을 증대시키기 때문에 표피의 갈변반응을 촉진하여 겉껍질 색깔을 향상시키고 이에따라 빵의 풍미도 향상된다.

2. 프로티아제(protease)

빵 반죽의 골격을 이루는 것은 글루텐인데 프로티아제는 이 글루텐조직을 파괴하기 때문에 옛날에는 해로운 효소로 취급되었다. 그러나 현재는 제빵공정을 짧게 하는데 사용된다. 프로티아제의 첨가효과는 먼저 단백질을 분해해서 아미노산을 만들기 때문에 질소원이 보급 되어 발효를 촉진시킨다.

그리고 또 하나의 작용은 단백질을 적당히 분해해서 반죽의 연화와 숙성을 진행시킨다. 따라서 본 반죽후의 발효가 짧을 때 효과가 크다. 즉,(1) 혼합시간의 단축 (2) 2차 발효시간의 단축 (3) 오븐 스프링의 증대 (4) 흡수율 감소 등의 효과가 뚜렷하다.

빵 발효와 관련되는 주요 효소들을 정리하면 다음 표4-1과 같다.

표 4-1. 빵 발효와 관련되는 주요 효소들

효소	존재 장소	작용	분해 산물
α-아밀라아제	밀가루 맥 아 곰팡이 박테리아	전 분	가용성 전분 및 덱스트린
β-아밀라아제	밀가루 맥 아	덱스트린	말토오스
인베르타아제	이스트	설 탕	전화당(포도당 및과당)
말타아제	이스트	맥아당	포도당
치마아제	이스트	전화당 및 포도당	이산화탄소 알콜 및 향
프로티아제	밀가루 곰팡이 박테리아	단백질 (글 루 텐)	혼합시간 단축 및 반죽 신장성 향상

제 5 장 밀가루(wheat flour)

5-1. 밀가루의 종류를 결정하는 원료밀

밀의 기원에 대하여서는 emmer와 야생풀과의 교배에 의해서 제빵용 밀이 유래되었으리라 추측된다. 밀의 분류는 식물학적 특징, 즉 염색체(chromosome)수에 의해 보통밀, 크럽(club) 및 듀럼(durum)밀 등으로 나눌 수도 있고, 상업적 목적에 따라 보통 다음과 같은 기준으로 분류된다.

가) 생육 특성(environment) : 겨울밀(winter wheat)과 봄밀(spring wheat)
파종시기에 따라 겨울밀은 가을에 파종하여 이듬해 초여름에 수확하는 것이고, 봄밀은 봄에 파종하여 여름 또는 초가을에 수확하는 것을 말한다.

나) 색깔(color) : 붉은 밀(red wheat)과 흰 밀(white wheat)
밀 껍질의 색깔에 따라 붉은 밀과 흰 밀로 구분된다. 이는 주로 카로티노이드(carotenoid)계통의 색소에 기인되는 것으로 붉은 밀은 황색, 적황색, 적갈색 등 여러 가지 색상을 가지며 흰 밀은 백황색에 가깝다.

다) 텍스쳐(texture) : 경질밀(hard wheat)과 연질밀(soft wheat)
밀 조직의 단단한 정도에 따라 경질밀과 연질밀로 나눈다. 일반적으로 경질밀은 연질밀에 비하여 단백질 함량이 높고 주로 제빵용 밀가루를 만드는데 쓰이며, 연질밀은 단백질 함량이 낮아 주로 과자 제조용으로 쓰인다.

밀은 또한 초자질의 정도에 따라 초자질, 반초자질 및 분상질로 나뉘는데 일반적으로 경질밀은 초자질 함량이 높다. 초자질은 밀알을 가로로 잘라 절단면의 상태로서 판단하는데 초자율이 70% 이상인 것을 초자질 밀, 30~70%인 것을 반초자질 밀 또는 중간질 밀, 30% 미만인 것을 분상질 밀이라 한다. 한편 초자율은 밀알의 단단한 정도, 즉 경도와도 상관관계가 있다. 초자질일수록 단단하고 분상질일수록 무르고 연하다.

한편 밀은 가공 특성에 큰 영향을 주는 단백질 함량에 따라 강력밀(strong

wheat), 중력밀(medium wheat) 및 박력밀(weak wheat)로 구분할 수 있으며 생산지에 따라 국산밀, 미국밀, 호주밀, 카나다밀 등으로 나눌 수 있다.

5-2. 주요 생산국별 밀의 종류

1. 미국밀의 종류

미국밀은 세계밀 무역량의 30~40%를 점유하고 있으며 우리 나라에서는 국내 소비량의 대부분을 미국으로부터 수입에 의존하고 있어 미국의 밀 생산량, 품질, 가격동향이 매우 중요하다. 미국밀은 겨울밀과 봄밀로 크게 구분되며 다음과 같이 나뉜다.

1) 겨울밀(winter wheat)

(1) Hard red winter wheat : Dark red winter wheat
Hard winter wheat
Yellow hard winter wheat

(2) White winter wheat : Hard white winter wheat
Soft white winter wheat
White club winter wheat
Western white winter wheat

(3) Soft red winter wheat

2) 봄밀(spring wheat)

(1) Hard red spring wheat : Dark northern spring wheat
Northern spring wheat
Red spring wheat

(2) Durum wheat : Hard amber durum wheat
Amber durum wheat
Durum wheat

2. 카나다밀의 종류

카나다는 기후 조건상 대부분이 경질 봄밀이며 다음과 같이 분류한다.

Canada westren red spring : 제빵용
Canada westren amber durum : 마카로니, 스파게티
Canada westren red winter : 프랜치브래드
Canada westren extra strong : 제빵용
Canada westren soft white spring : 제과용, 면, 페이스트리

3. 호주밀의 종류

호주밀은 다음과 같이 분류된다.

Australian prime hard wheat———————————— 제빵용
Australian hard wheat———————————————— 제빵용
Australian standard white wheat————————————제면용
Australian soft wheat ——————————— 케익용, 파이용
Australian general purpose ————————————— 사료용
Australian feed wheat ———————————————— 사료용

5-3. 밀의 구조 및 성분

밀의 구조와 조성은 밀의 이용에 중요한 의미를 갖는다. 제분업자는 밀로부터 가능한 한 밀알의 전분질 배유와 외부 층을 깨끗이 분리하여 밀가루의 생산량을 높일 수 있어야 한다. 조성에 있어 밀의 구조적 특성 즉 밀의 겨층(bran layer)은 밀의 저장에 있어서 매우 중요하며 밀의 구조는 배유(endosperm)를 분리하는 기초가 된다. 즉 겨층은 질기고 가벼운 반면에 배유는 부서지기 쉽고 무겁기 때문에 이들을 쉽게 분리할 수 있게 된다.

1. 밀알의 구조

밀알은 구조적으로 배아(germ), 배유(endosperm) 및 겨층(bran layers)으로 구성된다. 밀알은 길이가 보통 4~10㎜ 정도로서 그 구조를 보면 그림5-1과 같다.

밀알의 구조는 밀의 건조 및 수분 첨가(템퍼링)때 수분의 이동을 결정하는 중요한 역할을 한다.

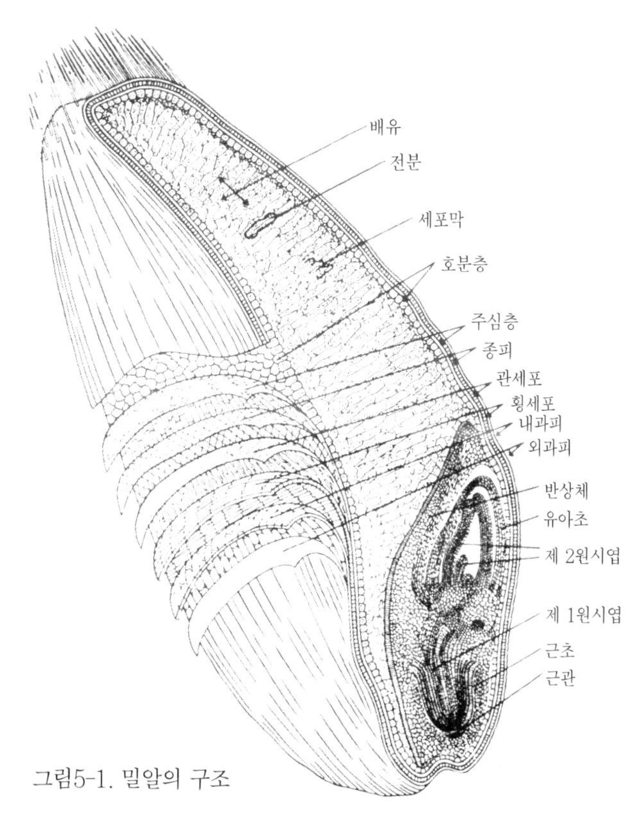

그림5-1. 밀알의 구조

2. 밀알의 성분

밀의 주성분은 탄수화물이며 다음으로 단백질이 많다. 이외에 지방질, 무기질(회분), 비타민 등이 있으며 밀알의 화학적 조성은 표5-1과 같다.

표 5-1. 밀알의 화학적 조성

구분		밀알 (%)	수분 (%)	단백질 (%)	지질 (%)	탄수화물(%)		회분 (%)	비타민(mg/100g)		
						당질	섬유소		B1	B2	니코틴산
밀알		100	15	12.0	1.8	67.1	2.4	1.8	0.40	0.15	4.2
겨층	과피	4	15	7.5	0	34.5	38.0	5.0			
	종피	2~3	15	15.5	0	50.5	11.0	8.0	0.48	0.05	25.0
	호분층	6~7	15	24.5	8.0	38.5	3.5	11.0			
배유	주변부	85	15	16.0	2.2	65.7	0.3	0.8	0.45	0.18	18.8
	중심부		15	7.9	1.6	74.7	0.3	0.3	0.06	0.07	0.5
배아		2	15	26.0	10.0	32.5	2.5	4.5	16.5	1.50	6.0

내배유 바로 바깥쪽의 호분층은 단백질, 지질, 회분이 비교적 많이 함유되어 있는 특징을 나타낸다. 밀알의 약 85%를 점유하고 있는 배유는 그 대부분이 밀가루로 이용되는데 배유의 주성분은 당질(주로 전분), 단백질, 수분이며 배유의 중심부와 주변부 사이에는 다음과 같은 성분의 차이를 보인다.

	배유의 주변부		배유의 중심부
단백질량	많다	⇒	적다
단백질의 품질	나쁘다	⇒	좋다
회분량	많다	⇒	적다
색상	진하다	⇒	약하다
전분량	적다	⇒	많다
지질량	많다	⇒	적다
비타민량	많다	⇒	적다
효소량	많다	⇒	적다

배유에는 모양, 크기, 위치가 다른 세 가지 형태의 전분이 있는데 주위 세포는 호분세포층 바로 아래에 위치하며, 각주세포는 낟알의 표면에 대하여 수직으로 길게 도끼처럼 늘어서 있고 중심세포는 가운데 부분을 채우고 있다.

세포의 모양은 각주세포는 직사각형, 중심세포는 크기와 형태가 무정형이다. 이들

세포의 크기는 수정체 모양을 한 전분의 경우 평균 직경이 28~33μ이며 구형 전분입자의 크기는 2~8μ이다. 주변세포에 있는 전분입자의 크기는 위 두 가지의 중간 정도로 비교적 균일하다.

배유 세포에 있는 전분은 단백질 격자에 묻혀 있기 때문에 경질밀로 만든 강력분은 거칠거칠한 느낌의 특성을 나타내고 연질밀으로 만든 박력분은 고운 느낌의 특성을 나타낸다.

겨층은 밀알의 약 13%를 차지하며 과피, 종피 및 호분층으로 이루어지며 보통은 밀기울이라 하여 사료로 많이 이용된다. 겨층은 영양적으로는 중요한 무기질, 셀룰로우스와 헤미셀룰로우스를 많이 함유하고 있기 때문에 최근에는 식품가공에 많이 이용되고 있다. 겨층은 가장 바깥쪽에 있는 외과피(epidermis), 내과피(hypodermis), 횡세포(cross cell), 관세포(tube cell)등 과피와 종피, 주심층, 호분층과 같은 내부 껍질층으로 구성되어 있다.

한편 밀의 색깔 특히 붉은 밀의 진한 색깔은 주로 종피에 존재하는 색소물질 때문이며 그림5-2의 밀알의 횡단면에서 보이는 색소샘에는 붉은 밀의 경우에만 색소가 들어있다. 내배유 바로 바깥쪽의 호분층은 식물학적으로 배유에 속하나 제분시에는 보통 겨의 일부로서 취급하며 두꺼운 벽을 가진 단백질로 구성되어 있으나 이 단백질은 글루텐을 형성하지 않으며 제분 중에 겉껍질에 붙어 떨어져 나간다.

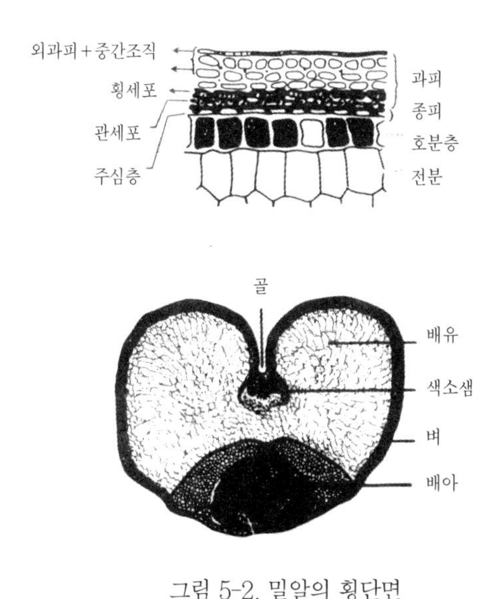

그림 5-2. 밀알의 횡단면

배아는 밀알 전체의 2~3%를 차지하며 발아하는 부위가 된다. 지방이 상당량 함유되어 있으므로 저장성에 영향을 미치고 제분시 후레이크로 되어 분리되며 가축의 사료로 많이 이용되기도 하지만 지질, 단백질, 비타민E 등 중요한 영양성분이 함유되어 있어 건강식품 및 동물약품으로 사용되기도 한다.

밀에는 이당류(슈크로오스, 말토오스), 삼당류(라피노오스)및 소량의 단당류가 존재하며 펜토산, 조섬유, 셀룰로우스, 헤미셀룰로우스, 리그닌 등 다당류가 있으나 제분에 의하여 제거되기 때문에 밀가루에는 거의 존재하지 않는다. 밀 단백질은 72.5%는 배유에, 15.5%는 호분층에, 8.0%는 배아에, 4.0%는 과피에 분포되어 있다.

배유에서는 단백질 함량이 내부로 갈수록 감소한다. 지방질은 겨나 배아에 많이 분포되어 있으며 제분시에 배아의 지방질 일부가 배유로 이전된다. 이는 반상체 및 배아의 일부가 제분시 밀가루의 배유부분으로 혼입되기 때문이며 제분 등급이 낮을수록 지방함량은 증가하는 현상을 보인다. 따라서 밀가루 전체 지방질 함량의 25~30%정도는 배아로부터 유래된다. 밀알내의 무기질은 호분층에 61%, 배유에 20%, 반상체에 8%,과피와 종피에 7%, 배아에 4% 존재한다. 밀, 밀가루 및 겨의 무기질 함량은 재배지역, 품종 및 이들의 상호작용 이외에도 단백질 함량에 따라 복합적으로 영향을 받게 된다.

5-4. 밀의 제분

밀의 제분은 밀에서 배유, 배아, 겨등의 성질 차이(배유의 유연성, 겨의 강인성, 배아의 편평성(flake)등을 적절히 이용하여 이들을 가급적 완벽하게 분리한 후 배유를 미세한 가루로 만들어 가공, 채취하는 것이다.

주요 제분공정은 원료밀을 인수하고 정선, 조질, 분쇄, 분질처리 등의 공정으로 다음과 같다.

1. 원료의 정선

밀에는 밀짚, 모래, 흙, 먼지, 잡초씨 등의 많은 불순물이 있으므로 제분 전에 철저히 제거하여야 한다. 정선은 바람직한 최종 제품과 제품의 균일성을 얻기 위하여 밀로부터 불순물을 기계적으로 분리하고자 하는 것이다. 바람, 자석분리기, 석발기 등을 이용하여 이물질과 다른 곡류 알맹이 및 찌꺼기 등을 분리 제거한 뒤 원료 저장 탱크로 보내어 저장한다.

1) 제분 선별기(milling separator) :

여러 개의 체로 구성되어 있으며 옥수수, 콩, 탈곡 안된 밀과 같은 큰 불순물은 맨 위의 체에서 제거되며 모래, 기타 곡류는 맨 밑의 고운체에서 제거된다. 부분적으로 정선된 밀은 고운체 끝으로 떨어지게 되며 가벼운 물질은 흡인기에서 분리된다.

2) 흡인기(aspirator) :

바람을 이용하여 겨, 짚, 먼지와 같은 가벼운 불순물을 제거한다.

3) 원판형 선별기(disc separator) :

밀 알만 들어가는 크기로 홈이 패인 원판면을 회전시키면서 그 위로 밀을 흐르게 하면 밀보다 길이가 긴 보리, 길이가 짧은 메밀 등 큰 곡물은 홈에 끼지 못하고 원판면을 미끄러지면서 분리된다.

4) 자력 분리기(magnetic separator) :

자석은 영구자석과 전기가 흐를 때에만 자력을 가지는 전자자석이 있다. 금속성 이물질은 자석을 이용하여 분리 제거한다.

5) 석발기(stoner) :

밀과 모양과 크기는 비슷하나 비중이 다른 물질인 작은 돌멩이, 유리조각, 진흙덩어리 등이 제거된다.

6) 충격기(entoleter) :

이 기계는 밀을 고속으로 회전하면서 충격을 주어 해충에 의한 피해립 또는 해충을 분리시킨다.

7) 스카우러(scourer) :

밀 표면에 붙어 있는 미세한 먼지나 밀의 털을 마찰시키고 닦으면서 분리 제거한다

2. 밀의 조질(tempering & conditioning)

제분공정에서 서로 성질이 다른 겨와 배유를 가장 깨끗하게 분리시키기 위하여 밀에 수분을 고루 분포시키는 가수 작업이다.

밀을 조질하는 목적은 밀의 껍질 부분을 강인하게 하여 제분공정에서 껍질이 가루화되는 것을 억제하므로서, 겨로부터 배유의 분리를 쉽게하고 또한 배유를 유연하게 하므로서 쉽게 가루로 만들며, 분쇄공정에서 적절한 손상전분이 생성될 수 있도록 하기 위함이다. 따라서 밀의 올바른 가수는 최대의 제분 효율 및 제품의 적절한 기능성을 얻는 데 중요하다. 조질이 불충분하여 수분함량이 너무 낮으면 겨가 강인화되지 못해 제분과정에서 겨가 분쇄되어 밀가루에 혼입되어 밀가루의 질을 떨어뜨리고, 반대로 조질이 지나쳐서 수분 함량이 너무 높으면 배유가 너무 유연하게 되가 때문에 엉겨서 체를 통과하기 힘들게 되어 생산 수율이 떨어진다.

일반적으로 가수시 최적 수분함량은 연질밀은 14~15.5%, 경질밀이 15.5~17.0%로 경질밀이 높다. 최종 밀가루의 수분은 제분 도중의 수분 증발에 의해 가수된 밀보다 보통 1~2.5%정도 낮은 값을 보인다. 가수량과 처리시간은 밀의 종류, 원료밀의 수분함량, 계절에 따라 달라진다. 온도가 높으면 밀의 흡수속도가 빨라지고, 시간은 밀알내의 수분의 분포를 좌우하게 된다.

조질이라고 하면 템퍼링(tempering)과 콘디셔닝(conditioning)을 함께 지칭하는데 실온에서 원료 밀에 실온에서 가수 처리하는 공정을 템퍼링이라고 하며, 밀에 가수와 함께 가열처리(46℃)하는 가온 가수의 경우를 콘디셔닝이라고 한다. 템퍼링은 밀의

물리적 성질을 좋게 하여 제분공정 중 겨와 배유의 분리가 쉽게 이루어지도록 하는 것이며 콘디셔닝은 수분 흡수 속도를 가속시키기 위함과 동시에 제분적성의 향상과 함께 2차 가공적성 즉 제빵성 또는 제과성의 개량을 그 목적으로 한다.

첨가하는 수분의 양은 원맥의 종류, 원맥의 수분 함량, 제분의 계절, 제분기 구조에 따라 달라진다. 첨가하는 물의 양은 원료밀의 수분을 측정하면 다음 식에 의해서 계산할 수 있다.

$$\text{첨가하는 물의 무게} = \text{밀의 무게} \times \frac{100 - \text{원맥의 수분함량}}{100 - \text{목적하는 수분 함량}} - 1$$

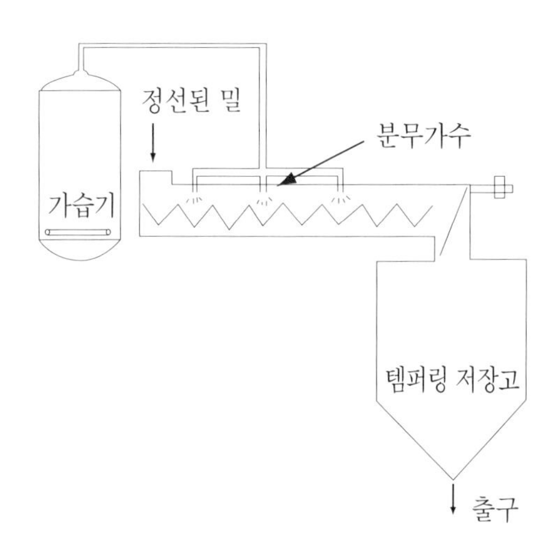

그림5- 3. 템퍼링의 공정도

3. 원료 배합

사용되는 원료밀 선택과 원료밀 배합의 적절함이 밀가루의 2차 가공성을 크게 좌우하므로 원료밀의 선택과 배합에 신중을 기해야 한다.

국내 밀가루 생산시 원료배합을 예를 표5-2에 나타내었다.

표5-2. 밀가루 종류별 원맥 배합비

밀가루종류 / 밀의 종류	강력분	준강력분	중력분	박력분
Dark North Spring	100%			
Hard Red Winter		100%	40%	
Soft white		60%		100%

(주: 미국산 밀을 기준한 것 임)

4. 조쇄공정(breaking)

제분공정은 밀로부터 밀가루를 생산하는 과정이며 제분은 기본적으로 밀의 분쇄(grinding)와 분리(separation)로 이루어 진다. 조쇄는 정선 및 조질을 한 후 배합된 밀을 분쇄하여 밀가루와 겨를 분리하는 공정으로 조쇄, 사별, 정제, 분쇄공정을 반복함으로써 미세한 밀가루를 만들어 간다.

조쇄공정은 회전속도가 다른 여러 조의 break roll에 통과시켜 밀을 거칠게 부수고 배유입자와 밀기울을 체로 서로 분리하는 장치로 이때 생긴 거친가루를 break flour라 하며 이와 같은 공정을 반복하여 거친 세몰리나(semolina)와 미들링가루(middlings)를 얻게된다. 두 개의 로울러의 회전수는 중고속 로울러는 500~550rpm이고, 저속 로울러의 회전수는 200~220rpm 정도이며 회전비는 브레이크 로울러에서 보통 2.5 :1.0 되는 것을 많이 사용하고 있다.

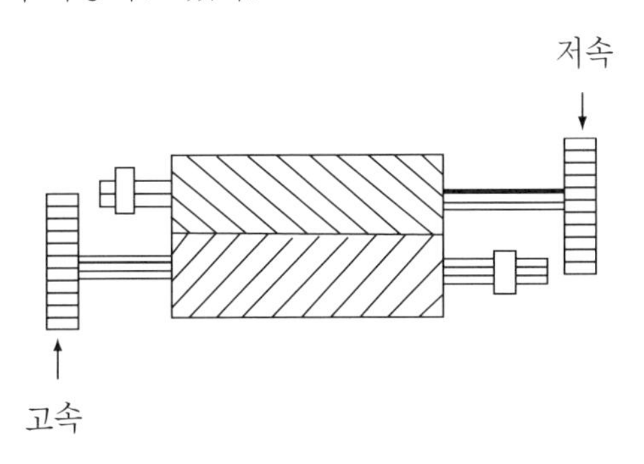

그림5-4. break roll

5. 분쇄공정

분쇄에 사용된 롤은 그 표면이 매끄럽기 때문에 smooth roll이라고 하기도 하고 배유의 조립자인 middlings를 주 대상으로 분쇄하는 관계로 middling roll 이라고도 한다. break roll 과 purifier를 통과한 거친 배유입자(세몰리나) 가루를 smooth roll에 통과시켜 미세한 가루를 얻고 이것을 체로 치면 보다 순수한 밀가루가 된다. 분쇄 공정의 또 하나의 목적은 배유에 붙어 있는 겨를 제거하는 데 있다. 분쇄롤은 배유와 겨 입자를 납작하게 함으로써 배유로부터 겨-배유 입자를 체에 의하여 쉽게 분리될 수 있도록 하기 때문이다.

6. 체질공정(sifting)

각 공정에서 생산된 가루는 체질공정에서 체로 치게 되며 이를 통과하여 나온 것을 밀가루라고 한다. 체로 칠 수 없는 큰 입자는 크기에 의해 분류하고 다음 단계로 이행시키는 과정을 반복으로 수행하여 가공된다.

이 체는 적당한 메쉬(mesh)로 하여 체통에 여러 단으로 장치되어 있다. 체통은 상단부분은 비교적 거친 금속망이고 하단은 가장 고운 체로 되어 있다. 체의 눈을 나타내는 세계 공통방식은 없으나 W 또는 GG에 붙어 있는 숫자를 mesh수로 나타낸다. 예를 들면 18W 및18GG는 다같이 18 mesh에 해당한다.

7. 순화공정(purifer)

이 공정의 목적은 미들링에 들어 있는 배유부분에서 밀기울 조각을 제거하여 순수한 배유부를 얻는 데 있다. 이 기계는 고속 진동하는 체위에 가루가 흘러가면서 체 밑에서 체 위쪽으로 올려 부는 바람에 의해 겨 조각들은 분리되고 체를 통과한 배유덩어리들은 미들링롤로 보내져 분쇄되어 밀가루가 된다. 체를 통과하지 못한 분쇄된 가루는 다시 조쇄 계통으로 되돌려져 배유분리 작업이 반복 진행된다.

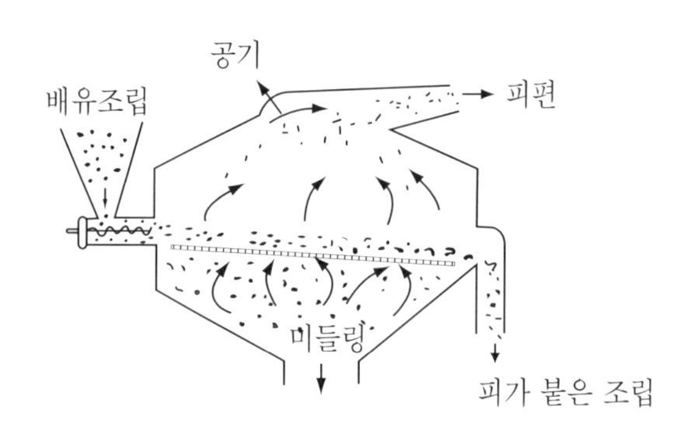

그림5-5. 순화공정

8. 밀가루 구분 조합

밀가루는 제분과정 중에서 여러 단계에서 생산되는 밀가루를 이용하게 되는데 큰 공장에서는 가루를 채취하는 곳이 30개 이상이 있어 그 사용 목적에 따라 이들을 달리 혼합하여 제품으로 하고 있으며 2가지 방법으로 조합하고 있다. 하나는 가루의 전 채취구에서 얻은 것을 모두 섞어서 제품으로 한 것으로 스트레이트 밀가루(straight run flour)라 한다. 또 하나는 구분 혼합 제분(split run milling)방법인데 여러 계열별로 생산된 가루를 적절히 혼합하여 성질이 다른 밀가루를 만드는 것으로, 이는 제분시 밀의 선택에 다양성을 줌으로 생산비를 최소화할 수 있고 소비자의 다양한 품질에 대한 요구를 만족시켜 줄 수 있는 잇점이 있다.

9. 밀가루의 숙성과 표백

제분직후의 밀가루는 색택과 성질이 좋지 못하고 생화학적으로 매우 불안정한 상태가 된다. 이와 같은 제분 직후의 밀가루를 hot flour 또는 green flour라고 한다. 밀가루는 제분 후 일정기간 숙성과정을 거치게 되면 제빵 적성이 향상되고 색도 희게 된다.

이와 같은 현상은 주로 공기에 의한 산화작용에 기인하는 것으로 보고 있다. 밀가루의 자연숙성은 공기 중의 산소에 의하여 자연적으로 천천히 산화가 일어나도록 하는 방법인데 보통 2~3개월 정도 걸린다. 한편 숙성과정은 일종의 산화과정이기 때문에 공기중의 산소에 의해 카로티노이드계 색소가 산화되어 탈색이 일어나면서 자연적으로 표백 된다.

제분직 후 숙성하지 않은 밀가루의 성질 보면 밀가루에 들어 있는 지용성 카로티노이드계 색소인 크산토필 때문에 노란색을 띠고, 밀가루에 살아 있는 조직내의 효소 작용이 활발하며, 밀가루 pH는 6.1~6.2로 빵 발효에 적당치 않으며, 글루텐의 교질화가 이루어지지 않아 반죽이이 잘 형성되지 않는다. 반면 숙성한 밀가루는 황색 색소가 산화에 의해 탈색되어 희게 되고, 효소류의 작용으로 환원성 물질이 산화되어 환원 작용이 약하기 때문에 반죽 글루텐의 파괴를 막아주며, 지질을 산화시켜 지방산과 인산을 생성하여 밀가루의 pH를 5.8~5.9로 낮추기 때문에 이스트 발효작용을 촉진하고, 글루텐의 질을 개선하며 흡수성을 좋게 한다.

제분 직후의 밀가루는 특유의 노란색을 띠는 크림색을 나타내는데 이것은 밀가루에 함유되어 있는 지용성 카로티노이드에 속하는 황색 색소 때문이다. 이 색소는 공기중에서 산소와 접촉하면 산화되어 탈색되는데 이와 같은 현상을 표백이라 한다.

한편 자연표백은 오랜 시간이 걸리기 때문에 인공적으로 약품을 사용하여 짧은 시간내에 산화작용을 일으켜 밀가루의 표백과 밀가루의 품질을 개량 할 목적으로 화학적 첨가제를 사용하는 인공표백이 행하여지고 있다. 표백제로서는 과산화벤조일(benzoyl peroxide), 과산화질소 (nitrogen peroxide), 3염화질소(nitrogen trichloride),염소(chloride), 2산화염소(chlorine dioxide)등 여러 가지 있으나 표백 효과와 밀가루의 품질의 안정도 등에서 이로운 점이 많은 과산화벤졸이 가장 널리 사용되고 있으나, 현재 우리 나라에서는 제분시 표백제를 사용하지 않고 있다.

5-5. 제분 수율

제분수율(flour extraction)이란 밀을 제분하여 밀가루로 얻을 수 있는 양을 밀에 대한 밀가루의 백분율로 나타낸 것이다. 제분 수율은 밀의 품종, 밀의 종류, 가수 및 제분방법, 온도, 습도 등에 따라 달라진다. 전립 밀가루(whole wheat flour)는 밀 전체를 밀가루로 만든 것으로 수율이 100%가 되며, 일반적으로 밀가루의 제분 수율은 약 72% 정도이다.

밀가루는 분리율(밀가루를 100으로 했을 때 특정 밀가루의 백분율)에 따라 밀가루를 분류할 수 있으며 분리율이 작을수록 밀가루 입자가 곱고 내배유의 중심 부위가 많은 밀가루이다. 일반적으로 같은 밀에서 얻어진 밀가루라 하더라도 제분공정의 최초단계에서 얻어진 배유는 밀알의 중심부의 것이 많고 마지막 단계로 갈수록 외피에 가까운 부분이 많다. 그렇기 때문에 처음의 것은 밀가루의 순도가 높고 마지막 단계의 밀가루는 외피나 배아의 혼입량이 많아진다. 이 외피나 배아 부분에는 섬유질이나 회분이 다량 함유되어 있다. 그러므로 외피나 배아가 많이 혼입된 밀가루일수록 색상이 어둡고 품질이 낮으며 효소량도 많게 된다. 따라서 이와 같은 제분과정에서 생산된 밀가루를 구분 혼합하여 품질 차이를 나타내기 위하여 밀가루에 등급을 부여한다.

우리 나라에서는 품질이 높은 것부터 특등급, 1등급, 2등급, 3등급 및 말분이라 부르며 미국의 경우는 그림5-6과 같다. 밀가루 전체 생산량 중 40%를 채취한 밀가루를 팬시파텐트(fancy patent) 밀가루라 하고 나머지 55%는 팬시크리어(fancy clear), 기타 5%는 2차크리어(clear)로 구분된다. 또한 밀가루 생산량 중 70%를 채취하는 경우 이를 1차파텐트 밀가루, 나머지 25%는 팬시크리어로 분류될 수 있다.

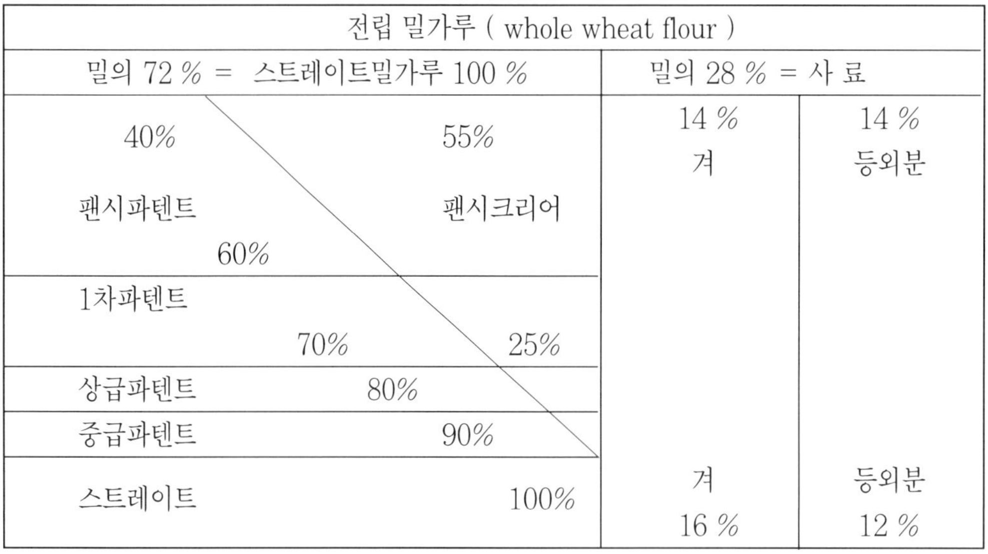

<table>
<tr><td colspan="4">전립 밀가루 (whole wheat flour)</td></tr>
<tr><td colspan="2">밀의 72 % = 스트레이트밀가루 100 %</td><td colspan="2">밀의 28 % = 사 료</td></tr>
<tr><td>40%
팬시파텐트
60%</td><td>55%
팬시크리어</td><td rowspan="4">14 %
겨</td><td rowspan="4">14 %
등외분</td></tr>
<tr><td>1차파텐트
70%</td><td>25%</td></tr>
<tr><td colspan="2">상급파텐트 80%</td></tr>
<tr><td colspan="2">중급파텐트 90%</td></tr>
<tr><td colspan="2">스트레이트 100%</td><td>겨
16 %</td><td>등외분
12 %</td></tr>
</table>

그림5-6. 미국의 제분수율의 예

5-6. 밀가루의 분류와 등급

밀가루는 종류별로 제빵용, 제과용, 제면용 등의 용도별로 구분하지만 일반적으로 많이 이용되는 방법은 물을 가해서 반죽했을 때 어느 정도의 점탄성을 갖는 반죽이 형성되는가에 따라 분류하는 방법이다.

기본적으로 단백질 함량에 따라 강력분, 준강력분, 중력분, 박력분 순으로 나누어진다. 반죽의 점탄성이 강하고 약함은 밀가루 단백질의 질과 양에 따라 달라지기 때문에 밀가루는 원료 밀의 종류에 따라 결정된다. 일반적으로 제빵용으로 사용되는 강력분은 경질밀로 만들어지며, 제과용으로 사용되는 박력분은 연질밀로 제조된다.

또한 밀가루의 회분 함량에 따라 1등분, 2등분, 3등분, 등외 등으로 나눈다. 이것은 밀가루를 품질에 따라 분류하는 방법이다.

제분과정에서 배유를 분쇄하는 작업은 여러 공정을 거쳐야 하며 배유 부분에 딱딱한 겨와 배아가 강하게 밀착되어 있어 배유만 분리하기 어렵다. 겨나 배아가 많이 혼입된 밀가루일수록 색택이 나쁘고 품질이 낮고 효소량도 많게 된다. 즉 같은 밀가루에서 얻어진 밀가루라도 그 제분 단계에 따라서 품질이 다른 여러 가지 밀가루가 제조되는 것이다. 이와 같이 품질의 차이를 나타내기 위한 것이 밀가루 등급에 의한 표시이다. 대체적으로 식품가공용으로는 2등급 이상이 많이 사용되며 3등급과 등외의 경우는 공업용 원료(전분, 합판, 제지 등) 및 사료용으로 이용되고 있다.

밀가루 종류별로 다음과 같은 표기로 사용하기도 한다.

강력분 : hard flour, strong flour, bread flour

중력분 : medium flour, all purpose flour,

박력분 : soft flour, weak flour, cake flour

표5-3. 밀가루의 분류

구분	용도	단백질량(%)	글루텐질	밀가루 입도	회분함량 1급 (%)	원료밀
강력분	제빵용	11.0~13.5	강하다	거칠다	0.4~0.5	경질밀
중력분	제면용 다목적용	9~10	부드럽다	약간 미세하다	0.4	중간경질 연질
박력분	제과용	7~9	아주 부드럽다	아주 미세하다	0.4 이하	연질밀

표5-4. 등급별 밀가루의 단백질과 회분함량

종류	등급	단백질함량(%)	최고 함량		
			수분(%)	회분(%)	사분(%)
강력분	1급 2급	11.0↑ 12.0↑	15.0 14.5	0.55 0.75	0.03 0.03
준강력분	1급 2급	10.0 11.0	14.5 14.0	0.55 0.75	0.03 0.03
중력분	1급 2급	9.5 10.5	14.5 14.0	0.50 0.70	0.03 0.03
박력분	1급 2급	8.0↓ 9.5↓	14.0 13.5	0.50 0.70	0.03 0.03

5-7. 밀가루의 물리적 성상

1. 색상

밀가루는 배유에 함유되어 있는 카로티노이드(carotenoid)계 색소에 의하여 맑은 크림색을 나타내며 또한 밀가루의 색도는 제분 중 겨층의 혼입도, 회분량, 입도, 불순물의 양, 제분의 정도 등이 색상에 영향을 미친다. 회분 함량이 많으면 색상이 어두워지고 밀가루를 육안으로 볼 때 입자가 고울수록 밝은 흰색을 나타낸다. 밀가루에 겨의 혼입 정도를 색상을 가지고 비교 판단하는 방법을 페카테스트(pekar test)법이라고 한다.

밀가루 가공품의 경우는 제품의 원료배합, 제조방법, 제품의 형태에 따라 차이가 있어 밀가루의 색상이 그다지 큰 영향을 미치지 않지만 면류의 경우 밀가루의 색상은 제품의 상품가치에 직접적인 영향을 미치게 된다. 식빵의 경우 빵 속살의 고운 색상은 밀가루 색상과 관계가 크지만 단과자빵의 경우 밀가루 색상은 그다지 중요한 것은 아니다.

밀가루의 색깔을 향상시키기 위하여 과산화벤조일 등과 같은 표백제가 이용되기도 하나 우리 나라에서는 표백제를 사용하지 않고 숙성기간 중 공기중의 산소에 의하여 자연표백을 시키고 있다.

2. 밀가루 입도(particle size)

밀가루 입도는 제분 상태를 나타내는 한 요소로서 제분시 배유부의 단단함 정도에 따라 입자의 크기가 다르게 된다. 경질밀의 경우는 거칠게 분쇄되는 반면 연질밀의 경우는 경질밀에 비하여 더욱 곱게 분쇄된다. 일반적으로 입도가 고울수록 색상이 더욱 희게 되는 경향이 있다. 또한 밀가루 입도가 고울수록 수화(hydration)속도가 빠르게 된다.

밀가루 입자 크기에 따라 단백질 분포가 다르게 되는데 입도가 고운 부분이 단백질 함량이 높으므로 최근 공기분급(air classification) 방법에 의해 입도가 고운 부분만을 모아 특수 용도의 고단백 밀가루를 생산하기도 한다.

공기분급 방법은 공기흐름에 의하여 밀가루를 입자크기별로 분리하는 공정이다. 공기분급에 의해 가루의 입자는 입도가 17㎛ 이하인 입자, 17~35㎛인 입자 및 35㎛ 이상인 입자들로 구성되어 있는 분획을 얻을 수 있다. 그림5-7와 같이 입도가 작은 입자들은 단백질 함량이 높은 특징을 보이며, 중간정도의 입자는 전분 함량이 높은 특징을 나타낸다. 큰 입자는 큰 전분입자와 배유부의 세포로 이루어져 있어 단백질 함량은 원래 밀가루 단백질 함량과 비슷하다. 따라서 공기분급 방법에 의하여 입자의 크기가 작은 입자들을 따로 모으게 되면 원래 밀가루에 비하여 단백질 함량이 높은 고단백 밀가루를, 그리고 입자의 크기가 중간인 입자들을 모으면 단백질 함량이 낮으며 전분 함량이 높은 밀가루를 얻을 수 있게 된다. 따라서 이들 특수 밀가루를 사용하여 단백질 함량이 낮은 밀가루의 단백질을 보강할 수도 있으며 쿠키와 부드러운 케이크를 만들 때 사용할 수도 있다.

입자의 크기 (미크론)	수율 (무게)%	단백질 %	입자의 형태		
			전분입자	Wedge 단백질	덩어리
0-13	4	19			
13-17	8	14			
17-22	18	7			
22-28	18	5			
28-35	9	7			
35이상	43	11.5			
초기 단백질9.5%			35미크론 이하 입자의 단백질함량 8.1%		

그림5-7. 밀가루 입도분포와 조성

3. 흡수율

밀가루의 흡수율은 빵 · 과자 생산에 있어서 중요한 인자이다. 흡수율이 높은 경우에는 생산량이 증가되므로 흡수율이 높은 밀가루가 바람직하다고 볼 수 있다. 밀가루의 흡수율에 크게 관여하는 성분은 전분, 단백질, 펜토산으로 가장 중요한 것은 단백질 함량이며 단백질 함량이 높으면 흡수율이 증가한다.

강력분은 박력분보다 흡수율이 높다. 이와 같이 대체적으로 흡수율에 영향을 미치는 요소들은 밀가루의 제빵성(단백질의 양과 특성), 밀가루의 숙성도, 밀가루의 수분, 밀가루의 등급 특성, 밀가루의 입도(흡수속도), 손상전분의 양, 펜토산 함량 등 여러 가지 요인에 의해 영향을 받는다.

건전한 전분은 자신의 0.44배, 손상전분은 1.0배, 글루텐은 2.0배 그리고 펜토산은 15배의 물을 흡수한다. 그 중에서도 글루텐이 형성되는 부분이 강한 흡수력을 갖게 되고 수용성 단백질은 관계가 없다. 건전한 전분은 흡수력이 적지만 제분 중에 손상을 입게 되면 흡수력은 수배로 증가하게 된다.

경질밀은 연질밀보다 제분 중 기계적 손상을 받는 비율이 크기 때문에 강력분은 박력분보다 손상전분의 양이 많게 되며 강력분의 흡수율을 증가시키는 요인이 되기도 한다. 밀가루의 흡수율은 일반적으로 파리노그래프에 의존하여 결정한다.

4. 손상전분

손상전분(damage starch)은 제분 가공 중 고속으로 회전하는 두 개의 롤(roll)에 의해 밀알이 분쇄될 때 전분립이 충격을 받아 전분의 입자가 손상을 받은 것이다.

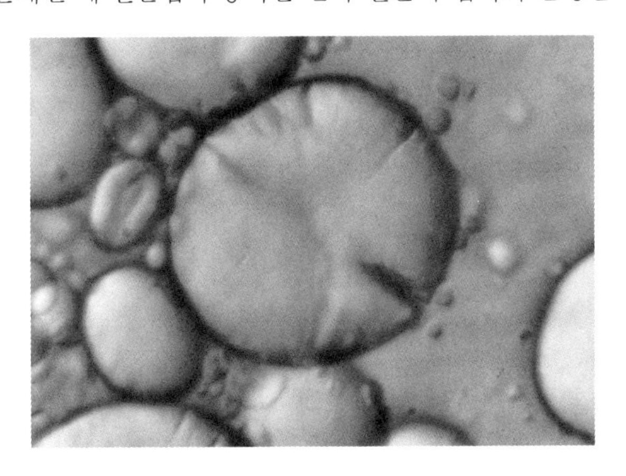

그림5-8. 밀전분의 손상전분

밀가루의 손상전분 함량은 밀의 경도와 관계가 있어 연질밀보다 경질밀에 손상전분의 함량이 많게 된다.

제빵에 있어서 손상전분은 효소작용을 쉽게 받고 흡수력이 크며 반죽 및 빵의 성질에 영향을 주게 된다. 정상적인 전분은 30℃ 정도 발효온도에서 약 30% 정도 약간 팽윤되지만, 손상전분은 일부 또는 전부가 호화된다.

정상전분은 β-amylase에 의해서 가수분해되지 않고 α-amylase에 의해 아주 천천히 가수분해되지만 호화된 손상전분은 이들 두 효소에 의해 쉽게 가수분해된다. 과량의 손상전분이 있을 경우 아밀라아제 효소에 의하여 쉽게 가수분해되면서 물이 방출되므로 반죽이 질게 되어 빵의 조직이 나빠지게 된다. 따라서 제빵에 있어서 반죽 형성시 사용하는 물의 양, 단백질 함량, 손상전분의 함량 및 α-amylase 활성도 등 이들의 상관관계를 잘 이해하여야 할 것이다. 손상전분은 발효시간이 짧은 속성제빵법에서는 발효당을 제공하는 역할이 크지 않으나 발효시간이 긴 스폰지법에서는 중요한 역할을 한다.

5-8. 밀가루 성분과 제빵성

1. 밀가루의 성분조성

밀가루 성분은 일반적으로 탄수화물이 65~78%, 단백질이 6~15%, 지질이 2% 전후, 회분은 1% 이하, 수분은 14~15%로 되어 있다.

밀가루를 물과 혼합하여 반죽한 다음 물로 씻으면 전분, 글루텐 및 수용성 성분으로 구분할 수 있다. 이들 성분들은 빵 · 과자에 있어 꼭 필요한 성분들이다. 수용성 성분은 수용성 탄수화물, 단백질, 아미노산, 무기질, 당단백질, 펜토산 등을 함유하고 있으며 일부 성분들은 발효과정 중 효모의 먹이로 사용되어 가스발생에 도움을 주며, 특히 펜토산과 당단백질은 글루텐의 신장성에 영향을 미쳐 반죽의 가스 보유력을 향상시킨다.

표5-5. 밀가루의 성분 함량 (각 함량은 밀가루 100g당)

항목 \ 밀가루		강력분		중력분		박력분	
		1급	2급	1급	2급	1급	2급
에너지(Kcal)		366	367	368	369	368	369
수분 (g)		14.5	14.5	14.0	14.0	14.0	14.0
단백질(g)		12.5	13.5	9.5	10.5	8.0	9.5
회분(g)		0.4	0.6	0.4	0.6	0.4	0.6
지방(g)		1.8	2.1	1.8	2.1	1.7	2.1
탄수화물	당질	71.4	70.2	74.6	73.4	75.7	74.3
	섬유	0.2	0.3	0.2	0.3	0.2	0.3
무 기 질	칼슘(mg)	20	25	20	25	20	25
	인 (mg)	75	100	75	95	70	95
	철(mg)	1.0	1.2	0.6	1.1	0.6	1.1
	나트륨(mg)	2.0	2.0	2.0	2.0	2.0	2.0
비 타 민	B_1 (mg)	0.10	0.17	0.12	0.20	0.13	0.24
	B_2 (mg)	0.05	0.06	0.04	0.05	0.04	0.04
	Niacin (mg)	0.90	1.30	0.70	1.40	0.7	1.2

또한 밀가루에 소량 함유되어 있는 지방질도 제빵에 있어서 중요한 역할을 한다. 탈지시킨 밀가루와 정상밀가루로 빵을 만들어 비교하면 탈지밀가루의 빵이 정상밀가루보다 부피가 감소된다. 밀가루는 비교적 단백질 함량과 탄수화물 함량이 높은 것이 특징이다. 탄수화물은 주로 전분(90%이상)이고 이외에 덱스트린, 펜토산 및 당으로 이루어져 있다. 밀가루의 수분 함량은 14% 내외이지만 주변의 상대 습도에 따라 달라지

게 된다. 따라서 밀가루의 저장 또는 유통 과정 중 중량의 변화가 일어나지 않도록 주의해야 한다. 밀가루의 회분 함량은 배유부 자체의 회분함량(0.28~0.39%) 이외에 혼입된 겨층의 회분에 의하여 좌우한다. 대표적인 밀가루성분의 조성표는 표5-5와 같다.

2. 단백질

밀가루의 단백질 함량은 특히 제빵에 있어서 가장 중요한 품질 지표가 된다. 밀가루의 2차 가공적성은 단백질의 함량 및 질에 좌우된다. 보통 밀의 단백질 함량은 재배 조건에 따라 변하게 되나 질은 유전적인 인자에 따라 변한다. 밀을 종류 별로 보면 경질밀이 연질밀보다 단백질 함량이 높으며, 경질밀에서도 봄밀이 겨울밀 보다 높은 단백질 함량을 보인다.

밀가루의 단백질 함량은 빵의 부피를 결정하는데 중요한 인자이다. 제분시 여러 품종의 밀을 혼합하여 사용하기 때문에 단백질의 차이는 있겠지만 일반적으로 단백질함량이 높으면 빵의 부피가 커지지 때문에 단백질 양과 빵의 부피는 직선적인 상관관계를 보인다. 제분업자는 품질을 기준으로 밀을 선택한다. 그리고 제빵업자는 직접적으로 글루텐의 질을 제빵시험을 통하여 판단한다. 제빵업자는 밀가루의 제빵 적성을 향상시키기 위하여 제빵개량제를 첨가하기도 한다. 제빵개량제는 글루텐의 성질을 변화시켜 작업성, 발효 내성 및 발효 안정성 등의 반죽 특성을 변화시키는 역할을 한다.

1)밀가루 단백질의 분류

밀가루의 단백질은 오스본(Osborne)의 용해도에 따라 다음 네가지로 분류된다.

수용성 단백질 : 알부민(albumin)
염에 녹는 단백질 : 글로불린(globulin)
알콜에녹는 단백질 : 프롤라민(prolamin)
알칼리에 녹는 단백질 : 글루텔린(glutelin)

밀의 단백질인 경우 프롤라민을 글리아딘(gliadin), 글루텔린을 글루테닌(glutenin)이라고 한다.

밀가루 단백질의 특징중의 하나는 밀가루를 물과 혼합하면 글리아딘과 글루테닌이 결합하여 글루텐이라는 단백질을 형성한다. 이러한 성질은 밀가루만이 갖는 독특한 성질이다. 밀가루의 단백질은 알부민(수용성), 글로불린(염용해성), 글리아딘(알콜 용해성) 및 글루테닌(산 및 알칼리 용해성)으로 이루어져 있다(그림5-9).

밀가루 단백질은 반죽을 형성하는 글루텐 단백질과 반죽을 형성하지 않는 비글루텐 단백질로 나눌 수 있다.

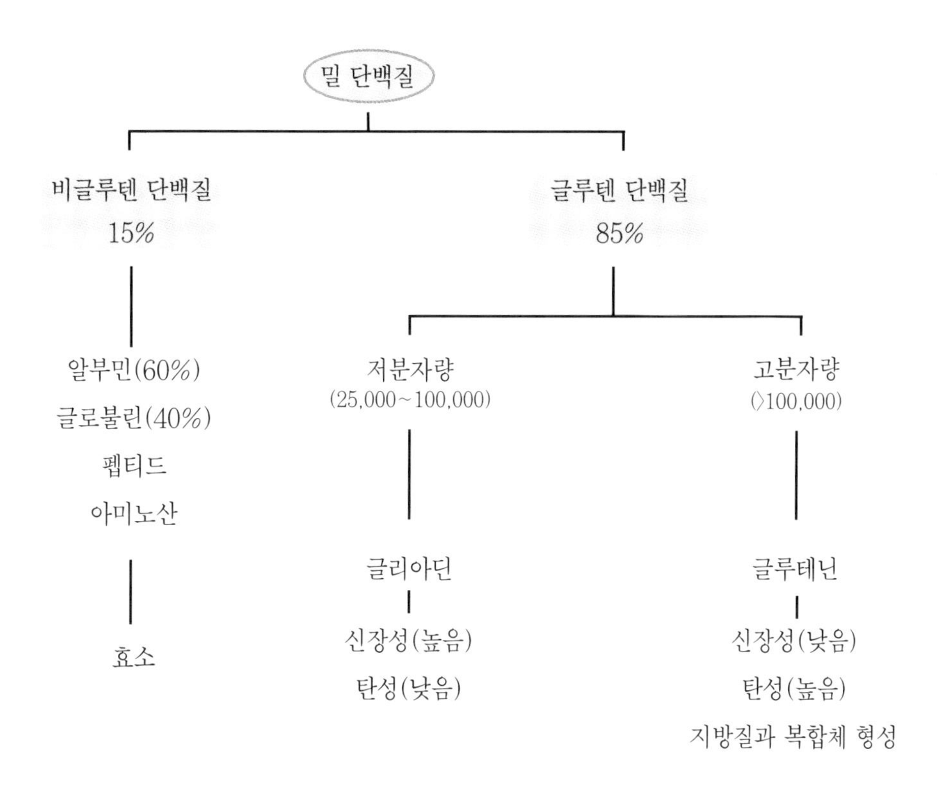

그림5-9. 밀가루 단백질의 분류

글루텐 단백질 중 글리아딘은 점성을 나타내며 빵의 부피와 관계가 있으며 글루테닌은 탄성을 보이면서 혼합시간 및 반죽형성 시간과 관계가 있다. 글루텐은 밀가루 반죽에 있어서 골격을 형성하는 중요한 역할을 하며 발효 중 생성되는 가스를 보유하는 기능을 갖게된다. 단백질 중 아미노산 조성은 밀가루 조성에 따라 차이가 크지 않으며 글루텐 단백질의 특징은 글루탐산(glutamic acid)과 프롤린(proline)의 함량이 높다. 그리고 리신(lysine)이 다른 곡류 단백질과 같이 제한 아미노산으로 되어있다.

2)단백질의 화학결합

밀가루 단백질의 성질은 밀가루의 독특한 아미노산 조성과 이에 따른 화학 결합에 의하여 결정된다. 밀가루의 독특한 점탄성(viscoelasticity)에 관여하는 결합은 아미드 결합, SH그룹(thiol 또는 sulfhydryl) 및 이황화 그룹(-SS-,disufide), 수소결합으로 나눌 수 있다. 이중 반죽의 구조에 중요한 역할을 하는 결합은 공유결합을 하고 있는 단백질 사이의 이황화 결합이다. 글루텐 단백질의 아미노산 중 약 1.4%는 시스틴(cystine) 또는 시스테인(cysteine)으로 구성되어 있는데 시스테인의 -SH기는 다음과 같이 산화되어 -SS-결합을 형성한다.

$$2P\text{-}CH_2SH \xrightarrow[-2H]{\text{산화}} P\text{-}CH_2\text{-}S\text{-}S\text{-}CH_2\text{-}P$$

시스테인 → 시스틴 (P=단백질)

시스틴의 -SS- 결합은 반죽의 경도(firmness)에 영향을 주며, 이 결합에 의하여 반죽의 점성 흐름(viscous flow)은 감소된다. 또한 -SS-은 -SH기와 반응하여 상호 교환작용을 함으로써 반죽의 이동성질(mobility)이 생기게 된다. 따라서 밀가루의 제빵성은 단백질 함량 및 -SS와 -SH의 비에 의하여 결정된다고 볼 수 있다. 일정한 단백질 함량에서 -SS와 -SH의 비가 15일 때 제빵적성이 가장 좋은 것으로 알려 있다.

3) 밀가루와 글루텐

밀은 제분되어 밀가루로 되었을 때 발효와 굽는 과정에서 발생하는 가스를 보유하여 가볍고 잘 부푼 빵을 만들게 하는 유일한 곡물이다. 이러한 특성은 밀의 단백질에 의한 것이며, 단백질은 물과 결합하여 글루텐을 형성하고 글루텐이 실제적으로 가스를 보유 하는 것이다. 글루텐은 밀가루를 반죽하여 물로 세척하면서 전분을 제거하여 얻게 되는데, 이때 글루텐 조각들은 서로간의 접착성이 강하여 뭉치면서 회백색의 덩어리를 형성한다. 이것은 밀가루 속에 함유된 글리아딘과 글루테닌 성질때문이다.

밀가루에 물을 첨가하고 혼합하여 형성된 반죽 덩어리를 물로 씻어내면 젖은 글루텐은 얻게 되는데 젖은 글루텐은 65~75%가 수분이고, 건조글루텐은 보통 75~80%의 단백질, 세척해 내기 어려운 5~15%의 전분, 5~10%의 지방질과 소량의 광물질로 구성되어 있다. 그 전형적인 분석치는 다음과 같다.

젖은 글루텐 (Wet gluten)	건조 글루텐(Dry gluten)
물 : 67%	단백질 : 80%
단백질 : 26.4%	전 분 : 10%
전 분 : 3.3%	지 방 : 6%
지 방 : 2.0%	회 분 : 3%
회 분 : 1.0%	섬유질 : 1%
섬유질 : 0.3%	

밀가루 단백질의 약 80%를 차지하는 글루텐 형성단백질은 불용성단백질 gliadin과 glutenin이며, 비글루텐 형성단백질은 globulin의 leucosin과 albumin

의 edestin이 대표적이다. 글루텐 단백질의 특징은 글루탐산(glutamic acid)과 프롤린(proline)의 함량(12-13%)이 높다는 것이다.

조글루텐에 70%의 알콜을 넣으면 gliadin이 용해되고 glutenin은 남게되어 두 물질을 분리하여 얻을 수 있다. 건조글루텐(dry crude gluten)은 약75%의 단백질로 구성되어 있고 나머지 25%는 조섬유(crude fiber), 회분, 전분, 지방 성분으로 구성되어 있다. 따라서 건조 조글루텐과 단백질함량은 거의 같은 수준으로 볼수 있기 때문에 제분업자나 제빵기술자들은 글루텐 함량을 측정하여 밀가루를 평가하는데 이용하기도 한다.

4) 글루텐 성질과 재료의 영향

밀가루로 만든 반죽의 강도와 신전성의 좋고 나쁨은 글루텐의 성질에 따라서 결정된다. 그러므로 글루텐의 성질에 영향을 주는 물질을 첨가하면 반죽 물성이 변화하여 제빵성에 영향을 주게 되며 제품의 품질에 변화가 나타난다.

표5-6. 밀가루 반죽의 물성에 영향을 주는 재료

<table>
<tr><th></th><th>성분</th><th>단백질에 미치는 영향</th><th>반죽의 상태</th><th>사용 예</th></tr>
<tr><td rowspan="3">경화(硬化)</td><td>소금</td><td>글루텐의 탄성을
강하게 한다</td><td rowspan="3">반죽의 탄성을
강하게 한다</td><td>빵반죽
면류</td></tr>
<tr><td>비타민 C</td><td>글루텐의 형성을
촉진한다</td><td>빵반죽</td></tr>
<tr><td>칼슘염
마그네슘염</td><td>글루텐의 탄성을
강하게 한다</td><td>빵반죽</td></tr>
<tr><td rowspan="3">연화(軟化)</td><td>레몬즙
식초</td><td>글루테닌과 글리
아딘을 녹이기 쉽다</td><td rowspan="3">글루텐이 부드럽게
되고 반죽이 늘어나기
쉽게 된다
(신전성이 좋아진다)</td><td rowspan="3">밀어펴고 접는
파이 반죽</td></tr>
<tr><td>알콜류</td><td>글리아딘을
녹이기 쉽다</td></tr>
<tr><td>샐러드유
(액상유)</td><td>글루텐의 신전성을
좋게 한다</td></tr>
<tr><td>약화(弱化)</td><td>버터
마가린
쇼트닝
(가소성 유지)</td><td>글루텐의 망상구조가
되는 것을 막는다</td><td>반죽의 탄성이
약하게 되고
부서지기 쉽게 된다</td><td></td></tr>
</table>

소금의 경우 글루텐의 탄성을 강하게 하는 성질을 갖고 있다. 소금을 첨가한 반죽에서는 전체 조직이 잘 연결되고 탄력이 있어 반죽이 쳐지지 않으나, 소금을 첨가하지 않은 반죽에서는 발효되는 동안 반죽이 늘어지고 끈적끈적하게 된다. 다만 첨가되는 소금의 양이 지나치게 많으면 효모의 발효가 억제되어 빵이 잘 부풀지 않게 되므로 보통의 경우 소금 첨가량은 밀가루의 1~2% 정도이고, 빵의 종류나 소맥분의 성질에 따라 다소 증가하지만 3%를 넘는 일이 없다.

반죽의 탄력성을 강하게 하는 효과를 내는 것은 소금뿐 만 아니다. 비타민C(아스코르브산)는 반죽에서 글루텐의 망상구조의 형성을 촉진시켜 반죽의 탄성을 강하게 하는 작용을 갖고 있다. 그러므로 불란서빵과 같은 단순한 재료만 쓰는 빵에는 식염과 같이 비타민 C가 첨가된다. 또 칼슘(Ca^{++})도 글루텐사이의 결합을 강화시켜 반죽의 탄력을 증가시키는 작용을 한다. 그러나 칼슘 자체는 단독으로 쓰이는 일은 거의 없고 일반적으로 이스트푸드(yeast food)의 주성분으로서 사용된다.

밀가루로 만든 반죽에서 탄성의 강도는 그 안에 형성된 글루텐의 점탄성에 따라서 결정되지만 샐러드유와 같은 액상유는 글루텐의 무리한 결합을 줄여주고 글루텐과 다른 성분과의 접촉을 매끄럽게 해주는 효과를 갖고 있다. 그러므로 샐러드유를 가한 반죽에서는 반죽 전체가 아주 부드럽고 종이와 같이 얇게 하는 것이 가능하다.

한편, 샐러드유 등의 액상유 뿐 만 아니라 버터, 마가린, 쇼트닝 등의 가소성 유지도 글루텐의 물성에 큰 영향을 미치는 성질을 갖고 있다. 다만 같은 유지라도 가소성 유지와 샐러드유 등의 액상유는 약간 작용의 방법이 다르다. 가소성 유지는 반죽중에 층상(層狀)으로 퍼져 글루텐을 드문드문 끊어주는 성질을 갖고있다. 배합하는 유지의 양에도 관계되지만 일반적으로 대량의 가소성 유지를 쓴 반죽에서는 글루텐의 망상구조가 거의 형성되지 않기 때문에 부스러지기 쉬운 바삭바삭한 느낌을 준다. 이와 같이 반죽의 골격을 만드는 글루텐의 물리적 성질은 다양한 유지의 영향을 받는다. 그렇기 때문에 과자의 종류에 따라서는 재료를 혼합하는 순서에도 주의하지 않으면 안된다.

3. 탄수화물

밀가루의 탄수화물은 주로 당(sugar), 전분, 다당류(셀룰로우스, 헤미셀룰로우스, 리그닌)로 이루어져 있으며 섬유소가 0.2~0.3%를 차지하고 나머지는 당질로 되어 있다. 당질의 대부분은 전분이며 그 밖에 펜토산이 2~3%, 덱스트린, 수용성 당류가 함유되어 있다. 밀가루의 전분함량은 단백질 함량과는 반비례 관계에 있다. 따라서 일반적으로 연질밀이 경질밀보다 전분의 함량이 많다.

1) 전분의 형태와 조성

밀가루 전분은 둥근 형태의 원형으로 되어 있으며 직경이 20~35㎛의 큰 입자와 2-8㎛의 구형의 작은 입자로 되어 있다.

전분은 포도당이 결합하여 늘어서는 방향에 따라 직쇄상과 분지상의 2종류로 구성된다. 포도당들이 결합하면서 직쇄상으로 늘어선 형태로 점성이 약한 물질을 아밀로오스(amylose)하고, 도중에 여러개의 가지로 분지되며 점성이 강한 물질을 아밀로 펙틴(amylopectin)이라고 한다. 전분 내 아밀로오스와 아밀로펙틴의 비율은 곡물의 종류에 따라 달라지지만 밀가루의 경우는 아밀로오스 25%와 아밀로펙틴 75%로 구성되어 있다. 이 비율은 밀가루의 종류에 따라 차이가 없다.

2) 전분의 호화

밀가루에 물을 가한 후 교반하면서 열을 가하면 밀가루 중의 전분립이 물을 흡수하여 팽윤되기 시작하고 결국에는 전분 구조가 붕괴되어 반투명한 점도성이 있는 풀이 된다. 이와 같은 현상을 전분의 호화(α화)라고 한다.

호화 속도는 전분과 물의 비율에 따라 다르다. 5%전분 현탁액(밀가루5 : 물95)의 경우에는 55℃에서 호화가 시작되며 호화는 두 단계에 걸쳐서 일어난다. 호화온도는 전분의 종류에 따라서 다르다(표5-7). 쌀이나 감자전분은 비교적 낮은 온도에서 호화를 시작하지만 옥수수나 밀가루의 전분은 호화시키는데 높은 온도를 필요로 한다.

표5-7. 각종전분의 호화온도 (농도 60% 일때)

항 목		전분의 종류					
		쌀	감자	타피오카	고구마	옥수수	밀
전분호화온도(℃)		63.6	64.5	69.6	72.5	86.2	87.3
전분의 점도(B.U)		680	1028	340	683	260	104
비율	아밀로펙틴	80	77	83	80	74	75
	아밀로오스	20	23	17	20	26	25
전분입자의 크기(㎛)		2~10	5~100	5~36	15~55	4~26	2~38

전분의 호화 현상을 실험실에서 조사하는 가장 일반적인 방법은 아밀로그래프를 사용하는 것이며 밀가루 65g을 물 450㎖에 섞어 현탁액을 만들어 아밀로그래프내 기계 장치에서 1분당 1.5℃씩 95℃까지 가열한다. 이 조건에서는 61~62℃정도에서 호화가 시작되며 85℃를 초과하게 되면 전분이 팽윤, 구조 붕괴가 완료되어 점도가 최고를 나타낸다.

3) 빵에서 전분의 역할

제빵에서 전분의 역할은 아주 중요하다. 전분은 혼합과정 중 글루텐을 바람직한 굳기로 희석시키고 아밀라아제의 작용에 의하여 발효에 필요한 당을 공급한다. 굽기 과정 중 글루텐이 온도가 상승하면서 견고한 골격을 형성할 수 있도록 글루텐으로 부터 물을 흡수하여 호화된다. 또한 굽기 중 호화에 의하여 가스 세포막의 확장을 도와주는 역할을 한다. 빵에서 글루텐과 전분의 관계는 건축물에서 철근과 콘크리트의 관계와 같다고 볼 수 있다. 즉 전분은 빵의 내부 조직을 형성하고 맛을 결정해 주는 중요한 역할을 한다.

제빵에 사용되는 부재료 설탕, 식염, 유지 및 계면 활성제는 전분과 반죽 속의 물에 대해 경합을 하기 때문에 호화에 영향을 미친다. 계면 활성제는 혼합하는 동안에는 글루텐과 약하게 결합되어 있으나 굽는 동안에 전분이 호화되기 시작하면 전분과 강한 복합체를 형성하여 저장성을 증가시킨다.

4) 펜토산과 섬유소

펜토산은 5탄당의 중합체를 말하며 밀의 겨 부분과 세포막을 형성하고 있는 헤미셀룰로우스에는 펜토산이 함유되어 있다. 따라서 1등급과 2등급에는 2~3% 정도로 비교적 적게 함유되어 있지만 3등급 이하의 하위등급 밀가루에는 펜토산이 더 많이 존재한다.

밀가루에 있는 펜토산(pentosan)은 찬물에 녹는 수용성 펜토산과 불용성 펜토산으로 구분하며 밀가루에는 이들 물질이 2~3% 함유되어 있는데 이중 0.8~1.5%가 수용성 펜토산으로 겔을 형성하는 독특한 성질을 보이며 점착성이 있어 빵의 부피를 크게 하고 노화를 억제하는 효과가 있는 등 제빵에 도움을 준다. 불용성 펜토산은 헤미셀룰로우스에 속하며 제빵 흡수율은 다소 증가시키나 제빵 적성에는 좋지 않은 영향을 미친다.

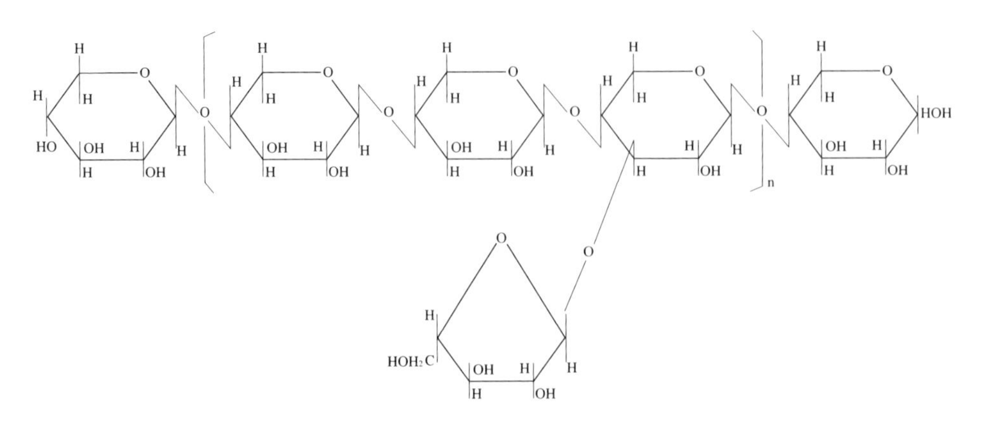

그림5-10. 밀가루 수용성 펜토산의 기본 구조

섬유소는 밀가루 등급이 높은 밀가루일수록 적게 함유되어 있고 등급이 낮을수록 섬유소의 함량은 증가한다. 밀가루 1, 2 등급에는 0.2~0.3% 정도 함유되어 있다. 최근 건강빵으로서 식물섬유에 관심이 높아지면서 외국에서는 많은 관심의 대상이 되고 있는 것으로 식이 섬유소빵이 주목을 받고 있다. 식이 섬유소의 기능은 대장기능의 조절, 혈청 지방질 수준의 정상화 등이 있으며, 일반적으로 섬유소는 전분과 마찬가지로 배변량 및 부피를 증가시키는데 특히 밀의 섬유소가 아주 효과적인 것으로 알려져 있다.

5) 당

밀가루에 존재하는 유리당으로는 포도당, 과당, 자당, 맥아당 및 올리고당 등이 1~1.5% 정도 존재하며 이 유리당들은 발효 초기에 사용된다. 당은 제빵에 있어서 중요하다. 제빵에 있어서 반죽의 당은 밀가루에 존재하는 당, 효모 또는 밀가루 효소에 의하여 전분이 분해되어 생성되는 당 및 인위적으로 첨가되는 당이다.

효모의 발효에 중요한 당은 단당류(글루코오스와 프럭토오스), 이당류(슈크로오스와 말토오스)이다. 젖당은 우유에 존재하는 이당류로서 효모에 의하여 가수분해되지 않으므로 발효되지 않는다.

4. 지방질

밀의 지방질 함량은 2~4% 정도로서 밀가루 배유부에는 1~2%, 배아에는 8~15%, 겨층에는 약 6% 정도로 겨나 배아에 지방질이 많이 함유되어 있다.

밀가루에는 2% 정도의 지질을 함유하고 있다. 밀가루 지방질은 석유에테르 등 비극성 용매로 추출되는 유리지방질과 에칠 알콜이나 물로 포화된 부틸 알콜로 추출할 수 있는 결합 지방질로 구분된다(그림5-11).

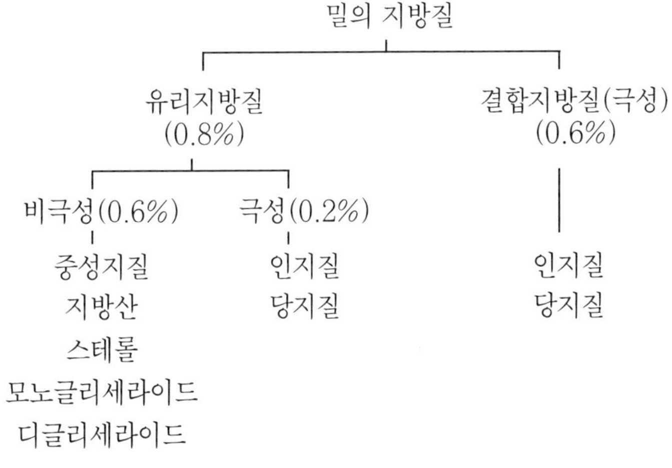

그림5-11. 밀가루의 지방질

그 중에서 지방질의 약 반은 극성 성분으로서 글루텐과 결합하거나 당지질 그리고 레시친과 같은 인지질로 존재하며 나머지 반은 비극성 성분으로 글리세린 지방산 에스테르이다. 지방산으로서는 리놀산과 리놀레산이 많다. 밀가루의 지방질은 겨나 배아의 지방질에 비해 복잡한 지방질로 구성되어 있다. 즉 겨나 배아의 지방질은 50% 이상이 중성지질이나 배유의 경우에는 중성지방질이 30%, 인지질 및 당지질이 50% 이상을 차지하고 있다.

지방질 중 극성 지방질은 제빵에 좋은 영향을 주게 되나 비극성 지방질은 반대의 경향을 보인다. 또한 제빵성이 좋지 않은 비극성 지질은 극성 지질과 조화를 이룰 수 있어 이들의 극성과 비극성 지질의 비율이 빵 부피에 영향을 주게 된다. 등급이 낮은 하위 밀가루일수록 지방질 함량이 많다. 따라서 밀가루의 저장 중에 지방분해효소의 작용을 받아 분해되거나 산소에 의해 산화되어 변질의 원인이 되므로 제분 공정 중 지방질이 많은 배아가 혼입되지 않도록 해야 한다.

5. 회분

밀가루의 회분량은 등급에 따라 0.3%~2% 정도이며 밀가루의 색상과 관련되기 때문에 정제도나 밀가루의 등급을 나타내는 척도로 사용된다. 회분함량은 껍질부위로 갈수록 많아지고 내배유 중심부에서는 그 함량이 가장 적다. 밀가루의 회분 함량은 밀이 자란 환경인 토양, 강우량, 기후조건 등 밀의 품종에 따라 다르다. 제빵에 있어서 회분 함량 자체는 밀가루의 제빵적성과는 큰 관련이 없다. 즉 회분함량이 적다고 제빵성이 좋다고 말할 수 없다.

회분함량은 제분율과 정비례하기 때문에 밀가루 출하시 품질을 확인하는 항목이다. 회분의 조성을 영양적으로 보면 칼슘이나 철은 쌀보다 많고 칼슘과 인의 균형이 좋으나 우유나 야채에 비해 절대량이 적다. 밀가루의 회분 조성은 인산: 49%, 칼륨: 35%, 마그네슘: 10%, 석회: 4%, 나트륨: 0.5%, 철: 0.5%, 유산: 0.2%, 염소: 0.2% 등으로 인산과 칼륨이 많이 함유되어 있다.

5-9 색소와 효소

1. 밀의 색소

밀의 색소는 품종, 재배조건 등에 따라 그 조성이 달라지게 된다. 밀의 주된 색소는 크산토필(xanthophyll)과 크산토필 에스테르(xanthopyll ester)이다. 또한 카로틴(carotine)과 플라본(flavone)도 소량 존재한다. 이들 색소를 통틀어 카로티노이드 색소라고 한다. 밀가루의 크산토필은 빛에 예민하므로 쉽게 산화되어 무색화합물로 되며 카로틴은 주로 표백제에 의해 산화된다. 잘 정제된 밀가루의 경우는 후라본의 함량이 아주 낮다.

2. 밀의 효소

밀가루의 효소 활성은 상위등급보다 하위등급에서 효소 활성이 강하다. 보통의 건전한 밀로 제분한 밀가루의 효소 활성은 낮지만 발아를 했거나 미숙한 밀이 정도 이상으로 많이 혼입되면 효소 활성이 대단히 높게 되므로 주의 해야 한다. 밀의 효소는 아밀라아제(amylase), 프로티아제(protease), 리파아제(lipase), 포스파타아제(phosphatase) 및 옥시다아제(oxidase)가 있다. 아밀라아제는 전분을 가수분해하는 효소로서 α-아밀라아제와 β-아밀라아제가 있다. 이들 효소는 전분을 구성하고 있는 아밀로오스와 아밀로펙틴 모두 가수분해 할 수 있다.

밀에 있어서 α-아밀라아제의 활성은 아주 낮으며, β-아밀라아제는 밀의 숙성(또는 성장) 중 점차 증가한다. α-아밀라아제(액화효소)는 건전한 전분에 작용하여 분자량이 적은 덱스트린으로 분해하는데 덱스트린은 액상 물질이기 때문에 α-아밀라아제 활성이 높으면 밀가루 전분의 점도는 현저하게 낮아진다. 빵을 만드는데는 α-아밀라아제가 어느 정도 필요하기 때문에 빵의 종류나 제법에 따라 역가를 알고 있는 맥아나 곰팡이에서 추출한 α-아밀라아제를 첨가하기도 한다.

β-아밀라아제(당화효소)는 손상전분이나 호화된 전분에 작용하여 맥아당으로 분해하며 약간의 덱스트린도 생성한다. 빵 반죽의 발효에서 효모는 초기에는 밀가루에 내재되어 있는 포도당, 맥아당 및 자당 같은 유리당을 이용하고 이것을 다 이용하고 나면 β-아밀라아제에 의해 생성된 맥아당을 이용한다. 밀가루 중에는 제빵에 필요한 양 만큼의 β-아밀라아제를 함유하고 있어 별도로 첨가해 줄 필요는 없다. α-amylase는 주로 배유의 바깥층 및 배아 근처에 집중되어 있다.

프로티아제(protease)는 단백질 분해 효소로서 프로티아제와 펩티다아제(peptidase)가 있다. 프로티아제는 단백질을 분해하여 아미노산으로 만드나 펩티다아제는 단백질 분해 중간 산물인 펩톤에 작용하여 아미노산을 만든다. 프로티아제는 반죽 중의 글루텐에 작용하여 아미노산으로 분해시키기 때문에 반죽의 혼합 시간이 짧아지고 반죽의 연화와 숙성을 촉진시킨다. 따라서 발효가 짧을 때 첨가하면 효과적이다.

지방분해 효소의 대표적인 것은 리파아제(lipase)로서 지방에 작용해서 지방산과 글리세린으로 분해한다. 보통 상태에서는 리파아제의 활성이 문제되지 않으나 조건이 나쁜 상태에서 밀가루를 저장할 때 리파아제와 곰팡이 효소 작용에 의해 지방산량이 증가 한다.

피타아제는(phytase)는 피트산을 분해하는 효소이다. 밀에 존재하는 전체 인의 70~75%는 피트산(phytic acid)으로 존재한다. 피트산은 여러 금속과 불용성의 염을 형성하므로 인간과 동물의 영양에서 칼슘과 철의 이용을 방해할 수 있으며 또한 마그네슘의 결핍을 초래할 수 있다. 밀의 피타아제는 경질밀이 연질밀보다 높으며, 발아에 의하여 효소의 활성도는 증가 한다.

이외에도 밀가루 중에는 인산과 결합하고 있는 에스테르를 분해하는 포스파타아제와 산화 환원 효소인 옥시다아제가 존재한다(표5-8).

표 5-8. 밀에 존재하는 효소

분류	보기	작용	집중분포부위
전분분해효소	α-amylase β-amylase	전분 → 덱스트린(액화효소) 전분 → 맥아당(당화효소)	호분층의 안쪽 및 반상체
단백질가수분해효소	protease dipeptidase	단백질 → 아미노산 펩티드 → 아미노산	호분층 호분층, 배아
에스테르가수분해효소	lipase phytase	지방질 → 지방산+글리세롤 피트산 → 이노시톨+인산염	호분층, 배아 호분층
산화효소	lipoxygenase catalase peroxidase throsinase	불포화지방산의 산화 과산화수소 → 산소+물 페놀의 산화 티로신 → 멜라닌	반상체, 배아 겨층 배아 겨층

5-10. 밀가루의 품질 평가법

밀가루의 품질을 평가하기 위해서는 그 전체를 대표하는 시료를 채취할 필요가 있다. 보통 밀가루 포대에서 시료를 채취하고자 하는 경우는 전체 포대 수를 대상으로 한다. 밀가루의 품질 평가는 복잡하여 1~2번의 시험으로 평가하기 어려운 경우도 있다. 제한되어 있지만은 밀가루의 품질을 간단한 실험에 의해서 탐지할 수 있으나, 밀가루의 품질의 변동이 큰 경우에는 실험실적으로 테스트하지 않고는 품질 변동요인을 찾기가 쉽지 않다.
밀가루의 품질 항목에는 일반적으로 실험실이 갖추어져 있지 않은 제과점에서 간단히 감각에 의해 측정하는 방법, 실험실적인 일반 분석과 특수 분석, 반죽의 물성을 조사하는 시험, 호화 성상 실험 및 최종 제품을 만들어 보는 2차 가공 실험 등이 있다. 실험실적인 측정법은 공인 분석 화학자 협회의 A.O.A.C법, 미국 곡류 화학자 협회의 A.A.C.C법, 국제 곡류 과학 기술 협회의 I.C.C법 등이 널리 사용되고 있다.

1. 밀가루의 자가 검사법

밀가루는 살아 있는 생물처럼 그 종류나 저장기간 등에 따라서 가공적성에 미묘한 차이가 생긴다. 따라서 밀가루의 품질을 간단히 검사하는 방법을 보면 다음과 같다.

1) 글루텐 (젖은글루텐과 건조글루텐)

글루텐의 양은 젖은 글루텐을 만들어서 측정한다. 이때 대략적인 글루텐의 품질을 판단 할수 있다. 50g의 밀가루에 물 25g을 넣어 반죽을 만든 후 적당한 되기가 될 때까지 물을 천천히 첨가하면서 첨가된 물의 양을 더하여 총 가수량으로 한다. 즉 반죽이 적당한 되기가 될 때 까지 첨가한 물의 양이 밀가루의 흡수율이 된다.

이렇게 만든 반죽을 30분 정도 물에 담가둔 후 반죽을 손으로 조심스럽게 주무르면서흐르는 물에 전분을 흘려 버린다. 반죽에서 전분을 완전히 제거한 후 반죽의 수분을 제거한다. 그리고 반죽의 무게를 측정한 후 이 무게에 2배를 하면 밀가루 100g에 대한 젖은 글루텐의 함량(%)이 된다. 이것으로 강력분, 중력분, 박력분의 구분이 가능하다.

젖은 글루텐 자체에 탄성이 있는 것은 품질이 좋은 밀가루이다. 젖은 글루텐을 200℃ 오븐에 구워서 건조시킨 것을 건조 글루텐이라고 하며 보통 젖은 글루텐의 무게는 건조 글루텐의 3배 정도이다.

2) 펙커 테스트(pekar color test)

표준이 되는 밀가루와 함께 여러 가지의 밀가루 샘플을 유리판 위에 소량씩 놓고 금속주걱으로 납작하게 눌러서 표면을 매끈하게 한 후 그들의 색상을 비교한 다음 이것을 물속에 담그었다가 잠시 방치 한 후 색, 광택, 입자의 상태, 겨의 혼합 비율을 표준품과 비교하여 판정하는 방법이다. 회분 함량이 많을수록 어두운 색을 띠게 된다.

2.화학적 분석

1) 수분

밀가루의 수분은 14% 수준으로 포장되나 대기 습도와 저장조건에 따라 수분량은 변한다. 일반적으로 수분량이 많게 되면 밀가루의 저장성에 문제가 있을 뿐만 아니라 경제적인 손실도 가져온다.

따라서 사용하고 있는 밀가루의 수분량을 측정할 필요가 있으며 밀가루의 수분 정량 방법은 주로 건조법이 이용된다. 건조법으로는 130℃ 건조법(AACC 방법 44-15A), 135℃건조법(AACC44-19), 105℃ 건조법 등이 있으며 수분함량(%)은 수분 손실량을 시료 무게로 나누고 100을 곱하여 얻는다.

2) 회분

밀가루를 연소시킨 다음에 남는 재(무기질)의 양을 회분이라고 하며 이는 주로 황, 인, 칼슘 및 마그네슘, 칼륨의 산화물이다. 밀가루의 회분을 측정함으로써 밀의 정제도, 즉 밀가루의 등급에 대한 지표로 사용하나 제빵적성과는 무관하다. 회분은 회화로에서 시료 3~5g을 연질밀의 경우 550℃, 경질밀의 경우 575~590℃에서 회화시켜 잔류물을 시료 무게로 나누어 %로 표시한다.

3) 조단백질

단백질은 여러 아미노산으로 구성되어 있으며 그 분자 중에는 질소를 함유하고 있다. 단백질 중의 질소 함량은 식품의 종류에 따라 대체로 일정하므로 질소를 정량하여 단백질량으로 환산하면 식품 중의 단백질량을 알 수 있다. 따라서 식품중의 단백질량을 정량하기 위해서는 먼저 질소량을 정량하여야 한다.

식품중의 질소를 정량할 때 질소 이외의 핵산, 핵산계 염기의 유도체, 요소, 아미드 질소 등도 포함되기 때문에 일반적으로 조단백질이라고 한다. 단백질 중의 질소 계수는 16%이므로 보통 식품은 질소 계수로서 6.25를 사용하나 상대적으로 단백질 함량이 적은 밀가루를 이용한 식품의 질소 계수는 5.70이다.

식품중의 질소함량은 보통 켈달(Kjeldahl)법이 사용된다. 이 방법은 시료를 진한 황산 및 촉매하에서 가열하여 시료 중의 유기물을 분해하고 유리되는 질소를 황상 암모니아로 바꾼 다음 강한 알칼리 조건하에서 증류하여 유출되는 암모니아를 표준액으로 적정하는 방법이다(AACC 46-12).

4) 산도

밀가루의 저장 조건이나 환경이 나쁠 경우에 밀가루는 화학적 변화에 의해 변질이 일어나게 된다. 특히 리파아제 효소에 의한 밀가루 지방질의 변화가 저장 초기에 급격히 일어나게 된다. 따라서 밀가루의 신선도를 나타내는 지표로서 지방 산도(fat acidity)가 이용된다.

밀가루 10g에 물 100㎖을 가하여 가용성 인산염 및 유기산을 유출해내고 0.1N NaOH로 적정하여 젖산%로 나타낸다.

5) pH

밀가루의 pH를 측정하면 그 신선도나 가공적성을 판단할 수 있다. 밀가루에 10배 정도의 증류수를 가하여 그 액을 걸러 pH메타를 이용하여 측정한다.

무표백의 밀가루 경우 pH는 5.7~6.2 정도이고, 가볍게 염소표백 처리를 한 경우는 pH는 5.0~5.5정도이다. pH가 산성으로 기울면 밀가루의 특유의 향기가 약하고 맛도 쓴맛 또는 신맛(산미)을 갖게 되는데 이것은 오래된 밀가루라고 판단해도 좋다.

6) 침강가(sedimentation)

밀가루 3.2g를 100㎖의 눈금이 있는 실린더에 취하고 50㎖의 bromphenol blue 용액(4㎎을 증류수 1 *l* 에 녹인 용액)을 가하고 5초에 12번씩 상하좌우로 흔들어 분산 시킨다. 밀가루에 물을 가한 2분 후에 상하로 30초 이내에 정확히 18번 흔든 다음 1.5분간 방치한다. 여기에 젖산-이소프로필 알콜 용액(젖산 250 *l* 를 물로 1 *l* 로 희석한 용액 180 *l* 와 이소프로필 알콜을 200 *l* 를 섞은 다음 물로 1 *l* 로 희석한 용액) 25m *l* 를 가하고 상하로 4번 섞고, 1.75분간 방치한다.

다시 30초간 상하로 18번 흔든 다음 1.5분간 방치하고 다시 15초간 섞은 다음 5분간 정지시켜 부피를 측정한다.

침강시험은 밀 또는 밀가루의 글루텐의 함량 및 질의 차이를 나타내는 것으로 제빵성의 강도(baking strength)를 개략적으로 측정하는 방법이다. 질이 좋은 단백질을 많이 함유한 밀가루가 물속에서 팽윤하면 침강속도가 늦어지는 것을 이용한 시험법이다.

$$\underset{\text{(수분 14\% 기준)}}{\text{침강값}} = \text{침강값} \times \frac{100 - 14}{100 - \text{수분함량}}$$

3. 물리적 방법

밀가루 반죽의 성질은 단백질, 전분, 지방질 및 무기질 등의 여러 성분의 함량과 질, 효소 등이 관여하므로 화학적 분석만으로는 가공 적성의 파악이 곤란하며 최종제품의 시험을 통하여 반죽의 성질을 이해할 수 있다. 그러나 제조 시험조건, 평가방법 등의 개인의 차에 의하여 오차가 발생하기 쉬우므로 반죽의 시험은 물리성과 기계적 수치를 동시에 평가할 수 있는 물리적 방법에 의존하면 객관성을 가질 수 있다.

반죽은 액체는 아니나 흐름(비가역적 변형)의 성질을 보이며 고체도 아니나 탄성(가역적 변형)의 성질을 보인다. 따라서 반죽은 점탄성을 갖는 물질이며 이 두가지 성질이 반죽의 물리적 성질에 크게 영향을 미치게 된다.

반죽의 성질을 이해하기 위하여 여러 가지 기계가 이용되고 있으나 반죽의 점성과 탄성을 동시에 측정할 수 있는 기계는 없으며 경험적으로 해석하는 데 그치고 있다. 반죽의 성질을 조사하는데 이용되는 기기 중 가장 널리 쓰이는 것은 파리노그래프, 아밀로그래프 및 익스텐소그래프이다.

1)파리노그래프(farinograph)

밀가루를 이겨서 반죽을 만들었을 때 생기는 점탄성을 이 장치로 쉽게 알 수 있다. 밀가루에 물을 넣고 혼합하는 반죽기를 회전시켜 그 때 소요되는 힘을 그래프 위에서 반죽의 교반시 가소성(plasticity) 및 이동성(mobility)을 자동적으로 기록하게끔 되어 있어 기록된 곡선으로 밀가루 품질을 평가하는 것이다. 강력분, 박력분의 판별 및 밀가루 반죽의 소위 경도라 부르는 일정한 점성저항에 이르는 데 필요한 물의 양 즉 흡수율을 측정할 수 있다.

보통 300g의 밀가루를 30℃로 보온한 믹서에 반죽의 경도가 500B.U에 도달하도록 물을 가한다. 이 때 넣은 물의 양을 밀가루에 대한 %로 나타낸 것이 흡수율이 된다. 이 흡수율로서 계속 반죽하여 그 경도 변화를 자동적으로 곡선이 떨어지기 시작하는 즉 반죽이 연화되기 시작점부터 12분간 더 계속하여 여러 가지 측정치를 시간(분)으로 표시한다.

강력분, 중력분, 박력분의 전형적인 곡선은 그림5-12와 같이 강력분은 500B.U.를 유지하는 힘이 크며 안정도 역시 박력분에 비해 길다.

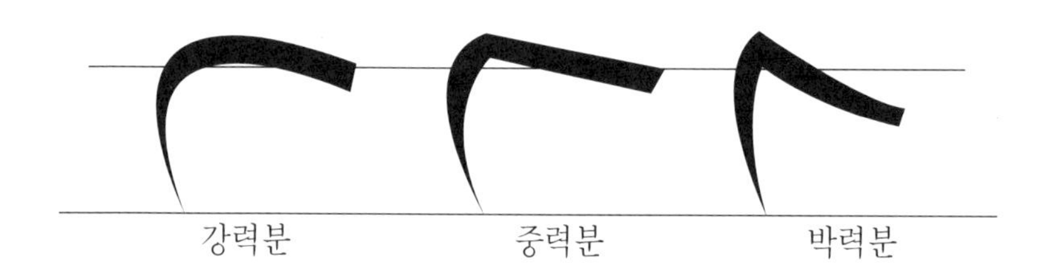

그림5- 12. 밀가루 종류별 파리노그램

2)익스텐소그래프(extensograph)

익스텐소그래프는 파리노그래프의 결과를 보완해 주는 것으로 일정한 경도의 반죽의 신장도, 인장항력을 측정 기록하는 것으로 반죽의 내부적 에너지의 시간적 변화를 측정하여 2차가공 즉 발효에 의한 반죽의 성질을 판정하는 것으로 개량제의 효과를 측정할 수 있다.

반죽은 보통 밀가루에 2%의 소금물을 가하여 파리노그래프의 혼합기를 이용하여 행하게 된다. 1분간 혼합한 다음 5분간 방치하고 다시 반죽을 시작하여 파리노그래프의 500 B.U.에 커브의 중심이 도달되도록 한다. 반죽이 끝난 다음 150g의 반죽을 익스텐소그래프 라운더(rounder)에서 20번 정도 처리하고 30℃의 항온조에 45분간 방치한 후 인장 장치로 당겨 그 때의 인장력(E) 인장저항(높이R) 및 에너지(면적A)를 그림5-13과 같이 익스텐소그램으로서 자동적으로 기록된다. 1차 측정이 끝나면 다시 30℃에서 45분간 방치하고 2차 측정을 행한다.

이와 같은 방법으로 45분, 90분 135분, 또는 180분까지 반복하여 측정한다.

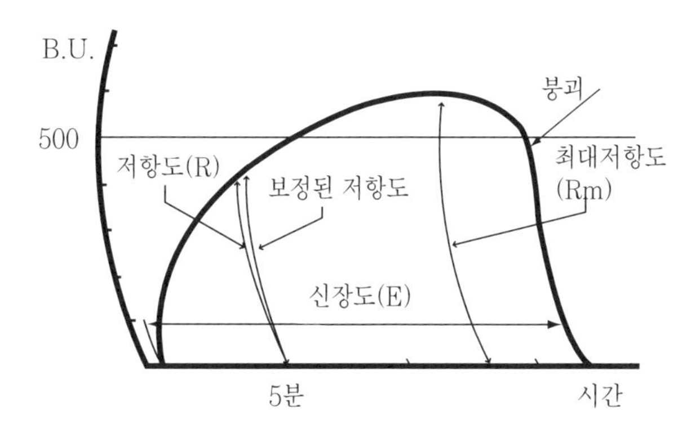

그림5-13. 익스텐소그램 형태

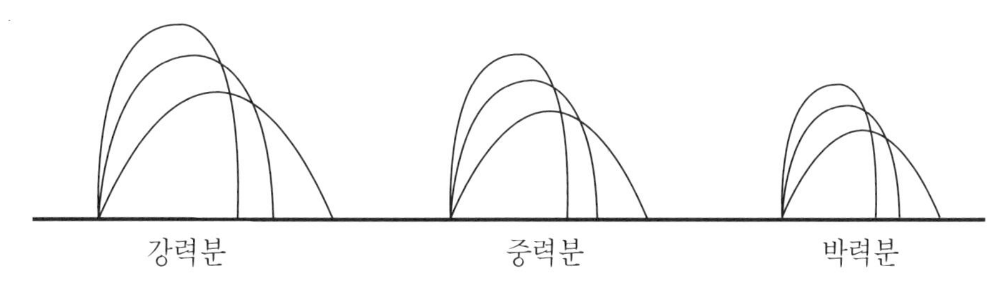

그림5-14. 밀가루 종류별 익스텐소그램

3)아밀로그래프

아밀로그래프는 제빵에 큰 역할을 하는 α-아밀라아제 효소 활성도를 측정하기 위한 일종의 점도계로서 일정한 속도(1.5℃/분)로 온도가 상승할 때 시료의 점도 변화를 자동적으로 기록하는 기계로 제빵과정 중 α-아밀라아제의 효과를 예측할 수 있다. 점도곡선은 온도가 상승함에 따라 점차 상승하여 일단 최고 점도에 이르렀다가 그 이후에 내려간다(그림5-15).

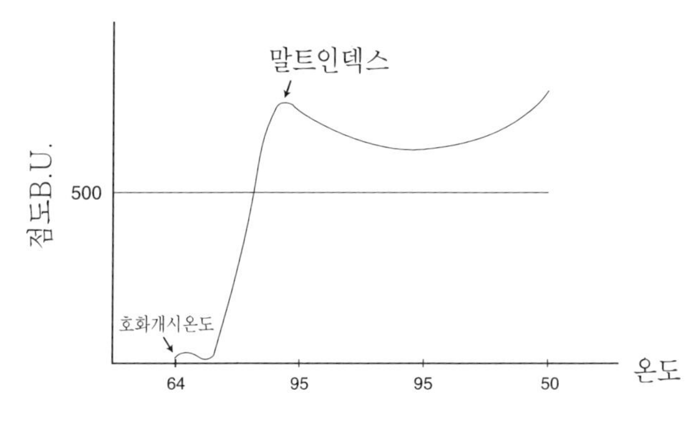

그림5-15. 강력분의 아밀로그람의 형태

이 최고 점도는 밀의 종류, 재배환경, 저장조건에 따라 아밀라아제 활성도가 다르면 달라진다.

밀가루 65g에 증류수 450ml을 가해 교반해서 만든 현탁액을 기기에 넣고 측정을 한다. 호화개시온도, 최고점도온도, 최고점도 등을 기록되는 그래프로 판단하게 되는데, 점도의 높고 낮음은 밀가루의 성질과 α-아밀라아제 활성에 의해 결정된다. 그래프의 점도가 현저히 낮으면 전분은 정상이 아니고 α-아밀라아제 활성이 높다고 볼 수 있다. 일반적으로 경질 밀가루의 최고점도가 연질 밀가루보다 낮다.

제 6 장 기타 가루(miscellaneous flour)

6-1. 호밀가루(rye flour)

호밀은 빵 원료 곡류로는 밀 다음으로 독일, 폴란드, 스칸디나비아 반도 일대와 소련 등에서 중요한 위치를 차지하고 있다. 호밀가루는 영양학적인 측면에서 성분 구성 및 생물가는 밀가루와 큰 차이가 없으며 글루텐 형성 단백질량이 적고 수용성 당과 수분 흡수율이 높은 펜토산 함량이 높다. 따라서 호밀가루의 반죽은 수분 흡수율이 높고 뚝뚝 끊어지며 끈적끈적하고 비탄력적 반죽이 형성되며 반죽 수율이 높은 것이 특징이다.

호밀의 단백질은 밀의 단백질과 양적인 차이는 없으나 질적인 차이가 있다. 글루텐 형성 단백질인 프롤라민과 글루테닌이 호밀에는 25.72% 함유되어 있고, 밀에는 90% 차지하고 있어 호밀이 밀보다 글루텐 형성 단백질이 적고 밀 단백질보다 더 빨리 수화 팽윤되고 응집성이 강한 글루텐을 생성하지 못하므로 100% 호밀가루로 만든 호밀빵은 체적이 작고 비탄력적이다. 호밀의 지방은 주로 배아에 함유되어 있으며 1.7~2.3%이고 제분율에 따라 호밀가루에는 0.65~1.25%의 지방이 함유되어 있으며 주성분은 올레산, 팔미트산이며 인지질인 레시친을 0.5% 함유하고 있다.

호밀은 전분 분해 효소의 함량이 많아 전분이 과도하게 분해되어 터널 현상을 보이기도 한다. 그러므로 제빵 적성을 향상시키기 위해서는 전분 분해 효소의 활성을 낮출 필요가 있는데 이를 위하여 이스트와 함께 사워(sour)발효 반죽을 30~40% 혼합하여 사용한다. 샤워 반죽은 발효하는 동안 젖산균에 의해 유기산이 생성되고 이로 인해 pH가 낮아져서 전분 분해 효소의 활성이 저하된다. 한편 보통 호밀빵은 적정 부피를 유지하도록 하기 위하여 크리어 밀가루와 혼합하여 사용한다(rye blend).

호밀가루는 일반적으로 백색, 중간색, 흑색 호밀가루로 분류되는데 백색호밀가루는 고급밀가루 등급 수준으로 회분과 단백질 함량이 적다. 그 색상이 밝고 화학적으로 표백 처리하여 라이트호밀빵에 사용한다. 중간색호밀가루는 제분율이 80%인 스트레이트 가루로 회분이 1% 정도로 색상이 담회색으로 어둡고 껍질 입자가 많이 함유되어 있고 사워 호밀빵인

버라이트용으로 많이 사용한다. 흑색호밀가루는 제분율이 높고 껍질 입자들이 가장 많이 함유되어 있어 검은색 호밀빵에 사용한다.

호밀가루는 제분율에 따라 표 6-1과 같이 분류한다.

표6-1. 호밀가루의 분류

종 류	단백질 함량(%)	회분 함량(%)	호밀가루 믹스(rye blend)
백색 호밀가루 (Light rye)	6~9	0.55~0.65	clear flour : rye flour = 60 : 40
중간색 호밀가루 (Medium rye)	9~11	0.65~1.0	clear flour : rye flour = 70 : 30
흑색 호밀가루 (Dark rye)	12~16	1.0~2.0	clear flour : rye flour = 80 : 20

6-2. 대두분

콩(대두)의 원산지는 동남아시아이며 우리 나라에는 중국으로부터 들어와 삼환시대 부터 재배되었다고 한다. 콩은 주로 단백질 및 지방이 풍부하여 우리 식생활에서 가장 중요한 단백질원이 되어 왔다.

대두는 수분 8.6 %, 단백질 40 %, 지방 18 %, 섬유 3.5 %, 회분 4.6 %, 펜토산 4.4 %, 당분 7% 등이 함유되어 있으며 지방을 추출하고 나면 껍질을 제거하는 정도에 따라 단백질 함량이 46~52% 정도가 된다. 대두분은 대두(콩)가루, 황분, 탈지대두분, 전지대두분으로 구분할 수 있으며 빵, 과자에 사용하는 일반적인 대두제품은 지방함량이 1.0% 정도 함유된 탈지대두분을 주로 사용하고 있다.

전지대두분은 대두에 함유되어 있는 기름이 전부가 함유되어 있는 것이며, 저지방 대두분은 기름을 부분적으로 탈지시킨 것이다. 또한 대두분 가공시 대두 속에 존재하고 있는 효소활성이 유지되도록 열처리하지 않은 활성대두분(activated soybean flour) 과 효소활성을 소실시킨 불활성대두분(inactivated soybean flour)이 있다.

열처리하지 않은 대두분에는 아밀라아제, 단백질 분해효소, 특히 리폭시다아제(lipoxidase)와 같은 효소들이 많이 함유되어 있다. 리폭시다아제는 밀가루의 카로틴 색소물질을 희게하고 빵 반죽과 제품의 품질을 개선하는 역할을 한다.

대두분을 많이 사용하기 위해 효소활성을 낮추는 방안으로 대두분을 열처리하는데 이것은 제빵성에 좋지 않은 영향을 주게 되며, 미세하게 분쇄한 대두분은 흡수량과 반죽시간을 증가시키고 산화제 첨가가 더 필요하다. 다소 커친 입자의 대두분으로 만든 빵이 부피와 기공의 상태가 좋고 색상도 더 양호한 것으로 알려져 있다.

대두분은 밀가루에 부족한 각종 아미노산을 함유하고 있어 밀가루의 영양소 보충을 위해 사용하며 빵의 영양가를 높이고 맛과 구운색을 향상시키며 신선함을 오래 유지시킬 수 있다.

대두단백질의 주성분은 대두단백질의 80~90%를 차지하는 글리시닌(glycinin)과 글로불린(globulin)이며 나머지는 알부민과 글루테닌으로 구성되어 있으며 필수아미노산인 리신 함량이 높아 밀가루 영양보강제로 사용할 수 있다. 대두단백질은 밀 단백질과 화학적 구성이 다르고 물리적 성질 역시 달라서 밀가루에 대두단백질을 첨가하면 글루텐과 결합력을 강하게 하여 신장성에 저항을 주게 된다. 따라서 대두분 사용은 반죽의 물리적 특성에 영향을 미치기 때문에 제빵성을 저하시키는 문제가 있어 첨가량에 따라 흡수율, 발효 등 제빵 공정의 조정이 필요하게 되며 부피 감소를 보충하기 위해 산화제 같은 첨가물의 첨가도 고려해야 한다.

한편, 대두분은 빵 속으로부터 수분 증발 속도를 감소시켜 전분의 겔과 글루텐 사이에 있는 수분의 상호변화를 늦추고 대두인산화합물에 의한 항산화제 역할 및 빵 속 조직과 색상의 개선을 가져오는 장점도 있다.

6-3. 감자가루(potato flour)

감자가루를 밀가루와 적당량 혼합하면 빵의 품질이 개선된다. 즉 감자가루는 밀가루나 호밀가루의 향기 성분을 최대한 발현 되도록 하며 제품 내에서 수분을 보유하도록 하여 저장성을 개선시킨다. 감자가루에는 이스트의 성장을 촉진시키는 광물질이 많아 이스트가 상업적으로 생산되기 전에는 이스트를 만드는 중간체의 역할을 하였다. 감자가루의 고형분은 3/4이상이 탄수화물로서 젤라틴화 된 형태로 존재하기 때문에 아밀라아제에 의해 덱스트린과 발효성 당으로 전환되기 쉽다. 이것이 감자가루가 발효를 가속하는 효과를 갖게 하는 이유 중의 하나이며, 또한 감자의 단백질은 용해성이 커서 이스트가 이를 이용하여 급성장을 할 수 있으며, 칼륨, 마그네슘, 인 등의 광물질이 이스트의 성장을 촉진한다. 한편 감자가루는 단백질, 지방 및 광물질이 전혀 없는 감자 전분과 다르다는 것을 기억해야 한다.

6-4. 활성 글루텐(vital wheat gluten)

활성 글루텐은 밀가루 속에 존재하는 글루텐으로서 밀가루와 물을 섞어 혼합한 후 반죽을 물로 세척하여 전분과 수용성 물질을 제거하여 얻어진 젖은 글루텐을 저온에서 진공으로 분무 건조하여 미세한 분말 형태로 만든 것으로 연한 황갈색이다.

활성 글루텐의 구성을 보면 단백질이 75~80%정도 함유되어 있으므로 활성 글루텐 사용량(1%)에 대해 1.3~1.8%의 물을 증가시켜 주어야 한다.

조직 및 저장성이 개선된다. 현재 국내 제과점에서는 우리 밀에 부족한 단백질량을 보충해 주기 위하여 사용 하고 있다.

6-5. 전분(starch)

밀가루 이외에 푸딩이나 파이 내용물을 결합시키기 위하여 디저트류에서는 결착제로 전분을 사용하는 경우가 많다. 전분은 종류에 따라서 다음과 같은 특징을 나타내며 냉각 후 굳기가 다른 특성을 보인다.

전분의 점증제로서의 효과는 조리 시간 및 조리 온도, 설탕의 존재유무(설탕의 양은 전분양의 30%이하이어야 한다), 과일 등에 존재하는 산(산은 전분의 호화를 방해하므로 과일을 조리할 때는 설탕과 과일을 혼합하여 조리한 후 호화된 전분과 혼합하여 사용), 지방의 존재에 영향을 받기 때문에 주의하여야 한다.

표 6-2. 전분의 종류

종 류	기 능	용 도
콘 스타치 (corn starch)	점증제 (thickner)	형태를 유지시킬 필요가 없는 제품의 점증제로 사용(크림파이 등)
왁시 메이즈 (waxy maize)	점증제 (thickner)	냉동 제품에 사용하며 투명하고 광택이 있다. 끓이거나 냉각시켜도 굳기가 일정하여 과일 파이 충전물에 쓰인다.
인스턴트 전분 (instant starch)	점증제 (thickner)	미리 호화되어 있어서 냉수에서도 농후화가 된다. 열을 가하면 안되는 제품에 사용하나 점성이 낮고 불투명한 겔이 형성된다.

6-6. 섬유소(cellulose)

전통적인 영양학적 용어로 "조질식료(roughage)"라 불렸던 섬유소는 현재 식이 섬유소(dietary fiber)로 지정되어 있다. 섬유소가 장의 균형성을 향상시킨다는 사실은 고대로부터 알려져 왔으나 섬유소가 식이에 필수적인 것은 아니라고 생각되어왔다. 이러한 생각은 섬유소에 의한 여러 가지 건강적 이점이 밝혀지고 건강 지향적 소비자들이 그들의 식이에 섬유소를 첨가하여 섭취하려고 노력하면서 변해가고 있다. 엄밀한 의미에서, 섬유소는 식이에 결핍되어도 어떠한 특별한 영양실조의 원인이 되지 않기 때문에 영양소는 아니라고 말할 수 있다.

1. 섬유소의 정의

전분이 식물들의 저장용 탄수화물인 반면 섬유소는 식물들의 골격을 형성하여 주는 구조 단위로서 세포막의 구성성분이다. 간단하게 말하여, 섬유소는 인간 위장에서 소화되지 않는 곡류, 식물류, 과채류 및 견과류의 세포막 구성성분들이다. 조금 더 자세히 말하면, 섬유소는 인간의 소화효소에 의하여 소화되지 않으나 대장에 거주하는 세균에 의하여 소화될 수 있는 모든 식물성 다당체와 리그닌(polysaccharides plus lignins)을 합한 것으로 정의된다. 세균의 소화에 의한 부산물은 칼로리이며 인체에 일부 에너지로 흡수 이용될 수 있다.

2. 섬유소의 구조

섬유소의 구성단위는 β-포도당 두 분자가 β-1, 4결합에 의하여 형성된 이당류인 셀로비오스(그림 6-1)로 생각되고 있다. 셀룰로오스 분자 여러 개는 수소결합을 통하여 규칙성을 갖고 강하게 결합되어 미셀을 형성하고 이 미셀이 다시 모여 섬유를 형성하게 된다.

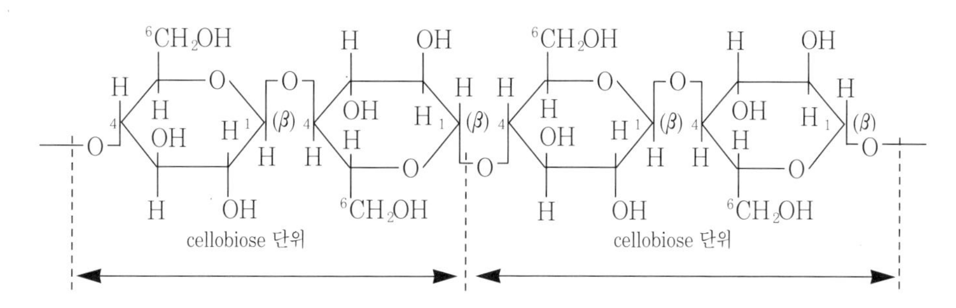

그림 6-1. 섬유소의 구조

3. 섬유소의 분포

섬유소는 식물체 잎의 엽맥이나 줄기를 강화하여 준다. 풀이나 나뭇잎의 셀룰로오스 함량은 15~30%이며 짚이나 나무의 목질부에서의 함량은 40~60%이다.

한편, 각 곡류의 섬유소 함량은 표 6-3과 같다.

표 6-3. 곡류의 섬유소 분석치

출처	수분	회분	단백질	지방	섬유소	탄수화물	kcal
밀기울	8.6	6.7	17	5	45	17	1.82
옥수수기울	6	0.85	4.6	1.4	67	20	1.13
귀리 섬유소	4	4	2	0.4	84	5.6	0.34
쌀 섬유소	4.7	19	2.8	0.7	62	10	0.59
탄수화물 계산 : 100 - (수분 + 회분 + 단백질 + 지방 + 섬유소)							

4. 섬유소와 건강

셀룰로오스는 체내에서 그 일부가 장내 세균들에 의해서 분해되어 인체에 간접적으로 흡수, 이용될 수 있다. 그러나 그 영양학적인 기여는 크지 않은 것으로 생각되며 오히려 셀룰로오스의 건강에 대한 기여는 그 물리적 특성에서 나오는 것으로 예측된다. 셀룰로오스를 비롯한 섬유질 성분들은 인체 내에서 첫째로 장의 기동성을 촉진해주는 것으로 알려져 있다. 즉 장을 자극하여 그 연동작용을 활발하게 하여주고 장내에서 소화중인 식품들의 이동을 촉진하여준다. 이 성질은 지방질 성분이 장의 기동성을 억제하는 경향이 있다는 사실을 생각할 때 아주 중요한 성질이라고 할 수 있다. 둘째는 섬유소 성분들은 수분을 유지하는 힘이 매우 커서 소화, 흡수가 끝난 배설물에 부피(bulk)를 주며 결과적으로 변비를 예방해준다. 셋째로 섬유질 성분들은 흡착작용이 강하여 노폐물을 흡착 제거하는데 기여한다. 넷째로 섬유소를 매일 비교적 많은 양 섭취하면 혈청 콜레스테롤 농도가 감소되는 사실이 알려져 있다.

한편 이러한 섬유소가 건강에 미치는 영향이 알려지면서 제빵업계에서는 섬유소를 비교적 많이 포함하고 있는 버라이어티 브레드의 판매량이 최근 10년 만에 5~10%에서 25%까지 증가되었다. 통밀, 밀 및 그 밖의 다크 버라이어티 브레드(dark variety bread)의 생산은 1977년과 1982년 사이에 미국에서 54.7% 증가하였고, 1982년과 1986년 사이에는 16.6%가 증가하였다. 이러한 추세에 힘입어 제빵업자들은 고 섬유질 원료와 저 칼로리 증량제에 대하여 상당한 관심을 나타내고 있다. 표 6-4와 6-5는 제빵에 사용되는 곡류 가루의 섬유소의 비율과 빵에 함유되어 있는 섬유소의 함량을 요약하고 있다.

표 6-4. 총 식이 섬유[a)](total dietary fiber)

제품	%
밀가루(white wheat flour)	3.1
통밀가루(whole wheat flour)	12.9
밀기울(wheat bran)	42.3

a) 수용성 및 비수용성 섬유소를 모두 포함한다.

표 6-5. 버라이어티 브레드에 들어있는 섬유소(fiber in variety breads)

버라이어티 브레드	조섬유(%)	비수용성 식이 섬유(%)
펌퍼니클(pumpernickel)	0.9	4.2
건포도(raisin)	0.7	2.2
귀리(oatmeal)	0.4	2.2
통밀(whole wheat 100%)	1.4	5.7

크래키트 밀(cracked wheat)	0.9	3.5
혼합곡류(mixed grain)	0.8	4.3
이탈리안 브레드(italian bread)	0.4	1.2
후렌치 브레드(french bread)	0.2	1.1
피타 브레드(pita bread, white)	0.2	1.0
토틸라(tortillas, corn)	1.1	4.1

5. 적정 섬유소 섭취함량(desired fiber intake)

우리의 하루 식이 섬유소 섭취량은 평균 20g이하일 것으로 추정하고 있으며 1일 적정 섬유소 섭취 함량은 30g으로 생각되고 있다. 따라서 현재의 섬유소 섭취 함량을 두 배로 증가시키기 위해서는 통곡류빵과 씨리얼, 과일, 야채, 완두 및 콩을 포함하고 있는 식이를 통하여 매일 적합한 양의 섬유소를 섭취해야 한다. 한편, 몇 가지를 예외(예, 귀리)로 하고 곡류를 기본으로 한 식품은 일반적으로 비수용성 섬유질이 많은 반면 대부분의 과일, 식물, 완두 및 콩 등은 수용성 섬유질이 많은 경향을 띠고 있다.

6. 제빵에 이용 가능한 섬유소의 출처

식품 가공업자는 섬유소가 강화된 제품의 배합 비율을 만들 때 선택할 수 있는 폭이 넓으며 여러 가지 종류의 풍부한 섬유소의 원료가 존재한다. 섬유소 원료로는 나무 펄프에서 얻어지는 정제 셀룰로오스로부터 사탕수수와 사탕무의 잔여물에 이르기까지 폭넓게 걸쳐 있으며 심지어 땅콩 껍질 등과 같은 색다르게 보이는 출처도 이용할 수 있다. 그러나 섬유소의 이러한 모든 잠재적인 출처가 상업적 원료로서 시장에 판매될 수 있는 것은 아니다. 제빵업자는 성능적 특성, 경제성 또는 기타 이유를 기준으로 이들 원료를 단계적으로 취사선택해야한다.

원료 공급업자와 식품 가공업자는 섬유소를 원료로 첨가하였을 때 최종 제품의 가공성이나 기호성에 나쁜 영향을 미치지 않으면서, 색이 없고 냄새가 없는 천연 섬유소를 알맞은 가격으로 상업적으로 이용할 수 있도록 노력해야 한다. 몇 가지 빈번하게 이용되는 섬유소 원료의 출처들이 표 6-6에 나타나 있다.

1) 곡물 출처

기대했던 것처럼 곡물은 섬유소가 풍부한 원료의 주요한 출처이다. 목록에 나와 있는 40개 제품 유형 중 14개가 밀, 쌀, 보리, 옥수수, 귀리 등과 같은 곡물을 기본으로 하고 있다. 전체 식이 섬유 함량은 탈지 밀 배아의 경우 약 20%가 함유되어 있으며 많게는 귀리 섬유소 제품의 경우 90%에 이르기까지 넓은 범위를 이루고 있다. 일반적으로 가격은 섬유소 함량에 따라 달라진다. 즉 섬유소 함량이 높으면 높을수록 가격도 더 비싸진다.

2) 기타 출처

콩과 식물(대두와 땅콩), 여러 종류의 과일, 껌(gum), 나무 펄프에서 추출한 셀룰로오스 및 사탕무와 사탕수수로부터 설탕을 추출하고 남은 찌꺼기 등이 표에 포함되어 있다.

표 6-6. 상업적으로 판매되는 섬유소의 원료들

제품	대략적인 섬유소 함량(%)	
	조 섬유	총식이섬유
밀기울(wheat bran, red/white)	8~12	40~50
탈지밀배아(defatted wheat germ)	5	20
밀배아(wheat germ, full fat)	2	10
쌀 섬유소(rice fiber)	30	50
쌀기울(rice bran/stabilized)	6~10	30~40
쌀 섬유소(rice fiber, bran)	35	70~80
탈지쌀기울(rice bran)		46~50
쌀배아(rice germ/bran)	8	35~40
발아곡류 섬유소(malted grain fiber, barley, rice, cornstarch)		31
고단백질 보리(Barley's high protein flour)		35
보리 섬유소(barley fiber)	27	70
보리기울(barley bran fiber)		70
옥수수기울(corn bran)	12~16	55~95
귀리기울(oat bran)		15~22
귀리 섬유소(oat fiber)		80~90
대두 섬유소/기울/프레이크(soy fiber/bran/flake)		45~75
땅콩 섬유소(peanut fiber)	15	50
완두콩 섬유소(pea fiber)		50~95
단 루핀기울(sweet lupin bran flour)	45	85
사탕수수 섬유소(sugar cane fiber)		72~86
사탕무 섬유소(sugar beet fiber)		73~80
감귤펄프(citrus pulp)		62
토마토 섬유소(tomato fiber)	35	45

사과섬유소(apple fiber)	16	43~45
블랙커런트 과일 섬유소(black currant fruit fiber)		43
레몬, 오렌지, 그레이프프루트		25~70
건조 크랜베리(dried cranberries)	4~6	6~8
무화과 가루(fig powder)	34	64
건조배(dried pears)	6~7	13~14
코코아 섬유소(cocoa fiber/bran)	16~25	55~75
대추야자기울(date bran)		44
아라비아 껌(gum arabic)		90
구아 껌(guar gum)		90
메뚜기콩 껌(locust bean gum)		90
카아복시셀룰로스나트륨(sodium carboxymethylcellulose)		75
산탄 껌(xanthangum)		75
카라기난 껌(carrageenan gum)		75
구아 껌(gum guar)		75
분말셀룰로오스(powdered cellulose)		99

7. 섬유소의 성능에 영향을 미치는 요소들

가공식품에 사용하기 위한 섬유소의 원료를 선택할 때 고려해야 될 점은 다음과 같다.

1) 색깔(color)

색깔은 중요한 요소이다. 많은 식품들은 색깔이 없는 섬유소를 필요로 한다. 최초의 섬유소강화 제품이며 칼로리를 감소시킨 빵은 실제로 색깔이 없는 알파 셀룰로오스를 사용하였다. 알파 셀룰로오스가 바람직한 많은 성질을 보유하고 있지만 알파 셀룰로오스는 나무 펄프로 만들어진다. 따라서 원료의 건전성 측면에서 소비자를 만족시키면서 색깔을 함유 하고 있지 않은 다른 섬유소 원료를 찾아 사용하려는 노력이 계속 되고 있다.

2) 풍미(flavor)

섬유소가 갖고 있는 풍미도 또한 고려해야 될 중요한 요소이다. 경우에 따라서 독특한 풍미는 바람직할 수 있다. 예컨대 섬유소 강화뿐만 아니라 독특하고 특징적이며 상쾌한 풍미를 주기 위하여 적색밀기울을 빵 제품에 첨가하는 경우가 있다. 그러나 이 밖의 대부분의 경우에는 풍미가 없는 원료를 첨가하는 것을 목표로 한다. 풍미는 일반적으로 색깔과 관련을 나타내는데 섬유소 원료로부터 색깔을 제거하는 기술적 진보가 이루어지면서 풍미에 대한 문제는 해결되어 가고 있다.

3) 섬유소 함량(fiber content)

섬유소 원료가 함유하고 있는 섬유소 함량이 중요한 역할을 한다. 좋은 하나의 예가 고 섬유질을 첨가한 칼로리 감소 빵이다. 고 섬유질 칼로리 감소 빵이라고 포장지에 표기하기 위해서는 적어도 65~70%의 총 식이 섬유소를 함유하고 있어야 한다. 칼로리 감소 빵에 약 70%의 총 식이 섬유소를 가진 원료를 사용하려면 제빵업자는 약 30%의 밀가루를 섬유소 원료로 대체하고 배합내의 모든 지방을 제거하고 섬유소의 무게를 지탱할 수 있도록 10~15%의 활성 밀 글루텐을 첨가해야한다. 그리고 더 많은 물을 넣어 빵 속의 수분함량이 4~6% 더 많도록 구워야한다. 분명한 것은 섬유소 함량이 적은 원료들로 칼로리를 감소시키기 위해서는 섬유소 첨가량을 더 증가시켜야 한다는 것이다. 그러나 현재의 기술로는 30~35%이상의 밀가루를 저 칼로리 또는 칼로리가 없는 증량제로 대체시켜 좋은 빵을 만들 수 있는 기술을 보유하고 있지 않다.

4) 입자 크기(particle size)

입자 크기는 섬유소 원료의 기능적 수용성(functional acceptability)을 결정하는 중요한 요소이다. 입자크기는 수분흡수율에 영향을 미치며 항상 거친 입자보다 고운 입자에서 수분흡수율에 대한 문제가 발생한다. 고 섬유소의 칼로리 감소 빵을 제조하는데 있어서 섬유소 원료로 인하여 흡수된 수분은 최종제품의 칼로리를 감소시켜주기 때문에 반드시 나쁘지 않다. 그러나 크래커 제품의 경우는 바람직한 구조적 특성을 얻도록 하기 위하여 많은 수분을 완전히 제거할 때까지 구워야하기 때문에 높은 흡수율은 나쁜 영향을 준다. 입자의 크기 또한 식감에 영향을 미친다. 섬유소를 사용할 때 거친 고 섬유 원료는 바람직하지 않은 식감을 나타낸다. 이러한 면에서, 입자 크기를 감소시키는 것은 맛을 향상시킬 수 있지만 반면 수분 흡수율 등과 같은 다른 문제를 불러올 수 있다.

8. 미래 제과제빵산업에 있어서 섬유소의 사용

섬유소 강화 식품의 미래는 확실히 복잡한 주제이다. 가공식품에 무엇이 첨가될 수 있으며 이러한 식품을 무엇이라 불러야 할지를 포함하여 건강문제와 규제에 대한 고려 등의 문제가 존재할 수 있다.

소비자들의 논쟁은 정도에 따라 섬유소 강화 식품에 대한, 그리고 강화에 사용될 원료에 대한 승인 여부에 영향을 미칠 것이다. 그리고 섬유소 강화 식품에서는 섬유소 원료의 기능적인 측면도 표기할 수 있도록 고려되어야 할 것이다.

제 7 장 감미제(sweetener)

감미제는 빵 · 과자 제품을 만드는데 중요한 재료로서 감미, 안정제, 발효 조정제, 이스트의 영양원 및 향과 색깔을 내는 기능을 가지고 있으며 사용되는 감미제의 종류로는 설탕, 포도당, 이성화당, 과당, 물엿 등의 전분당이 일반적이다.

최근에는 당 알콜이나 올리고당 및 아스파탐, 스테비오시드 등의 감미료도 제품의 특성과 목적에 따라 사용되고 있다.

감미제는 천연감미료와 합성감미료로 크게 구분되며 천연감미료는 당질감미제와 비당질감미제로 나뉜다. 당질감미제는 설탕, 포도당, 물엿, 과당, 이성화당, 맥아당, 꿀, 유당, 크실로오스, 프락토올리고당, 말토올리고당, 팔라티노오스, 소르비톨, 말티톨, 락티톨, 에리트리톨 등이 있으며, 비당질 감미제는 글리씨리진, 스테비오시드가 있다. 한편 합성감미제에는 아스파탐, 사카린, 알리탐 등이 있다.

7-1. 설탕(자당, sucrose)

1. 설탕의 원료

사탕수수는 타이스과의 다년생 식물이다. 키는 3-6m정도이며 마디와 마디 사이의 부드럽고 연한 조직에 다량의 자당을 함유하고 있다. 재배에 적합한 지역은 평균기온 20~30℃의 열대와 아열대이며 지역적으로는 쿠바, 브라질, 아르헨티나, 오스트레일리아, 대만, 필리핀, 인도, 일본남단에서 재배되고 있다.

사탕무우는 모양이 무와 유사한 식물이다. 직경 10~15cm의 뿌리부분에 자당이 함유되어 있다. 서늘한 지역이 재배에 적합하며 유럽, 아메리카 북부, 일본 북해도에서 재배된다.

2. 설탕의 제조

설탕의 원료에는 사탕수수와 사탕무우가 있는데 기본적인 제조원리는 어느 쪽이나 거의 같다. 다만 사탕수수의 경우는 대개 생산지와 소비지가 멀리 떨어져 있는 경우가 많기 때문에 먼저 생산지에서 당액을 1차 정제해서 원료당을 만들고 그것을 소비지에 운반해서 다시 정제하는 이른바 2단계의 공정을 거친다. 한편 사탕무우의 경우는 생산지가 소비지에 가까운 경우가 많기 때문에 원료당을 만들지 않고 직접 순도가 높은 정제당을 만들고 있다.

1) 생산지

(1) 절단 압착

사탕수수를 가늘게 절단한후 롤러(roller)를 이용해서 자당을 대량으로 함유한 당즙을 만든다.

(2) 청정

당즙에는 많은 불순물이 섞여 있기 때문에 활성탄 등을 첨가해서 불순물을 침전시켜 제거한다.

(3) 농축 결정화

청정화한 당액을 서서히 가열 농축해서 그 안에 종당을 첨가한다. 그러면 그 종당을 핵으로 해서 당액 중에 있는 과포화된 자당이 결정화한다. 이와 같이 자당의 결정이 당밀 중에 함유되어 있는 상태를 원액이라 한다.

(4) 분리

원액을 원심분리하여 자당의 결정으로 분리해 낸다. 이렇게 해서 얻은 다갈색의 사탕을 원료당이라고 부른다. 보통 설탕은 이 원료당의 단계에서 소비지에 옮겨진다.

2) 소비지

(1) 당의 세정, 용해

소비지에 옮겨진 원료당(혹은 원당)은 당밀로 표면을 가볍게 세정한 후 녹여서 다시 당액의 상태로 만든다.

(2) 청정탈색

당액에 활성탄을 가해서 불순물을 제거시키고 청정탈색을 한다. 이것을 정제당이라고 부른다.

(3) 농축 결정화

정제당을 농축해서 설탕의 결정을 만든다. 이때 목적으로 하는 설탕의 종류에 따라서 첨가하는 종당의 크기와 양을 바꾸면서 석출시키고자 하는 결정의 크기를 조정한다.

(4) 분리

원액을 원심분리시켜 자당의 결정으로 분리한다. 이렇게 분리된 자당 결정을 1번당이라 한다. 남은 당액은 다시 농축 분리를 반복해서 6번당까지 자당을 분리한다(6번당은 재용해 해서 쓰이는 갈색당).

먼저 정제시킨 당일수록 순도가 높으며 당액에 농축분리가 진행될수록 서서히 당액이 착색되기 때문에 몇 번째로 결정화시킨 설탕인가에 따라서 제조되는 설탕의 종류가 결정된다.

1~2번 당은 정백당(백색), 3~4번 당은 중백당(엷은 갈색), 5번 당은 삼온당(황갈색)이 된다.

(5) 건조 체질

당액에서 분리된 자당의 결정에는 아직 다량의 수분이 함유되어 있기 때문에 잘 건조시킨 후 체를 통하여 결정의 크기를 조정한다.

(6) 특수한 가공당(각설탕 등)의 경우

일단 정제한 설탕(주로 정제당)을 원료로 해서 다시 재결정, 정형 등의 가공을 한다.

3. 설탕의 종류

1) 정제당

설탕은 제조 원료에 따라 사탕수수(sugar cane)에서 얻은 수수설탕(cane sugar)과 사탕무(sugar beet)에서 얻은 무설탕(beet sugar)으로 구분하며 제조 방법에 따라서 분밀당(centrifugal sugar)과 함밀당(non centrifugal sugar)으로 구분한다.

분밀당은 일반적으로 사용되는 설탕이 여기에 속하며 함밀당은 흑설탕과 같이 원료로부터 채취한 당액을 청정하고 농축해서 설탕을 만들 때 설탕의 결정과 당밀을 분리하지 않고 그대로 상품화한 것을 말한다.

사탕수수, 사탕무를 원료로 한 원당(원료당)은 사탕수수나 사탕무의 착즙액을 농축하고 결정화시킨 후 이를 원심분리하여 얻는다. 이러한 원료당을 다시 물에 녹여 탈색, 정제하고 투명액을 다시 농축시켜 결정화한 후 분리한 것이 정제당이다.

원액은 원심분리기를 통하여 자당의 결정을 분리할 때 자당 결정을 6번까지 분리하게 되는데 처음에 분리한 당일수록 순도가 높아지며 횟수가 증가될수록 당액이 착색되기때문에 1~2번 당은 상백당(백색), 3~4번 당은 중백당(엷은 갈색), 5번 당은 삼온당(황갈색)이 된다.

정제당(refined sugar)의 제품은 입상형과 분당이 있다. 입상형 당은 종류에 따라 용도가 다르기 때문에 제품의 목적에 맞는 것을 선택해야 한다. 일반적으로 입자가 굵은 설탕은 제품의 표면 위에 뿌리는 용도로 사용되며 입자가 가는 것은 충전물을 만드는 용도로 사용된다. 빵 · 과자에서 많이 사용하는 설탕은 상백당으로서 자당(sucrose)의 함유율은 99.9% 이상이며 결정이 미세하고 흡습성이 크다. 이외에도 결정이 상백당보다 큰 입상형 당은 커피 등의 기호식품에 이용된다.

표7-1. 자당의 일반적인 조성표

성분	함량(%)
자당	99.7 이상
전화당	0.04 이하
회분	0.01 이하
수분	0.10 이하

2) 분당(powdered sugar)

입상형 당을 분쇄하여 미세한 분말로 만든 다음 고운 눈금을 가진 체를 통과시켜 얻는다. 입자의 크기에 2X부터 12X까지 분류하며 X표의 숫자가 클수록 미세한 제품이다. 일반적으로 사용하는 분당은 6X와 10X 제품이다. 6X는 표준화된 분당으로 설탕 충전물 제조에 주로 사용하며, 10X는 아주 미세한 분당으로 내용물과 아이싱에 이용한다.

분당은 입자가 미세하기 때문에 표면적이 커서 그 만큼 수분을 흡습하는 성질이 강하기 때문에 보관 중에 덩어리져 단단하게 된다. 이런 분당의 고형화를 방지하기 위하여 3%정도의 전분이나 tricalcium phosphate를 첨가한다. 데코레이션에 사용되는 로얄아이싱의 경우에는 전분이 섞이지 않는 순수한 분당을 사용한다.

분당의 입도에 따라 그 용도를 보면 다음과 같다.

· 가장 미세한 입자(제과용 분설탕,ultar fine):가장 매끄러운 프로스팅(frosting), 아이싱, 끓이지 않은 퐁당에 사용한다.
· 미세한 입자(very fine):비스킷의 크림필링이나 파이, 번즈, 페이스트리에 뿌릴 때 사용하며 끓이지 않는 퐁당, 프로스팅, 아이싱에도 적합하다. 녹인 지방과 잘 섞어 당과를 코팅하는 데도 이용한다.
· 고운 입자(fine):마시멜로나 초콜릿 등에 널리 이용되며 표면을 매끄럽게 마무리하여 접시에 담아내는 과자의 이용한다.
· 입자 거친 것(coarse):습기가 있어 뿌렸을 때 표면이 녹아드는 제품에 많이 이용한다.

표7-2. 분당의 일반적인 조성표

항목	6X	10X	12X
수분(%)	0.4	0.5	0.5
자당(%)	97.0	97.0	95.5
전분(%)	3.0	3.0	4.5
체 분석			
70 mesh상분	0.5% 이하	0.5% 이하	0.01% 이하
100 mesh상분		0.15% 이하	
200 mesh하분	91.5-97.5%	97% 이상	99.5%
325 mesh하분			98.5%

3) 갈색당(brown sugar)

자당과 당밀의 혼합물로서 작은 입자의 자당을 당밀의 막으로 씌워서 만들며, 삼온당, 중백당, 황설탕 등 여러 이름으로 불리어지고 있다. 약 85~92%의 자당으로 구성되며 당밀과 다른 불순물을 포함하고 있다. 색상이 진할수록 불순물의 양이 많으며 기본적으로는 완전히 정제되지 않은 당이다. 또한 성분상 수분이 없는 보통 설탕과는 달리 3~4%의 수분을 함유하고 있다.

표7-3. 연한갈색당(medium brown sugar)의 일반 조성표

성분	함량(%)
자 당	90.0~91.0
포도당	1.5~2.0
과 당	1.5~2.0
회 분	0.5~1.5
기타 비당성분	2.0~2.5
수 분	0.5~4.0
감미도	90~98

갈색당은 당밀의 함량에 따라 거의 흰색으로 보이는 1번부터 검은색의 15번 까지로 분류되며 번호가 클수록 색이 진하고 강한 향을 갖는다. 일반적으로 8번의 연한 갈색당과 13번의 진한 갈색당을 주로 사용하며 갈색당의 제품들은 3~6%의 수

분을 첨가시켜서 덩어리지는 것을 방지한다. 갈색당은 60~70%의 습도가 있는 상태에서 보관하는 것이 좋으며 너무 건조한 곳에서 보관하면 덩어리지고 단단해진다. 색상이 문제되지 않는 제품에서 중조와 함께 사용하면 갈색당은 산을 함유하고 있기 때문에 얼마간의 팽창효과를 얻을 수 있다.

4) 전화당(invert sugar)

설탕의 주성분인 자당은 포도당과 과당이 결합된 안정한 구조를 하고 있는데 이 자당을 용해시킨 액체에 산을 가해서 높은 온도로 가열하거나 분해효소인 인베르타아제를 작용시키면 설탕은 가수분해되어 포도당과 과당의 동량 혼합물이 된다. 이 혼합물을 전화당이라 하며 설탕보다 약 30%정도 더 단맛을 가지고 있다. 전화당은 수분 보유력이 뛰어나서 케익제품을 신선하고 촉촉하게 하며 재결정화가 잘 이루어지지 않아 아이싱이나 시럽에서 부드러운 감촉을 증가시킨다.

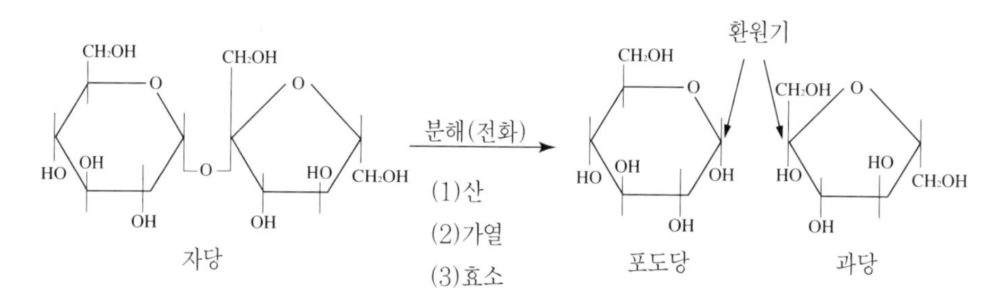

그림 7-1. 설탕의 전화 반응

전화당은 시판 꿀에 다량 함유되어 있다. 전화당은 흡습성 외에 착색과 굽기를 빨라지게 하고 제품내 의 향을 개선하는 기능을 가지고 있으며 드롭 쿠키와 같은 경우에는 퍼짐성(spread)을 증가시킨다. 또한 설탕의 결정화를 감소하거나 방지하는 능력이 있어 케이크와 쿠키의 저장성을 연장시킨다.

전화당을 구성하고 있는 2종류의 당 중 포도당은 비교적 담백한 성질을 갖고 있지만 과당은 대단히 개성적인 풍미를 갖고 있다. 따라서 전화당의 전체는 과당의 영향을 받아서 끈적끈적하고 감칠맛이 있는 감미를 갖고 있으며 수분을 흡수하기 쉬운 성질을 갖는다. 또 전화당을 구성하고 있는 과당과 포도당은 아미노산 등과 반응해서 갈변의 원인 물질로 되기 쉬운 성질이 있기 때문에 전화당을 이용한 과자를 가열하면 쉽게 갈색을 띠게 된다.

간단하게 전화당을 만드는 법은 설탕을 이중 솥에 넣고 설탕 무게의 33~35%에 해당하는 물을 첨가하여 잘 저어 주면서 끓인다. 설탕기준 0.125%의 구연산이나 타타르 크림 같은 산을 첨가 한 후 끓인다. 효소를 이용하는 방법은 먼저 70% 당액을 준비하고 73℃ 이하로 되면 인베르타아제 효소를 설탕 양에 대해 0.3% 첨가하여 잘 교반 한 후 40~60℃ 정도로 보온한다. 보온의 온도가 40℃인 경우 2~3일, 60℃는 12시간 정도면 전화가 된다. 인베르타제는 80℃이상에서는 활성을 잃어버리며 당액의 온도가 지나치게 저온이면 인베르타제의 활성이 느려서 전화의 진행을 지연시킨다. pH는 4~5에서 인베르타제 활성이 활발하며 당액 중의 구연산 등의 유기산을 가해서 pH를 조절하여 조건을 맞출 수 있다.

표7-4. 빵과자에 사용하는 전화당

제품		사용권장량(전체설탕량기준%)
파운드 케이크		0.3 ~ 7.5
반죽형 케이크	화이트레이어케이크	7.5 ~ 10
	옐로우레이어케이크	7.5 ~ 10
	초콜릿 케이크	10 ~ 30
스폰지케이크		5.0 ~ 15
쿠키		5~ 15
아이싱	포장용	2.5 ~10
	비포장용	10 이상
과일케이크	밝은색	10
	어두운색	10 이상
마시맬로우		10~ 50

5) 당밀(Molasses)

당밀은 사탕수수의 농축액으로부터 설탕을 생산한 후의 나머지 시럽 상태의 물질로 설탕, 전화당, 무기질 및 수분으로 구성되어 있다. 추출 과정은 6번 정도 반복하나 실제 상업적인 재료로서 사용할 수 있는 공정은 3번까지 추출과정을 거친 것으로 액체상태로 존재한다.

당밀의 등급은 원료에 따라 다르지만 오픈케틀(적황색), 1차당밀(황색), 2차당밀(적색), 저급당밀(검정색) 등으로 나뉜다. 최후로 설탕성분을 추출한 후의 저급의 당밀은 직접 식용으로 사용하지 않고 가축사료, 이스트 생산, 알콜 생산과 기타 많은 제품의 제조용 원료가 된다. 당밀 중 자당의 함량이 가장 많은 오픈케틀 당밀은 사탕수수의 과즙을 그대로 농축시켜 만드는 최상급이다. 그 특징은 숙성 과정 중 표백제를 사용하지 않기 때문에 1차 당밀보다 색이 다소 짙으며 적당한 기간 동안 숙성이 되면 럼향을 갖게 된다.

사탕수수의 당밀은 풍미가 좋아 럼주의 제조에 이용되며 이스트의 제조에도 사용된다. 당밀은 특히 케이크 제조에 자주 사용되는데 그 이유는 특유의 단맛과 향이 있으며, 전화당이 많아서 케이크를 오랫동안 촉촉하게 보관할 수 있도록 해주며 여러 향료와 잘 어울리기 때문이다.

당밀을 쿠키 제조에 사용하면 빠르게 수분을 흡수하여 바삭거리는 성질이 없어지므로 주의해야 한다. 당밀의 대략적인 성분은 자당이 30~50%, 수분이 20~25% 그리고 나머지는 전화당과 광물질 등이 포함되어 있으며 소량의 단백질도 포함되어 있다. 최근 커피에 넣는 설탕으로 많이 사용하고 있는 터비네이도(turbinado)설탕은 원당을 씻은 형태로서 99%의 순수한 설탕과 약간의 당밀이 있는 것으로 연한 갈색과 갈색당 향을 갖고 있다.

당밀의 제품 형태는 30% 전후의 물에 당을 비롯한 고형질이 용해된 상태인 시럽 상태와 탈수한 시럽을 분말화하여 수분 3% 미만, 당밀 고형질 60% 이상으로 하여 호화전분을 37% 혼합한 입상형과 조각형이 있다.

표7-5. 1차당밀의 일반조성

성 분	함량(%)
자 당	28.0 ~ 38.0
포도당	15.0 ~ 22.0
과 당	15.0 ~ 22.0
총 당	68.0 ~ 70.0
회 분	3.2 ~ 4.1
수 분	23

표7-6. 2차 당밀의 일반조성

성 분	함량(%)
자 당	40.0 ~ 46.0
포도당	8.0 ~ 9.0
과 당	8.0 ~ 8.0
총 당	56.0 ~ 58.0
회 분	6.0 ~ 7.0
수 분	22.0~ 25.0

7-2. 전분당(starch sugar)

전분을 산이나 효소로 처리하여 가수분해시키면 물엿, 포도당 및 과당 같은 당류와 각종 중간 분해 산물들이 생기는데 이들을 총칭하여 전분당이라고 한다. 전분분자를 가수분해하면 작은 분자로 분해되고 최종적으로는 포도당이 되는데 그 가수분해 정도에 따라 여러 가지 당류의 혼합물을 얻게 된다.

전분당의 성질은 당화 방법이나 진행 정도에 따라 크게 달라지기 때문에 제품의 종류가 다양하지만 아래 그림과 같이 물엿, 포도당, 이성화당으로 나눌 수 있다. 물엿에는 전분을 산으로 당화한 산당화물엿과 맥아로 당화한 맥아물엿의 두가지가 있다. 산당화물엿의 주성분은 텍스트린과 포도당이고 맥아물엿은 덱스트린과 맥아당이다.

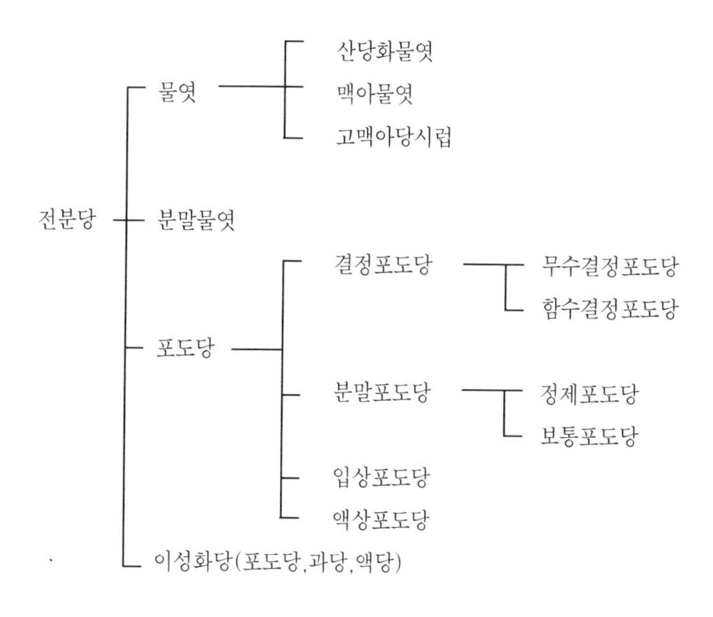

그림 7-2. 전분당의 분류

한편 이와 같이 감미료를 얻기 위하여 전분을 가수분해하는 과정을 당화라고 부른다. 전분을 완전하게 가수분해시키면 포도당이 형성되지만 가수분해 정도를 조절하면 여러 가지 당화 정도를 갖는 전분당을 만들 수가 있다.

이 가수분해 정도는 다음 식으로 계산되는 당화율(D · E, dextrose equivalent)로 나타낸다.

$$D \cdot E = \frac{\text{직접환원당(포도당으로 표시)}}{\text{고 형 분}} \times 100$$

당화율은 가수분해 정도를 나타낼 뿐 아니라 감미도와 점도 등 전분당의 특성을 나타낸다. 즉 전분의 분해 정도가 계속되어 D · E 값이 클수록 감미도와 결정성이 높고, 빙점이 낮아지고 삼투압 및 방부 효과가 커지는 경향이 있고, D · E 값이 작을수록 점성 부여 효과, 흡습성, 당의 결정석출 억제작용이 높은 경향을 나타낸다.

결정포도당 같이 거의 순수한 것은 D · E 값이 100에 가깝고 물엿, 분말 물엿은 분해 정도가 낮고 포도당 이외에 dextrin, oligo당을 함유하기때문에 D · E 값이 25~50 정도 된다. 표7-7과 같이 D · E 값에 따라 전분당의 성질에 차이를 나타내므로 사용목적에 맞게 선택해야한다. 주로 많이 쓰이는 전분당의 종류로는 물엿, 과당, 맥아당, 이성화당, 포도당 등이 있다.

표7-7. 전분당의 D · E 값과 성질

종류	수분(%)	D · E	감미도	점도	흡습성	결정성	용액의 동결점	평균 분자량
결정포도당	8.5~10	99~100	높다	낮다	적다	크다	낮다	적다
정제포도당	10 이하	97~98						
액상포도당	25~30	55~80						
물엿	16	35~50						
분말물엿	5 이하	25~40	낮다	높다	크다	낮다	높다	크다

1. 포도당(glucose, dextrose)

포도당의 생산방법에는 전분을 산으로 가수분해하여 얻는 산당화법과 효소를 사용하여 얻는 효소당화법이 있다. 전분을 고도가수분해한 액당을 정제, 농축하여 결정화시키는 조건에 따라 함수결정포도당($C_6H_{12}O_6.H_2O$)과 무수결정포도당($C_6H_{12}O_6$), 정제포도당 등 3종의 제품으로 나뉘어진다.

제과용으로는 보통 사용되는 함수결정포도당은 α, β-형의 두 이성체(isomers)가 존재하며, 보통 결정포도당은 α-형이며 β-형보다 단맛이 강하다.

포도당 용액을 방치하면 α-와 β-사이에 가역적 이성화가 일어나며 20℃에서 α, β-형의 평형 혼합물을 얻는다. 이 평형 혼합물에서 α, β-형의 평형은 온도에 의해서 크게 영향을 받지 않으나 용액의 농도가 커지면 평형이 α-형 쪽으로 기울어 상대적 감미도는 증가한다.

무수결정포도당에는 α형과 β형이 있는데 α형은 물에 용해될 때 α-함수결정으로 전이되어 굳어버려 용해가 잘 되지 않는 성질이 있지만, β형은 냉수에 용해할 때 α형으로 선광이 서서히 변하여 α-무수결정포도당보다 용해성이 좋다.

포도당의 일반적인 성질은

가) 상대적 감미도는 설탕 100에 대하여 63~88를 나타낸다.

나) 용해성은 55℃이하에서는 용해가 어렵고 55℃ 이상에서는 설탕보다 용해도가 크다.

다) 포도당은 설탕보다 삼투압이 높고 어는점도 낮다. 물에 용해시 13.8㎉/g의 용해열이 필요하므로 청량감이 있다.

라) 설탕과 포도당의 대체

설탕은 가수분해되어 포도당과 과당이 되기 때문에(즉 포도당이 9% 정도의 수분을 함유하기 때문에) 설탕 100g은 포도당 105.26g이 된다. 따라서 결정포도당에는 발효성 탄수화물(고형분)이 91% 정도만 존재한다. 그러므로 설탕 100g을 대체시키기 위해서는 포도당 100/0.91=115.67g이 필요하다.

표7-8. 자당과 포도당의 용해도 비교

종류 \ 온도(℃)	0	10	20	30	40	50	60	70	80	90	100
자당(%)	64	66	67	69	70	72	74	76	78	81	83
포도당(%)	35	39	47	55	62	71	75	78	82	85	88

1) 함수결정포도당

포도당용액(농도 약75%)을 45℃에서 25℃ 정도까지 천천히 냉각시켜 결정화시키면 결정수 1분자가 함유된 함수포도당이 생성된다. 수분함량은 8~10%이고 주용도로는 빵, 과자, 음료, 케이크믹스 및 솔비톨의 원료로 사용된다.

2) 무수결정포도당

포도당액을 60℃이상에서 진공 농축하면서 결정화시키면 물이 없는 무수포도당이 된다. 수분함량은 0.5% 이하이다. 주 용도는 의약, 청주, 분말조미료 및 스파이스 등에 사용된다. 분말화 하여 초콜릿이나 츄잉껌의 원료로 사용한다. 또한 도너츠의 표면에 뿌리는 슈거코트용으로 녹는것을 방지하기 위하여 포도당 표면을 유지로 피막시켜 사용하기도 한다.

3) 정제포도당

포도당액에 함유되어 있는 6~8%의 올리고 당을 분리하지 않고 함유한 상태로 분말화한 포도당으로 수분함량은 9~10% 정도 이다. 제빵의 사용시 함수 결정 포도당과 큰 차이가 없고 가격이 저렴하기 때문에 많이 사용한다.

2. 물엿

물엿은 독특한 감미와 점조성이 있는 감미료이지만 설탕이나 꿀과 같이 천연으로 존재하는 감미물질은 아니다. 물엿은 전분을 가수분해하여 포도당을 만드는 과정에서 당화를 중지시켜 덱스트린과 당분의 비율이 일정하게 유지되도록 만든 제품이다.

덱스트린은 맥아당이나 포도당과 같은 감미를 가지고 있지 않으나 독특한 점조성과 강한 보수성 및 자당의 재결정화를 방지하는 효과를 가지고 있기때문에 과자를 제조하는 데 중요한 역할을 한다.

물엿은 이러한 덱스트린의 특성과 맥아당이나 포도당의 감미가 합쳐져서 끈적끈적한 점조성과 달콤한 물엿 특유의 성질을 갖게 된다. 그러므로 물엿은 단순히 감미를 내는 목적이외에 과자를 촉촉하게 만들고 싶을때 그리고 설탕시럽 제조시 재결정 방지를 원할때 이용한다.

이와같은 물엿의 독특한 특성은 덱스트린이라는 물질에서 기인되는데, 물엿에 들어있는 덱스트린은 단일 물질이 아니고 포도당 분자가 3~5개 연결된 것부터 50~100개나 연결된 것이 섞여 있기때문에 점성과 보습성, 재결정방지 역할 등의 특성이 다른 재료에 비해 뛰어나다.

물엿을 빵 · 과자에 사용할 때 잇점을 보면 표7-9와 같다.

표7-9. 빵.과자에 물엿 사용할 때 장점

빵.과자 제품	장점
케이크류	저장 수명 연장, 식욕을 돋구는 껍질색 개선, 조직개선, 향 강화
이스트 사용 제품	저장 수명 연장, 식감개선, 부드러운 조직
쿠키	저장 수명 연장, 터짐 갈라짐 감소, 식욕증진의 외양, 색상 향상, 식감개선
아이싱	저장 수명 연장, 광택과 외관성 개선하고 향을 강화, 결정화의 조절 , 거품 올리기 성질 개선, 부드러운 조직
파이충전물	밝은 광택과 외관성 개선, 시럽과 같은 조직, 천연 과일 향을 강하게 한다.
특수제품	저장 수명 연장, 식욕증진의 외양, 색상, 식감개선

물엿의 종류에는 산으로 당화시킨 산당화물엿과, 효소를 이용하여 당화시킨 맥아물엿이 있다. 물엿제조의 원료로 옥수수전분, 감자전분, 고구마전분 등이 주로 사용되나 타피오카전분, 밀전분 등도 사용된다. 옥수수전분에는 단백질, 지방, 난용성 전분이 많이 함유되어 있으나 고온에서 효소로 액화하면 단백질은 분해되어 쉽게 제거할 수 있어 색깔이 좋은 물엿이나 포도당의 원료로 많이 사용된다.

* 맥아당(maltose) : 포도당이 2개 결합한 것으로 독특한 감미를 갖는다.
* 덱스트린(dextrin): 전분을 가수분해하여 맥아당, 포도당을 만드는 과정에서 생기는 중간 생성물로 포도당이 수십~수백 개 결합한 것을 말한다.

덱스트린이 분해되는 순서에 따라 아밀로덱스트린 (amylo dextrin), 에리트로덱스트린(erythro dextrin), 아크로덱스트린(achro dextrin), 말토덱스트린(malto dextrin)등으로 분류된다.

1) 산당화 물엿

산당화 물엿은 전분을 산으로 가수분해 시킨 후 이것을 중화, 정제, 농축하여 수분함량이 14~17% 되도록 만드는 것이다.

산당화 물엿은 포도당, 맥아당, 과당류 및 덱스트린으로 구성되어 있으며, 수분이 18%이하, 덱스트린이 35~45%, 포도당이 45~35%, pH는 5~7정도이다. D.E 값이 낮을수록 점성과 보습성이 크고 감미도는 DE값이 클수록 크며 포도당 당량에 따라 저당엿(14~40), 보통엿(40~45), 고당엿(60~65)으로 구분한다. 고당엿의 상대적 감미도는 50%정도이며 용도는 캐러멜, 캔디, 잼 등에 사용되며 고당도 물엿은 제빵용으로, 저당도 물엿은 빙과류용으로 사용된다.

흡습성은 함유 당류의 유리 -OH기의 수에 비례하기 때문에 포도당이 흡습성이 가장 크며 포도당 당량이 클수록 커진다.

2) 맥아물엿(malt syrup)

맥아물엿은 전분을 호화시키거나 곡물을 물에 침지하고 찐 다음 여기에 맥아 아밀라아제를 가하여 전분을 가수분해 시킨 것으로 최종적으로 맥아당과 분해되지 않은 한계 덱스트린이 남게되며 이 맥아당과 덱스트린 혼합물을 정제하고 농축해서 수분이 14~19%정도 되도록 만든 것이다.

효소처리한 맥아물엿은 덱스트린이 20~25%, 맥아당이 60~50%로서 분해 방식에 따라 이들 간에 약간의 조성적 차이를 보인다.

맥아물엿은 점도가 산당화 물엿보다 작으며 잼, 스폰지케이크, 누가 등의 소프트 캔디류 및 카스테라 제조에 사용한다. 당화 정도는 맥아당 당량(maltose equivalent, ME)으로 표시한다.

표7-10. 옥수수 물엿(corn syrup)의 성분

종 류			
	저당엿 43° Baume	보통엿 43° Baume	고당엿 43° Baume
수분	19.7%	19.0%	18.5%
고형분	80.3	81.0	81.5
포도당	18.0	26.0	30.5
맥아당	17.0	21.0	28.0
덱스트린	30.0	23.0	10.0
pH	4.7~5.0	4.7~5.0	4.7~5.0
점도	160	104	60

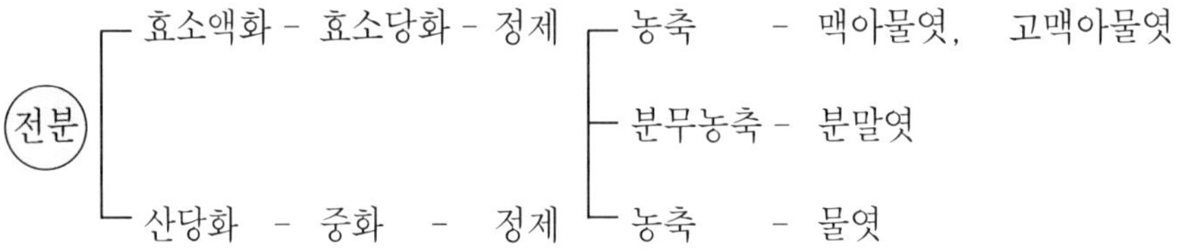

그림7-3. 물엿 제조공정

표7-11. 각종 물엿의 조성

당 류	D.E (M.E)	수분(%)	당 조성(무수기준) %			
			포도당	맥아당	3당류	4당류이상
(산당화)						
분말물엿	33	3	11	12	25	52
물엿	40	25	17	15	27	41
물엿	47	16	23	17	30	30
(효소 당화)						
맥아물엿	47	25	5	50	20	25
고맥아물엿	60	25	2	73	15	10

※(M.E)는 효소 당화 물엿에 측정값이다.

♣ 용어 설명

(1) Baume(보메)

용액의 점도을 나타내기 위하여 사용하는 단위

(2) Brix(브릭스)

설탕이나 전화당의 고형분량을 나타내기 때문에 브릭스는 그 시럽에 함유된 % 고형분량과 같다. 예를들면 전화당 시럽은 76 brix로 제조되어 판매된다.

♣ 감미제의 고형분 함량

설탕과 제과 · 제빵에 사용되는 감미제를 여러 가지 목적에 따라 서로 대체시키기 위하여서는 설탕의 고형분 함량이 100%이므로 감미제의 고형분 함량을 먼저 계산한 후에 감미제의 고형분 함량이 100%가 되도록 해야 한다. 예를 들어 설탕100g을 물엿으로 대체하려면 우선 물엿의 고형분 함량을 알 필요가 있다. 즉 물엿은 수분함량이 20%이므로 물엿의 고형분 함량은 80%이다. 따라서 물엿의 사용량은 100/0.8=125g을 사용해야 설탕 100g을 사용한 것과 같은 효과를 갖는다.

3. 이성화당

이성화당은 전분을 액화(α-아밀라아제로 처리), 당화(글루코아밀라아제)시킨 포도당액을 이성화질효소(glucose isomerase)로 처리하여 이성화된 포도당과 과당이 주성분이 되도록 한 액상당이다. 이성화당 중 과당의 함량이 55% 이상 함유된 것을 고과당(55%-HFCS)이라고 하고 과당이 42% 함유된 이성화당을 일반과당(저과당)이라 한다. 한편 여기에 자당을 10~50% 정도 혼합한 제품도 있으며 과당 함량이 95%인 것도 있다.

이성화당의 특성은 포도당과 과당의 성질을 따르며 이들의 함유량에 의해 변하게 된다.

이성화당의 성질은 상쾌하고 조화된 깨끗한 감미를 가지며 설탕에 비하여 감미의 느낌 및 소실이 빠르다. 자당과 혼합 사용할 경우 감미가 강하게 되는 상승효과를 나타낸다. 이성화당은 온도가 낮을수록 감미도가 증가하는 경향을 보이며 상온에서 액상으로 존재하기 때문에 작업이 편리한 장점이 있다.

용해성은 상온(15~20℃)에서 포도당, 자당보다 크다. 내열성에 있어서 포도당 및 과당은 열에 약하고 가열에 의해 갈변 및 메일라드반응이 일어나기 쉽다. 과도한 가열을 하면 탄 냄새와 쓴맛이 생기므로 주의 해야 한다. 자당은 160℃까지는 비교적 열에 안정적이지만 포도당은 140℃, 과당은 100℃을 넘으면 분해가 시작되어 갈변되고 탄 냄새와 쓴맛이 생긴다. 따라서 이 성질을 잘 이용하여 원하는 구운색과 풍미를 내는 것이 좋다. 한편, 이성화당은 설탕에 비해 쉽게 결정화되지 않으므로 전화당과 같이 설탕 결정의 조절, 결정방지 등의 목적으로 설탕이 과량 사용 되는 카스테라 제품 등에 이용된다.

이성화당은 설탕보다 삼투압이 높아 미생물의 생육억제 효과가 크고 보습성이 강하여 설탕과 혼합 사용할 때 빵 · 과자 제품의 품질을 향상시켜 준다. 또한 이성화당은 충치예방 및 철분 흡수를 도와주기 때문에 기능성 원료로서 이용범위가 넓다고 하겠다.

표7-12. 이성화당의 일반조성

항목	과당 42% 이성화당	과당 55% 이성화당	과당 90% 이성화당
고형분 (%)	70	77	80
회분 (%)	0.03	0.03	0.03
포도당(%)	52.0	41.0	7.0
과당(%)	42.0	55.0	90.0
기타 당(%)	6.0	4.0	3.0

7-3. 올리고당(Oligosaccharide)

당질은 당질을 구성하고 있는 단당류의 수에 따라 단당류, 올리고당류 및 다당류로 분류되고 있다. 올리고당은 갈락토오스나 프럭토오스와 같은 단당류가 2~10개 정도 결합한 당질을 말한다. 대부분의 당질 체내에서 소화효소에 의하여 단당류으로 분해되어 흡수되나 올리고당은 소화효소에 의하여 분해되지 않고 대장에 도달하여 장내 유용세균의 대표선수라 할 수 있는 비피더스균(Bifidobacterium)에게 선택적으로 이용된다.

올리고당은 전분관련 효소를 이용하여 생산한다. 올리고당의 종류는 직쇄올리고당과 분지올리고당으로 대별되며 직쇄올리고당인 말토올리고당은 포도당 2~5개가 α-1,4 결합하여 만들어진 것으로 우수한 물리적 특성을 보인다. 분지올리고당에는 이소말토올리고당, 프럭토올리고당, 갈락토올리고당 등이 있으며, 포도당이 α-1,4결합으로 연결된 직쇄올리고당 에 α-1,6의 가지를 결합이 1개 이상 만든 올리고당으로 인체의 소장에서는 소화되지 않고 대장에 도달하여 발효되는 특징이 있다. 따라서 저칼로리, 비피더스균 생육인자로서 생리적 기능을 나타내며 물리적으로 흡습성이 크고 점도가 낮으며 수분활성 저하능력이 커서 동결온도가 크게 낮아지는 등의 우수한 특성을 가지고 있어 설탕 대용품으로 이용되고 있다.

올리고당이 이용되고 있는 식품으로는 음료수, 과자류, 캐라멜, 초콜릿, 쿠키, 케이크, 빵, 과일통조림, 아이스크림, 젤리, 잼, 요구르트 등 여러 식품에 사용하고 있다.

1. 말토올리고당

말토올리고당(malt-oligosaccharides)은 전분을 액화, 당화시켜 분리하는 과정에서 고분자 덱스트린과 말토오스 함량을 적게하고 말토트리오스(maltotriose) 또는 말토테트라오스(maltotetraose)의 함량을 증가시킨 직쇄올리고당의 혼합물로 포도당 분자가 α-1,4 결합을 하여 2~10개 단위로 구성된 올리고당을 말하며 보통 말토트리오스(maltotriose) 또는 말토테트라오스(maltotetraose)가 50% 이상인 당을 말한다.

말토올리고당의 감미도는 설탕의 30% 정도이며 가열 착색은 산당화 물엿보다 약하지만 마이야르 반응은 설탕보다 크고 포도당이나 말토오스보다 적다. 점도는 같은 단맛을 가진 물엿보다 낮으며, 보습성이 좋고 결정화 방지 효과가 있어 저감미료로 과자류와 아이스크림류에 사용된다.

2. 이소말토올리고당

이소말토올리고당(isomalto-oligosaccharides, 분지올리고당)은 말토 올리고당에 α-1, 6 결합이 1개 이상 존재하는 올리고당으로 감미도는 설탕의 50% 정도이며 점도는 설탕과 같다.

수분 보습성, 방습성이 우수하고 단맛의 개선, 전분의 노화방지 효과가 있어 제과, 제빵에 널리 이용된다. 설탕이나 맥아물엿보다 수분활성도가 낮으며 각종 미생물의 발육을 억제하는 효과가 설탕보다 강하다.

분지올리고당은 효모에 의해 발효가 되지 않기 때문에 빵에 첨가시 포도당 및 말토오스 등은 발효에 소비되고 분지올리고당 부분은 그대로 남아 있어 순한 감미를 얻을 수 있다. 이소말토올리고당의 이러한 이 특성을 잘 이용하여 저감미화와 맛을 개선하고 품질 향상을 기대할 수 있다. 그리고 청주, 된장, 간장 등의 발효식품 중에 함유되어 있으며 식품 중에 맛을 부여하는 당질로 알려져 있다. 한편 비피더스균을 비롯한 장내 유용균을 선택적으로 증식시키는 효과, 충치 발생의 주원인이라고 생각되는 불용성 글루칸의 생성을 억제하는 효과 등이 알려지면서 이러한 특성을 이용한 상품개발이 여러 분야에서 연구되고 있다.

3. 프럭토올리고당

프럭토올리고당(fructo oligosaccharides)은 설탕에 효소(베타-프럭토푸라노시다아제)를 작용시켜 설탕의 프럭토오스 잔기에 1~3분자의 프럭토오스를 베타 결합시킨 3당류에서 5당류까지의 올리고당을 말한다. 설탕은 감미도가 높고 독특한 물리화학적인 특징을 갖고 있기 때문에 여러 식품가공 분야에서 오래 전부터 널리 이용되어온 감미료이다. 그러나 한편으로는 설탕의 과잉섭취에 의하여 비만, 당뇨 등의 질병을 가져오고 충치를 발생시키는 등의 부정적인 면이 근래에 부각되고 있다. 이러한 설탕이 가진 마이너스적인 면을 개선하고 설탕만의 장점만을 그대로 지닌 새로운 감미 소재가 프럭토올리고당이다.

프럭토올리고당은 난소화성 당이기 때문에 소장을 통하여 대장에 도달한다. 대장에서 프럭토올리고당은 장내세균의 영양원이 되어 유용균인 비피더스균의 생육인자로 장을 튼튼하게 해주는 효과를 가지고 있다. 감미도는 설탕의 30% 정도를 가지고 있고, 설탕의 20%정도의 칼로리를 갖고 있기 때문에 다이어트용 감미료도 사용되며 충치예방의 효과가 크다. 프럭토올리고당은 보습성 등을 고려할 때 빵.과자에서 기능성 소재로 뿐만 아니라 품질향상에도 좋은 영향을 미칠 것으로 기대된다.

4. 갈락토올리고당

갈락토올리고당은 미생물이 생산하는 베타-갈락토시다아제의 갈락토오스 전이반응에 의하여 유당으로부터 생성하는 올리고당을 말한다. 프럭토올리고당과 마찬가지로 사람의 소화관에 존재하는 효소에 의하여 가수분해되지 않는 성질이 있다. 비피더스 및 유산균의 증식 효과 등 생리학적 성질을 가진 당질로서 주목을 받고 있다.

감미도는 설탕에 비해 40~45% 정도이며 점도는 설탕보다 높다. 마이야르반응은 설탕과 이성화당의 중간이며 수분 보유능력이 크다. 수분활성도는 설탕과 비슷하며 농도가 높을 경우에는 미생물 생육억제 효과가 높게 나타난다. 전분의 노화억제 효과가 있으며 빵에 첨가할 경우 효모에 의해 발효되지 않으므로 올리고당 함유 빵을 만들 수 있다.

5. 콩올리고당

콩올리고당은 콩에 함유되어 있는 올리고당 중에서 자당을 제외한 것을 정제 농축한 것으로 시럽 상태의 제품이다. 주성분은 스타키오스(4당류), 라피노오스(3당류) 등으로 자당의 포도당 쪽에 갈락토오스가 2분자 또는 1분자가 α-1 .6결합으로 결합되어 있다.

스타키오스, 라피노오스는 소장 등의 소화관에서는 소화되지 않지만 대장에 도달해서 비피더스균을 증식시키고 장내 부패 생성물을 억제하는 생리적 효과가 있다.

스타키오스, 라피노오스는 콩과에 많이 함유되어 있는 당류로서 콩에는 스타키오스가 약 4%,라피노오스 약 1%, 슈크로오스 약 5% 정도 함유되어 있기 때문에 콩 가공식품인 두유, 두부에는 콩올리고당이 존재해 있다. 그러나 발효식품인 간장, 된장에는 거의 함유되어 있지 않는데 이는 이들이 발효미생물에 의해서 소비되는 것으로 예측된다. 한편 콩의 스타키오스 및 라피노오스는 성숙기에만 존재하는 저장성 당류로 풋콩이나 발아한 콩나물에는 거의 함유되어 있지 않다. 콩올리고당은 콩의 기름을 착유한 후에 콩단백질 제조시 나오는 훼이를 원료로 하여 분리 정제 생산한다.

대두올리고당의 감미도는 자당의 70~75%, 점도는 자당보다 높고 말토오스 보다 약간 낮다. 삼투압은 자당보다 약간 높고 pH의 안전성은 높으며 마이야르반응에 의한 착색도는 자당보다 크며 이성화당보다는 작다. 보습성은 자당보다 작으며 이성화당보다는 크고 수분활성도는 자당과 비슷하며 전분의 노화 억제 작용이 있다.

6. 파라티노오스(palatinose)

파라티노오스는 설탕에 당전이효소(glucosyl transferase)를 작용시켜 만든 당질원료로 과당과 포도당이 α-1,6 결합한 것이다. 종류는 파라티노오스 순도가 99% 이상인 결정형과 파라티노오스와 트레할로스(threhalose)가 60% 이상이며 그 외의 과당, 포도당 등을 함유한 팔라티노오스 시럽이 있다. 전자의 결정형은 소화가 되지 않으며, 후자 시럽상태의 것은 소화성이 낮다. 이들은 충치예방에 효과가 있기 때문에 설탕대체용으로 주목받고 있다.

식품소재로서 특성은 결정의 감미도가 설탕의 비해 42%로 낮지만 맛의 질은 설탕과 비슷한 감미도를 가졌고, 결정형은 용해성이 실온에서 설탕에 비해 약 1/2정도이며, 흡습성은 결정형은 낮고 시럽상태의 것은 흡습성, 보습성이 비교적 크다. 식품에 촉촉한 식감을 유지하는 효과가 있으며 점도는 같은 농도로 비교시 설탕과 같다. 결정형은 산에 견디는 힘이 강하며 열안전성은 설탕보다 낮다. 결정형은 발효성이 없고 시럽도 발효성이 낮기 때문에 필요시 발효성당의 첨가가 필요하다.

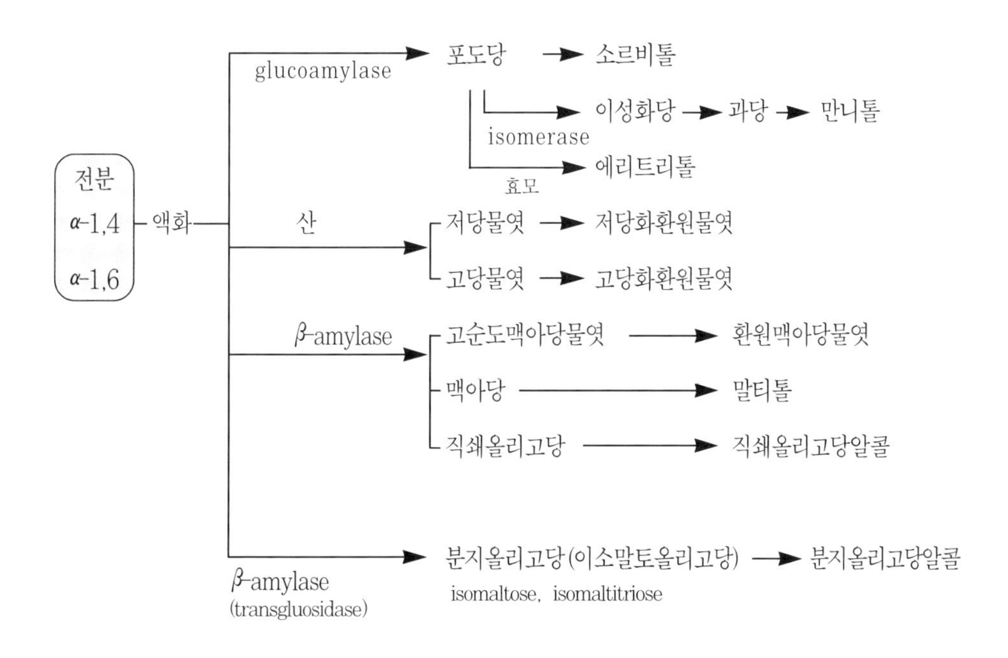

그림7-4. 전분을 원료로 한 당과 그의 당 알콜류

7-4. 당알콜(polyol)

당알콜(sugar alcohol)은 당에 수소를 첨가하여 모든 산소 분자를 수산기로 전환시킨 것으로 2당류 알콜에는 말티톨, 락티톨 및 palatinit가 있으며 단당류 알콜에는 에리트리톨, 소르비톨 등이 있다. 당알콜은 자연계에 상당량이 존재하여 식품으로 섭취되고 있으며, 소량을 섭취해도 인체내에서 효과적으로 작용하기 때문에 기능성 식품으로 알려지게 되었다.

현재 개발된 당알콜에는 소르비톨, 만니톨, 에리트리톨, 말티톨, 환원 파라티노오스, 환원 전분당화물 등이 있고 산이나 열에 대해 높은 안정성과 마이야르 반응에 의한 갈변이 일어나지 않는 등의 가공상의 장점으로 인해 식품에의 이용이 확대되고 있다(p.281 참고).

1. 에리트리톨

에리트리톨은 4탄당의 알콜로서 포도당을 원료로 하여 효모에 의하여 발효 생산되며 천연물과 발효식품에도 미량 존재한다. 에리트리톨은 설탕의 75~80% 감미도를 가지며 거의 에너지화 되지 않는 천연감미료로 감미식품, 식품가공 원료, 다이어트 식품 등 관련 수요가 크다. 설탕처럼 결정을 가지며 상쾌한 감미를 가지고 있다. 인체 내에서는 대부분 소장에서 흡수되지만 뇨 중으로 배설되며 열량은 다른 당이나 당 알콜과 같은 정도이다.

2. 말티톨

말티톨은 말토오스를 수소첨가하여 얻은 2당류이다. 감미의 성질은 설탕에 가깝고, 감미도는 설탕의 85~95%이다. 소화관내에서 소화 흡수되기가 어렵고 구강 세균에 의해 거의 발효되지 않는다. 식품의 보습성을 증가시키고 열이나 산 알칼리에 안정함으로 식품의 색, 향 및 신선도 유지에 우수한 특성을 갖고 있다. 저감미, 내열, 내갈변성, 난발효성, 광택, 점성 등의 성질을 보이며 비소화성, 비충치성을 보이므로 다이어트 식품, 가공식품 및 제과 · 제빵, 화장품 등에 사용된다.

3. 소르비톨

소르비톨은 백색의 분말, 과립 또는 결정성 분말로 청량하고 온화한 상쾌감이 있으며 감미도는 설탕 비해 60~70% 정도이다. 청량감은 소르비톨의 융해열이 -26.5℃로 흡열작용을 일으키기 때문이다. 소르비톨은 보습효과가 우수하고 식품 첨가물로 내열성, 흡습성, 보습성, 저충치성, 전분의 노화방지에 사용한다. 포도당, 설탕과 같은 마이야르 반응이 일어나지 않는 특성을 가졌기 때문에 제과분야에 널리 사용하고 있다. 단백질 변성억제작용이 있어 연육제품의 원료인 냉동연육의 품질개량에 많이 사용한다. 인슐린 없이도 완전히 흡수되므로 당뇨환자를 위해 사용한다. 액상과 분말이 있으며 식품에 다양하게 사용된다.

과자용 재료로 캐러멜, 스폰지케이크, 누가, 캔디 등에는 당결정의 석출방지, 핫케이크, 크림, 젤리, 비스킷 빵 및 양과자 등에는 보습 및 색깔을 좋게 하기 위하여 사용한다.

4. 환원 파라티노오스

환원 파라티노오스는 파라티노오스를 수소 첨가하여 얻은 2당류 알콜이며, 이소말티톨(isomaltitol) 또는 이소말트(isomalt)로 불린다. 설탕에 매우 가까운 감미성을 가지고 있으나, 충치형성이 어렵고, 열량이 설탕의 50% 이하이기 때문에 비만에 대한 유력한 새로운 감미료로 기대되고 있다(P281 부록 참고).

5. 환원 전분당화물

환원 전분당화물은 물엿을 수소첨가하여 얻는다. 원료인 물엿의 당화도에 따라 고당화 환원당물엿, 저당화 환원물엿으로 구분되며, 내열성, 보습성, 점도의 변화 저감미도를 나타낸다.

6. 락티톨

락티톨은 락토오스를 수소첨가하여 얻으며 포도당 부분이 환원되어 소르비톨기로 된 당 알콜이다. 락토오스 자체는 감미가 적고 용해도가 낮아 과자류에는 거의 사용되지 않으나, 환원 락토오스는 설탕에 가까운 단맛을 가지고 있고 감미도는 설탕의 30~40%이다. 용해성이 좋아 설탕과 비슷한 성질을 가지고 있어 설탕 용도를 대체할 용도가 넓은 저감미 식품 소재로 기대되고 있다. 당 알콜로서 특성인 내열성, 내산성이 우수하고 마이야르 반응에 의한 갈변 반응이 없어 잼 과자류 등에 이용되고 있다.

7-5. 기타당

1. 벌꿀

꿀은 농후한 감미와 풍미를 갖는 끈끈한 감미료로서 대부분이 포도당과 과당으로 구성되어 있다. 그러므로 벌꿀은 꿀벌에 의하여 만들어진 천연의 전화당이라 할 수 있다. 다만 인공적으로 만들어진 전화당과는 달라서 벌꿀에는 그 꽃의 종류에 따라서 달라지는 독특한 향이나 풍미가 있다. 그러므로 그 향이나 풍미를 살려서 와플이나 핫케이크 등에 첨가하여 쓰는 일이 많다. 또 벌꿀에 함유되어 있는 과당은 대단히 보수성이 높기 때문에 특히 촉촉한 반죽, 카스테라 반죽 등에 많이 사용된다.

2. 과당(fructos, levulose)

꿀, 과일, 식물즙 등 자연에서 얻을 수 있는 단당류이다. 당도가 172%로 당류 중에서 가장 단맛이 강하며 단당류로 직접 발효된다. 설탕에 비해 훨씬 소화가 쉽고 설탕보다 적은 양으로도 단맛을 낼 수 있기 때문에 체중조절에 좋아 병원에서 식이요법을 요하는 환자에게 이용하거나 건강빵 등에 사용한다.

3. 유당

천연의 우유에 들어 있는 성분으로 보통 빵, 양과자류에는 사용하지 않고 우유를 이용해 버터 제조시 함유시킨다. 감미제로서의 가치는 낮으나 식품으로 가치는 높고 껍질 착색에도 중요한 역할을 한다. 우유에서 얻는 이당류로 당도는 가장 낮다. 이스트 효소에 의해 분해되지 않으며 유산균 또는 락타아제에 의해 분해된다. 분말 상태는 흰색을 띠며 매우 단단하다. 6배의 찬물 또는 2.5배의 뜨거운 물에서 녹는다. 유당 자체만은 제과에서 그다지 사용하지 않으며 주로 분유와 같은 유아용 식품에 많이 사용된다.

4. 아스파탐

감미도는 설탕의 200배 정도이며, 아스파르트산과 페닐알라닌의 2종류의 아미노산으로 구성되어 있고 칼로리가 없으며 고온에서 안정한 것이 특징이다. 아스파탐은 음료에 적합한 감미료로 저칼로리 음료에 사용며 사용량은 설탕의 1/200 정도 첨가하면 당도는 같으나 에너지 생성은 실제로 아주적다. 산미와 조화가 잘 이루어지므로 산성 음료에서 감미료로 이용된다.

7-6. 맥아와 맥아시럽(Malt and Malt syrup)

맥아제품에는 반죽조절 효소, 광물질, 가용성 단백질 등 이스트 활성을 증가시켜 주는 영양물질이 함유되어 있어서 가스생산을 증가시켜주고 껍질색의 개선과 독특한 향을 부여한다.

맥아시럽은 효소가 함유된 시럽(diastatic syrup, 활성맥아시럽)과 함유되지 않은 시럽(non diastatic syrup, 불활성 맥아시럽)으로 구분되며 diastatic syrup은 디아스타아제를 함유하고 있기 때문에 전분을 당으로 분해하여 이스트가 이용할 수 있도록 한다. 따라서 diastatic syrup은 발효시간이 짧은 공정에 이용된다. 발효시간이 길게 되면 전분이 너무 많이 분해되어 끈적끈적한 반죽이 생성될 수 있기 때문에 주의 해야한다. 또한, 맥아제품에는 단백질 분해 효소가 맥아에 남아 있기 때문에 많이 사용하게 되면 글루텐을 분해하여 반죽이 약하게되어 발효 중에 반죽이 연해지고 끈적거리게 되는 현상이 일어나게 된다. Diastatic malt는 디아스타제의 함량에 따라 저활성 시럽(린트너가 30° 이하), 중활성 시럽(린트너가 30~60° C), 고활성 시럽(린트너가 70° C이상)으로 구분한다.

Non diastatic syrup은 높은 온도로 가열하여 효소를 파괴시킨 것으로 검은 색상과 향이 특징적이다. 이 시럽은 발효성 당을 함유하고 있으며 겉껍질색을 개선시키고 독특한 향을 부여하며 빵의 저장성을 증가시킨다.

밀가루는 발효에 필요한 양의 당을 함유하지 않고 지속적인 발효에 필요한 아밀라아제 효소가 부족하기 때문에 맥아 제품인 중활성 시럽을 밀가루 기준으로 0.5% 정도 사용하면 이스트의 활성을 활발하게 해주는 설탕, 가용성 단백질과 광물질을 공급해주게 된다. 따라서 반죽에 균형된 효소활성을 공급하여 발효 중에 반죽의 글루텐 형성과 숙성을 도와준다. 분유 사용량이 많은 제품은 당질분해 효소작용을 지연시켜 반죽이 숙성되는데 많은 시간이 요구되기 때문에 분유의 완충효과를 보상하기 위하여 분유 6% 사용에 맥아시럽 0.5%정도 사용한다.

*린트너가: 맥아당가와 함께 당화력의 측정단위로 사용된다.

7-7. 설탕의 감미성분

과자를 만드는데 빼놓을 수 없는 재료의 하나가 설탕이다. 이 설탕의 주된 감미성분은 자당이라고 하는 2당류로서 과당(furctose)과 포도당(glucose)이 1개씩 결합된 구조를 갖고 있다. 이 과당과 포도당은 각각 단독으로도 봉밀(꿀)이나 과일류 안에 널리 분포되어 있고 강한 감미를 갖고 있다. 그러나 과자를 만드는 데 대량으로 이용되고 있는 것은 대부분 이 자당(설탕)으로 그 밖의 당류는 아주 제한된 목적으로 소량 이용되고 있다.

과당이나 포도당이 강한 감미를 갖고 있으면서도 제과에 그다지 이용되고 있지 않는 가장 큰 이유는 과당이나 포도당은 구조 중에 환원기라고 불리는 대단히 반응성이 큰 부분을 갖고 있기 때문이다. 이 환원기는 상황에 따라 2종류로 변화하는 성질을 갖고 있는데 과당이나 포도당에는 각각 α형과 β형이라고 하는 2종류의 형태가 있다. 그래서 같은 종류의 당이라 하더라도 환원기의 형태가 다르면 감미의 강도도 크게 다르다. 이 α형과 β형의 비율은 여러 가지 요인에 따라 크게 변화하는데 온도 조건에 따라서도 변화하는 것으로 알려져 있다.

예를 들면 과당의 경우 온도가 높아질수록 감미도가 약한 α형의 비율이 증가하기 때문에 따뜻한 디저트류에 이용되면 감미의 조절이 대단히 어렵게 된다. 또 과당이나 포도당은 환원기의 부분에서 아미노산 등과 쉽게 반응하여 갈색으로 변하는 원인 물질로 되는 성질을 갖고 있다. 따라서 오래 구워내고 싶은 빵이나 과자 또는 고온에서 끓이는 시럽(syrup)의 재료로서 이와 같은 당을 사용하면 필요 이상 갈색으로 변해버린다. 따라서 과당이나 포도당은 주의해서 사용하지 않으면 안되기 때문에 이용되는 과자도 그 종류가 제한될 수 밖에 없다.

설탕이 과당이나 포도당과의 성질이 다른 이유는 설탕은 과당과 포도당의 환원기, 즉 반응성이 높은 부분이 서로 결합된 구조를 하고 있기 때문에 과당과 포도당처럼 반응하기 쉬운 환원기 부분을 갖고 있지 않기 때문이다(설탕(자당)은 환원성이 없다). 그래서 설탕은 다른 당류에 비해서 안정성이 높아 대량으로 사용하더라도 안심하고 이용할 수 있는 것이다. 당, 알콜, 글리세롤과 같이 -OH기가 많은 알콜은 일반적으로 단맛을 갖는다(희박한 알콜도 단맛을 갖는다). 같은 당이라 하더라도 온도에 따라 단맛이 달라지는 것은 α형과 β형에 차이가 있기 때문이다.

(1) 포도당은 α형이 달고 β형은 감미도가 α형의 2/3 정도이다. 보통은 α형이지만 물에 용해되어 시간이 경과하거나 가온하면 β형이 증가되어 감미가 감소한다.

(2) 과당은 β형이 달고 α형은 β형에 비하여 2/3에 불과하다.

(3) 이당류는 α가 β보다 달다. 보통 맥아당은 β형인데 이것을 물에 용해하면 α형이 되어 단맛이 증가한다. 설탕은 α-glucose와 β-fructose가 결합한 것으로 단것끼리 결합하여 매우 달다. 설탕은 물에 용해하더라도 구조의 형과 감미에 변화가 없으므로 감미의 표준으로 삼는다

7-8. 감미제의 기능

1. 빵.과자에서 설탕의 기능

당류는 여러 가지 빵 · 과자 제품을 생산하는 데 사용되는 기본 재료의 하나로서 영양소, 감미와 향 재료, 발효조절제, 안정제, 이스트의 영양원, 연화제, 보습제, 갈변제(껍질)등 여러 가지 기능을 가지고 있다.

제빵에 이용되고 있는 당류에는 제빵 과정 중에 밀가루 자체에 함유되어 있는 당류, 이스트 발효를 돕기 위해 첨가되는 당류, 제조시 제품의 특성상 배합표에 의해 첨가되는 당류 그리고 개량제나 이스트에 함유되어 있는 효소의 작용으로 생산되는 당으로 구분할 수 있다. 빵 · 과자에 사용되는 당류는 설탕, 포도당, 이성화당, 물엿이 일반적으로 사용되고 있으며 최근에는 필요에 따라 각종 당알콜, 올리고당도 이용되고 있다. 이들 당의 빵 · 과자에서의 효과를 보면 다음과 같다.

제빵에서의 그 기능은

가) 설탕, 이성화당 등 발효성당류는 반죽의 발효가 진행되는 동안 이스트의 발효원으로 발효성 탄수화물을 공급하여, 이스트에 의한 이산화탄소를 생성을 촉진하여 반죽의 팽창, 조직 형성 및 풍미의 생성을 돕는다.

나) 이스트에 의해 발효되고 남은 잔당은 마이야르반응과 캐러멜화반응에 의한 껍질색을 형성시켜, 정미성분, 휘발성산 및 알데히드 같은 화합물을 생성하여 풍미을 증진시키다.

다) 빵의 속살을 부드럽게 하며 당의 수분보유력을 증가시켜 노화를 지연시키고 제품의 수명을 연장시킨다.

한편, 재과에서의 기능은 기본적으로 단맛을 제공하기 위해 사용하나 설탕의 기능은

다양하다.

가) 설탕은 수분보유력이 있어서 제품의 노화를 지연하며 제품의 부드러움을 증가시다.

나) 설탕은 밀가루 단백질을 부드럽게 하여 글루텐 형성을 감소시키거나 형성된 글루텐의 조직을 연화시킨다.

다) 갈변반응에 의해 껍질색이 진해지고 당의 종류에 따라 독특한 풍미를 나게 한다.

2. 설탕의 특성

설탕은 정제 방법에 따라 여러 종류가 있지만 일반적으로 사용하고 있는 설탕의 특성은 다음과 같다.

1) 설탕의 용해성

설탕은 물에 잘 녹는 용해성을 가지고 있다. 이러한 성질은 식품가공에 있어서 중요한 역할을 하는데 과당은 설탕보다 용해성이 크고, 설탕은 포도당보다 용해성이 크며 당류의 종류에 따라서 용해도의 차이가 있다. 설탕의 물에 대한 용해도는 표 7-13에 나타내었다. 한편 당을 첨가하면 당을 용해시킨 수분이 존재하기 때문에 반죽에 첨가하는 물의 양은 감소시켜야 한다. 또한 조직내에 물로 녹아 들어가기 때문에 제품 조직이 부드러워지고 보존성을 향상시키지만 그 농도가 높게 되면 반대로 결정이 석출되어 조직의 파괴가 일어나기 때문에 주의가 필요하다.

표7-13. 설탕의 용해도

온도 ℃	용액100g중의 자당(%)	물100g에 용해되는 자당의 g	온도℃	용액100g중의 자당의 g	물100g에 용해되는 자당의 g수
0	64.2	179	55	73.2	273
5	64.9	185	60	74.2	287
10	65.6	191	65	75.2	303
15	66.3	197	70	76.2	320
20	67.1	204	75	77.3	340
25	67.9	211	80	78.4	362
30	68.7	220	85	79.5	387
35	69.6	228	90	80.6	416
40	70.4	238	95	81.8	449
45	71.3	249	100	83.0	487
50	72.3	260			

농축시켜 만든 시럽을 서늘한 장소에 방치해 두면 설탕의 하얀 결정이 침전하는 경우가 있다. 이것은 설탕의 용해량이 물의 온도에 따라서 크게 달라지기 때문에 녹지 않았던 자당이 결정으로 석출되어 나오는 것이다. 예를 들면, 실온에서 설탕의 용해량은 물의 양의 2배이지만 수온이 100℃에 달하면 자당의 용해량은 대략 물의 중량의 약 5배가되며, 용액 중에 자당의 퍼센트비는 83%가 된다. 그렇기 때문에 거꾸로 고온하에서 대량의 설탕을 물에 녹이면 냉각했을 때 녹지 않았던 설탕이 결정으로 되어 침전되어 나온다.

2) 설탕의 결정성

자당의 결정은 여러 가지 조작에 의해서 석출하고자 하는 결정의 크기나 성질을 변화시킬 수가 있다.

끓인 시럽을 자연 그대로 방치하면 주위부터 차례로 결정화되며 이 결정화 속도가 늦을수록 결정은 크게 되고 속도가 빠를수록 작아진다. 즉 진한 시럽에 소량의 종당(種糖)을 첨가해서 차분히 시간을 주어 결정화시키면 얼음사탕과 같은 큰 결정을 만들 수가 있고, 반대로 시럽을 교반하면서 급격히 결정화하면 미세한 결정을 만들 수 있다.

경우에 따라서는 결정의 상태를 조절하기 위해서 물엿을 첨가하기도 한다. 혼당의 경우 고온 115℃ 이상에서 끓인 시럽을 대리석 위에서 급격하게 교반하여 급격히 결정화해서 아주 미세한 결정을 석출시킨 것이다. 이때 시럽의 교반을 개시하는 온도가 가능한 한 낮을수록 결정화의 속도가 빠르며 자당의 결정을 미세하고 부드럽게 할 수 있기 때문에 40℃ 정도로 냉각한 후 교반을 급격하게 한다. 다만 이와 같이 해서 인공적으로 결정을 미세화 한 혼당도 사용할 때 지나치게 온도를 올리면 애써서 만든 결정이 녹아 버리기 때문에 사용할 때의 온도관리에 주의해서 지나치게 가열하지 않도록 하는 것이 중요하다.

설탕(자당)용액을 150℃ 이상으로 끓인 후 다시 냉각시키면 유리와 같은 특유의 단단함과 광택을 갖는 상태로 굳게 된다. 이 성질을 이용해서 꽃이나 리본 등 여러 가지 조형물을 만든다. 그런데 이와 같이 고농도로 끓인 시럽은 거의 수분을 함유하고 있지 않기 때문에(중량의 2% 이하) 아주 결정화하기 쉬운 상태로 되어 있다. 그러므로 엿을 늘리고 부풀리고 하는 작업 중에 갑자기 자당의 하얀 결정이 석출되기 시작하는 수가 있다. 이렇게 되면 더 이상 작업을 계속할 수가 없으므로 보통 공예를 할 때는 자당이 재결정되는 것을 막기 위해 독특한 점성을 가진 물엿을 사용한다. 물엿의 덱스트린은 당질의 재결정을 막고 시럽의 점성과 광택을 좋게 하는 효과를 갖고 있다. 잡아늘리기 조작과 같이 특히 격렬하게 작업을 하는 경우에는 물엿이외에 산(타타르산, 주석산, 레몬즙, 구연산)이 첨가된다. 이것은 산의 작용으로 자당의 일부가 분해(전화)되어 재결정을 막는데 우수한 효과를 갖는 것으로 알려져 있다. 즉 이 전화당에 함유된 과당은 재결정을 방지하는 효과를 가지고 있다.

3) 설탕과 시럽

시럽은 진한 설탕 용액을 고온에서 끓여서 만든 것이다. 시럽을 불에 올려 가열하여 온도가 100℃에 도달하면 온도가 거의 상승하지 않으면서 수분만 증발하기 시작한다. 계속해서 수분이 상당량 증발해버리고 자당의 농도가 높아지면 시럽의 온도가 서서히 상승하기 시작한다. 이 시점에서 수분량은 전체의 17%, 자당의 농도는 83%가 정도로 된다. 이 진한 시럽을 계속 끓이면 120℃에서 수분10%, 130℃에서 5%와 같이 점점 수분이 감소해서 거의 자당만이 용해한 상태에서 액체의 온도가 상승한다. 이와 같이 100℃를 넘어서 끓인 시럽을 온도에 따라서 식혔을 때 성질이 여러 가지로 변하게 되며 100℃를 넘어서 오랫동안 끓이면 끓일수록 점성이 강해진다.

시럽의 온도가 115℃ 이상이 되면 냉각 방법에 따라서 자당은 대단히 미세한 결정으로 되돌아 갈 수 있다. 이와 같은 상태에서 시럽의 가열을 멈추고 결정화를 행한 것이 혼당이다. 시럽이 130℃를 넘어 수분이 전체의 5%이하로 되면 전체가 마치 녹인 유리 같은 성질로 변하고, 식었을 때 부서지기 쉬운 상태로 된다.

표 7-14. 설탕용액의 가열온도와 그 성질의 변화

가열온도 (℃)	냉각후 상태	성분비율(%)		과자의 이용예
		설탕	수분	
100	시럽	83	17	
102	진한시럽			
105	아주진한시럽			젤리
110	실모양으로 되어붙는다.	84	16	마시멜로
113~115	부드러운구상	87	13	혼당
115~118	보통의 구상	89	11	이탈리안머랭
120~130	약간 단단한 구상	90	10	
130~132	단단한 구상	95	5	
135~138	약간의 충격으로 부서지기 쉽다			누가
138~154	충격으로 부서지기 쉽다	98	2	엿
160~180	녹아서 갈색으로 변한다			캐러멜

시럽을 지나치게 가열하여 160℃ 이상이 되면 캐러멜화반응을 일으켜 갈색물질로 변하며 이 캐러멜은 독특한 향을 갖기 때문에 푸딩의 풍미를 내는 데도 사용되며 소스와 같은 역할을 한다.

4) 가열에 의한 반응

(1) 전화

자당용액을 가열하면 설탕은 가수분해되어 포도당과 과당의 동량 혼합물인 전화당이 된다. 반죽에서 자당이 이스트에 의해 발효된 후 남은 잔류당은 굽기 공정에서 전화된다.

(2) 갈변착색

① 마이야르 반응(Maillard reaction)

빵의 굽기 공정에서 일어나는 껍질의 착색은 주로 이 마이야르 반응에 의한 것으로 볼 수 있다. 마이야르 반응의 가장 중요한 특징의 하나는 자연발생적으로 일어난다는 점이며 외부에서 가열과 같은 에너지 공급 없이 일어날 수 있다. 따라서 이 갈색화 반응은 식품 가공시는 물론 저장시에도 일어 날 수 있다. 그리고 과자 뿐만 아니라 설탕을 다량으로 함유하는 대부분의 가공식품은 갈변하기 쉽다. 그리고 갈변하기 쉬운 정도는 설탕의 종류에 따라서 달라진다. 예를 들면 순도가 높은 그라뉼당(정백당)보다는 상백당을 사용하는 쪽이 갈색으로 쉽게 변한다. 이와 같이 설탕이면서도 상백당이 갈변하기 쉬운 이유는 상백당 안에 소량 함유되어 있는 전화당이 갈변하기 쉬운 성질을 많이 갖고 있기 때문이다.

일부 캐러멜을 제외하고는 일반적으로 과자를 구울 때 생기는 갈색의 원인은 멜라노이딘(melanoidine)이라고 하는 갈색 물질 때문이다. 이 멜라노이딘 물질은 세균이나 효모에 대해서 선택적으로 항균효과를 가지고 있다. 구운제품은 가열에 의한 살균 효과 이외도 껍질과 제품의 속살에도 생성된 항균성 물질을 함유하고 있으며 어느 정도의 제품의 보존성에 도움을 준다.

이 멜라노이딘의 재료가 되는 것은 다음 2종류의 성분이다.

㉠ 아미노 화합물(아미노기를 갖는 물질)- 아미노산, 펩티드류, 단백질 등

㉡ 카르보닐 화합물(환원기를 갖는 물질)- 포도당, 과당 등의 환원당

이 두 성분이 가열에 의하여 복잡한 반응을 일으켜 멜라노이딘이라는 갈색물질을 형성한다(그림7-5). 일반적으로 이 반응을 아미노 카르보닐 반응(amino-carbonyl reaction) 또는 마이야르 반응(Maillard reaction)이라 부

른다. 그러므로 아미노산 화합물이나 당류등 멜라노이딘 성분을 많이 함유한 식품일수록 가열했을 때 갈변하기 쉽다. 한편 마이야르 반응의 갈변속도나 정도는 아미노산과 당의 종류, 반응액의 pH, 온도 등에 의하여 달라진다. pH는 6.5~8.5 즉 알칼리성에서 빠르고 온도는 높을수록 빠르다.

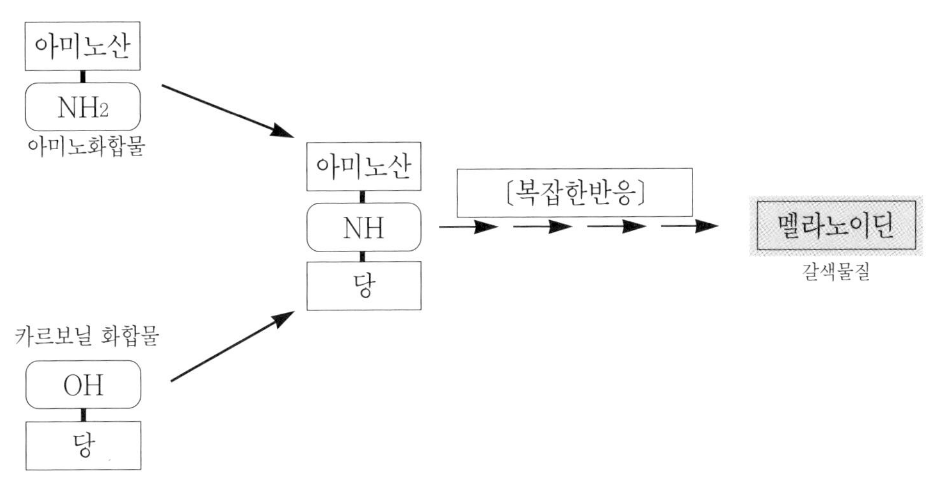

그림7-5. 갈색색소 멜라노이딘의 형성(아미노 카르보닐 반응)

② 캐러멜화반응(caramelization)과 캐러멜(caramel)

설탕을 고온에서 가열할 경우 생성된 전화당이 분해되어 착색물질을 생성하는 현상으로 빵의 굽기 공정에서 껍질의 착색을 일으킨다.

설탕이나 환원당이 단독으로 고온에서 가열될 때 일어나는 비효소적 갈색화 반응으로 마이야르 반응과는 달리 자연발생적으로 일어나지 않는다.

캐러멜화 반응의 기구도 마이야르 반응처럼 3단계로 구분되며 최종단계에 이르면 캐러멜화 반응에 관여된 여러 가지 반응과 함께 중합 내지는 축합 반응이 계속되어 결국 휴민 물질(humin substances)로 알려진 흑갈색의 고분자의 색소를 형성한다.

당류만으로 만들어지는 캔디류(candies)는 캐러멜화 반응이 아주 중요하다. 보통 캔디류는 설탕을 고온에서 지속적으로 가열한 후 여기에 각종의 식용색소, 향료, 구연산 등의 산미료를 혼합하여 일정하게 형을 떠서 냉각시켜 만든다.

한편, 설탕을 160℃ 이상으로 가열하면 캐러멜이라 부르는 물질이 형성되는데 이 캐러멜은 독특한 향을 갖고 있기 때문에 푸딩의 풍미를 내거나 젤리롤 등의 무늬를 내는데 사용된다.

이외에 내용물로 쓰이는 캐러멜은 물엿을 바탕으로 하고, 여기에 설탕, 우유,

버터를 더해 120℃ 정도에서 조린 뒤 향료를 넣어 굳힌 것을 말하며, 기본재료 이외에 크림, 초콜릿, 커피, 과일 등을 넣어 다양한 맛의 캐러멜을 만들 수 있다.

(5) 보습성 증가와 감미의 보강

전화당이 많이 함유된 설탕은 수분이 많다. 이것은 전화당의 성분인 과당의 흡습성이 높기 때문이며 잔류당에 전화당이 많으면 흡습성이 높아지고 부드러운 상태를 유지할 수 있다.

표7-15는 당류의 감미도를 나타낸 것이다. 전화당액의 감미도는 자당보다 높아 빵의 잔류당에 전화당이 증가하면 감미도 증가하게 된다.

표7-15. 당류의 상대적 감미도

감미물질	감미도	감미물질	감미도
자당	100	당밀	70~90
포도당	75~80	D.E 42물엿	40~50
과당	175	D.E 63물엿	70
맥아당	40	D.E 95물엿	75~80
유당	20	42% 이성화당	100
갈락토오스	32	55% 이성화당	100~110
전화당	120~130	90% 이성화당	120~160
만니톨	40	꿀	95~105
소르비톨	60	갈색당	85~90

(6) 보습성과 전분의 노화억제 효과

설탕의 첨가가 전분의 노화를 억제하는 효과를 나타내는 것은 과자류나 곡분을 이용한 식품에서는 오래부터 알려져 있다. 설탕의 주성분인 자당은 특히 물에 잘 녹고 더구나 물을 끌어 당겨 보존할 수 있는 힘, 즉 보수성이 강한 성질을 가지고 있다. 그러므로 식품에 설탕을 가하면 식품 속에 함유된 자유수가 자당에 강하게 끌려서 결합수로 변화한다. 따라서 일반적으로 당 사용량이 많은 제품은 적은 제품보다 노화가 느리게 진행된다. 이 경우에도 당의 종류에 따라 달라지는데 설탕보다 과당이 흡습성이 강하다. 따라서 이성화당, 전화당, 꿀 등은 카스테라의 흡습성을 향상시켜 제품의 품질유지 기간을 늘릴 수 있다. 그러나 빵에 있어서 전분의 노화는 조직이 단단해지는 것으로 이러한 노화를 억제하기 위해서는 어느 정도의 당류가 첨가되어야만 그 효과를 얻을 수가 있다. 이것은 첨가되는 당은 이스트에 의해 소비되기 때문에 빵 조직의 경화현상을 방지하는 효과는 잔류당의 함량에 의한 것으로 생각할 수 있다. 경화방지 효과를 필요로 할 경우는 당의 첨가량을 증가시키거나 비발효성 당류를 이용하는 것도 고려된다.

(7) 보향성

당류에는 향기성분을 보유하는 효과를 가지고 있으며 자당, 맥아당, 말토덱스트린 등은 다른 단당류나 다당류보다 보향성이 우수하고 이 중에서도 자당의 보향성이 가장 뛰어나며 60% 농도시에 최고의 보향율을 나타낸다.

(8) 방부 효과

용해성이 높은 것은 농후한 용액이 되어 수분활성도가 낮게 되므로 미생물 번식을 저해하여 방부효과를 높일 수 있다. 일반적으로 수분활성이 클수록 자유수의 비율이 높아 식품은 부패하기 쉽다. 그러므로 식품의 보존성을 높게 하기 위해서는 식품 중의 자유수를 줄여서 수분활성도 가능한 낮게 해주는 것이 좋다. 식품중의 수분량이 일정하면 자당 등의 보수성이 높은 성분을 첨가한 만큼 식품 중의 자유수는 결합수로 변하고 보존성이 높아지게 된다.

제 8 장 유지 제품(fat & oil)

유지는 바게트와 같은 하드롤류에는 사용하지 않는 경우가 많아서 제빵의 필수재료라고 말하기는 곤란하다. 그러나 빵의 내부조직의 개량이나 부피의 증가 및 기계내성의 향상 등 제빵에서 중요한 기능을 갖고 있으며, 동시에 유지 그 자체의 풍미와 영양효과 때문에 제빵에서 사용되는 필수 불가결한 재료라 아니할 수 없다.

제빵용 유지로는 버터, 라드, 마가린, 쇼트닝 등의 가소성을 갖고 있는 것을 일반적으로 이용하나, 공장 자동화를 목적으로 벌크 핸들링이 가능한 액체쇼트닝 등도 사용되고 있다.

8-1. 유지의 반죽내 기능과 작용

유지를 혼합 초기에 반죽에 첨가하면 곧바로 글루텐 층의 표면을 둘러쌓아서 글루텐의 수화를 방해하고 반죽형성 시간을 지연시킨다. 그렇기 때문에 통상 유지의 첨가는 반죽이 물을 흡수하여 글루텐 결합이 진행된 단계에서 실시한다. 유지는 혼합하는 동안 반죽 중에서 얇은 필름상으로 되어 글루텐 층의 표면에 넓게 퍼지면서 글루텐의 층과 층이 부착되는 것을 방지한다. 동시에 반죽이 발효하면서 팽창될 때 글루텐 층이 원활히 미끄러지도록 하는 작용을 도와준다. 즉 반죽을 외부 힘에 대하여 변형되기 쉽도록 함으로써 신전성이나 기계내성을 향상시킴과 동시에 발효실이나 오븐 중에서 반죽의 팽창이 쉽게 일어나도록 하여 빵의 체적이 커지도록 한다. 따라서 유지는 글루텐 층의 구석구석까지 균일하게 혼합되지 않으면 안 된다. 결과적으로 유지의 반죽에서의 제일 큰 역할은 윤활작용이라고 할 수 있다.

8-2. 고체유지의 동질 다형 현상

유지를 구성하는 트리글리세라이드는 한 분자가 여러 개의 결정형을 나타내는 동질 다형 또는 폴리모르피즘(polymorphism)으로 알려진 성질을 나타낸다. 따라서 트리글리세라이드 한 분자는 온도에 따라 여러 개의 결정형을 나타낸다. 예를 들면, 트리스테아린

(tristearin)은 높은 온도에서 가열하여 액체상으로 만든 후 갑자기 냉각시키면 무정형(amorphous form)으로 고체화된다. 이 무정형은 유리형(vitreous form) 또는 γ-형으로 알려져 있다. 이 γ-형을 가열하면 54.5℃에서 일단 녹게 되며 이 온도를 유지하면 액체상으로 된 분자들이 재배치되면서 다시 고체화되어 α-형의 결정형을 갖는다. 이 α-형을 가열하면 65.0℃에서 다시 녹게 되며 이 온도를 일정시간 유지하면 분자들의 재배치가 일어나면서 다시 고체화되어 β-형의 결정이 만들어진다. 이 β-형의 결정은 그 융점인 72℃ 이상의 온도에서 다시 녹기 시작하며 급냉을 시키면 다시 무정형인 γ-형으로 된다. 이상과 같이 트리글리세라이드 분자는 보통 무정형인 γ-형 과 α-, β'-, β-형의 세 가지 또는 네 가지의 결정형으로 존재하며 이에 따라서 각각 세 가지 또는 네 가지의 고유의 융점을 갖는다.

표8-1. 고형유지의 결정형과 그 특징

	불안정	안정	
결정형	α형	β' 형	β형
결정이 만들어 지는 방법	녹인유지를 자연 상태로 방치해서 응고시킨다	녹인유지에 온도조절(tempering)과 숙성(aging)을 행하여 안정한 결정을 선택적으로 석출시킨다	
결정안에서 유지의 늘어서는 형태	거칠다	치밀하다	대단히 치밀하다
특징	고형유지로서 특성이 결여되고 대단히 불안정한 상태	크리밍성, 쇼트닝성 등 고형유지로 특유의 성질이 뛰어나다	쇼트닝성은 비교적 좋지만 크리밍성은 약간 뒤진다
유지의 예	녹인버터	버터, 제과용마가린 쇼트닝	카카오 기름 라드

8-3. 고체유지의 가소성

빵 반죽의 성형 및 발효공정 중 유지가 고형을 유지하지 못하고 녹아서 액상으로 변한 경우에 빵반죽은 유지를 첨가하지 않은 반죽과 마찬가지로 굽는 동안에 팽창이 충분히 되지 않아 체적이 작은 빵이 되어버린다. 이것에 대한 이유로는 액상유를 첨가한 반죽은 전분이 호화되기 전이나 글루텐이 열에 의하여 응고되기 전의 낮은 온도에서 발생하는 수증기나 이산화탄소 또는 공기를 보유하지 못하고 이것들을 외부로 방출하기 때문인 것으로 예측하고 있다. 따라서 이러한 현상을 방지하기 위해서는 고체유지가 일정한 온도까지는 가소성을 유지할 필요가 있다.

고체유지의 가소성이란 항복점(yield point)까지 외부의 힘에 대하여 고체의 성질을 나타내며 항복점을 초과하게 되면 유동성을 갖는 성질이다. 가소성을 나타내기 위한 고체유지의 기본조건은 고체와 액체의 두 가지의 상으로 이루어져 있어야 하며 고체지의 비율을 10~35% 유지하고 있어야 한다. 이것 이외에도 고체지 결정의 크기, 액체유의 점도, 고체지 결정간의 결합 부착성 등이 관여하며 같은 유지에서도 점조도(consistency) 및 가소성을 갖는 온도 범위가 틀려지게 된다. 빵 제조에 적당한 유지의 경우 0.5%첨가에 빵의 부피가 11%증가하고 3.0% 첨가에는 빵의 내관이 크게 향상된다.

한편 6.0% 이상을 첨가하면 내부조직(crumb)의 부드러움은 크게 증가되나 기공의 벽이 두꺼워져서 빵의 조직이 거칠어진다. 따라서 빵의 품질을 향상시키기 위하여 사용할 수 있는 유지량은 3~6%가 적당하다.

한편, 고체유지가 가소성을 갖는 상태에서는 적당한 유연성을 갖고 정형하기 쉬운데 고체유지의 가소성은 유지 내의 고체지방과 액상유의 비율에 의하여 크게 영향을 받는다. 그리고 고체-액체지방의 비율은 온도에 의존하며 지방 입자들은 반데르발스 힘으로 결합되어 있다. 어떤 유지 내의 고체지방과 액상유의 비율을 나타낸 것이 고체지 지수(SFI: solid fat index)이다. 이 지수는 유지 전체에 차지하는 고체지의 비율을 백분율(%)로 나타낸 것인데, 이 비율이 40% 이상일 때의 유지는 단단한 고체상태를 나타내고, 15~25% 범위를 나타내면 점토와 같이 손으로 정형할 수 있는 유연성을 갖으며, 10% 이하에서는 대단히 부드러운 상태라고 말할 수 있다. 이 가소성을 나타내는 온도 범위는 유지의 종류에 따라서 각각 다르다. 예를 들면 버터는 가소성을 나타내는 온도 범위가 13~18℃로 비교적 좁기 때문에 버터의 가소성을 이용하기 위해서는 작업온도를 18℃이하로 맞추어야 한다.

한편 파이제조에 사용되는 라드의 경우, 가소성을 나타내는 온도 범위가 10~25℃로서 아주 넓기 때문에 실온에서 취급하기 좋다. 또한 우지의 경우 가소성을 나타내는 온도 범위가 30~40℃로 비교적 높기 때문에 입에서 잘 녹지 않고 여름과 같이 기온이 높을 때 작업하기 좋다. 이와 같이 각각의 고형유지들의 고체지 지수 패턴을 비교하면 그 유지에 가장 적합한 작업 온도와 취급하는데 주의점을 어느 정도 예측할 수 있다.

표8-2. 버터, 라드, 우지의 고체지 지수

샘 플	SFI				가소성을 나타내는 온도 범위(℃)
	10℃	20℃	30℃	35℃	
버 터	37.0	13.6	7.0	2.0	13~18 (좁다)
라 드	25.0	21.1	9.0	5.5	10~25 (아주 넓다)
우 지	40.0	31.5	24.5	22.0	30~40 (넓다)

표8-3. 쇼트닝 첨가량에 따른 빵의 체적과 기공상태에 미치는 영향

쇼트닝(%)	빵의 체적(cc)	기공상태
0	802	나쁘다
0.5	890	보통
1.5	923	보통
3.0	948	좋다
4.5	955	좋다

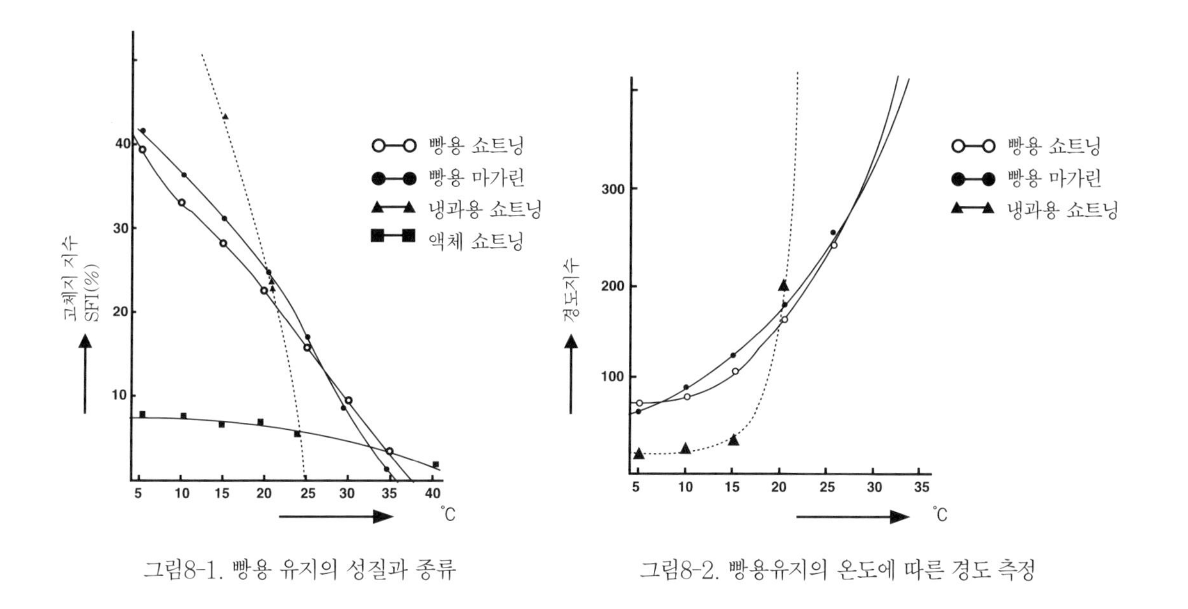

그림8-1. 빵용 유지의 성질과 종류

그림8-2. 빵용유지의 온도에 따른 경도 측정

8-4. 제빵용 유지의 성질과 종류

제빵용 유지가 그 기능을 충분히 나타내기 위해서는 반죽 중에 유지가 균일하게 분산되어야 하며, 적당한 점조도와 가소성을 나타내야 한다. 한편 빵을 효율적으로 대량 생산 하기 위해서 부재료들의 벌크 조작이 필요하게 되기 때문에 가소성유지를 대체할 수 있는 유동상의 유지, 즉 액체 쇼트닝 등이 상용화 되어가고 있다.

1. 가소성 유지(plastic shortening)

가소성 유지에는 쇼트닝, 마가린, 라드 등의 유지제품들이 포함된다. 유지의 가소성은 그 구성 성분이 되는 트리글리세라이드의 종류와 양에 의해 좌우되며, 또한 트리글리세라이드의 성질은 구성 지방산의 종류에 의해 결정된다. 쇼트닝이나 마가린 같은

제빵용 유지는 수많은 동,식물유와 경화유지가 배합되어 제조되기 때문에 복잡한 트리글리세라이드의 혼합물이라 말할 수 있으며 따라서 유지에 따라서 융점과 가소성의 범위가 틀려진다. 가소성 유지는 온도에 따라서 고체상의 트리글리세라이드와 액체상의 트리글리세라이드의 혼합비율이 변하게 되며 일반적으로 고체지는 액체유에 일부 용해되어 있다. 고체지는 결정화하면서 3차원의 망을 구성하여 액체유를 둘러싸게 되며 따라서 전체적으로 볼 때는 고체상을 유지하며 가소성을 나타내게 된다.

1) 쇼트닝

쇼트닝은 라드의 대용품으로 제조된 가공유지이다. 쇼트닝이란 이름은 반죽용 고형유지의 중요한 특성인 쇼트닝성을 나타내기 때문에 붙여진 이름이다. 그러나 현재에는 고체상태의 쇼트닝에 국한되지 않고 액체상태나 분말상태의 쇼트닝도 생산되고 있어 꽤 넓은 범위의 가공유지를 의미하기도 한다. 쇼트닝의 원료로는 동, 식물성 유지와 이들의 경화유이며 쇼트닝의 큰 특징은 마가린과는 달라서 수분을 전혀 함유하고 있지 않다. 쇼트닝의 원료는 야자유, 팜유, 라드, 어유, 대두유, 면실유, 또는 이들의 혼합물이다. 단일 유지보다는 혼합유지를 사용하며 이외 쇼트닝 제조시 첨가되는 부원료로는 유화제, 보존료, 산화방지제, 질소가스 등이 있다. 한편 빵용 쇼트닝이나 케이크용 쇼트닝에 모노글리세라이드 등과 같은 유화제를 첨가한 쇼트닝을 유화쇼트닝(emulsified shortening)이라 한다.

(1) 경화 쇼트닝

동, 식물성유를 수소 첨가시켜 만든 쇼트닝으로 주로 튀김용으로 사용된다. 따라서 산화방지제나 소포제와 같은 첨가물을 사용하기도 한다. 한편 경화 쇼트닝을 제조할 때 팜유를 10% 정도 첨가하여 사용하는데 팜유를 너무 많이 첨가하게 되면 냉각된 후에도 튀김 제품의 표면에 묻어 있는 지방이 굳지 못하기 때문에 글레이즈나 슈거코팅이 녹는 오일 오프(oil-off) 현상이 발생된다.

(2) 라드

라드는 돼지의 지방조직에서 추출하여 만들며 가소성 범위가 비교적 넓고 쇼트닝성과 독특한 풍미를 갖고 있기 때문에 과자 반죽용 유지로 이용되고 왔다. 라드는 결정구조가 거칠고 굳기가 크기 때문에 크림성이 없으나 최근에는 분자간 자리옮김(molecular rearrangement)에 의하여 분자구조를 미세하게 만들어서 크림성이 향상된 라드가 시판되고 있다.

(3) 우지

우지는 보통 돼지 이외의 동물지방에서 추출되며 표백과 냄새 제거 공정을 거친 후에 사용한다. 우지도 라드와 같이 액체유와 혼합한 후 경화시키거나 분자간 자리 옮김에 의하여 성질을 변형시켜 제과용으로 사용한다. 우지의 성질을 개량하여 사용하는 예로는 oleo oil이 있다.

2) 마가린(margarine)

마가린은 버터와 같이 지방과 물이 혼합되어 있는 유중 수적형(water in oil)의 에멀젼이며 약 80%의 지방에 14% 정도의 수분, 유 고형분, 소금, 유화제 등으로 구성되어 있다(표8-4).

표8-4. 마가린의 부재료

	사용되는 성분의 예	배합비율(%)
유(乳)성분	크림, 우유, 발효유, 분유 등	0~2
식염	정제염	0~4
유화제	레시틴, 모노글리세라이드 등	0.1~1
보존제	디-하이드로 초산	0~0.05
산화방지제	토코페롤 등	0~0.02
비타민	비타민A	0~3만 I.U
기타	향료, 착색료	-

마가린 제조에 사용되는 유지로는 경화대두유가 대부분을 차지하며 이외에도 목화씨유(cotten seed oil), 올레오 오일(oleo oil), 라드(lard), 코코넛 기름(coconut oil) 등이 있다. 마가린의 일반적인 제조공정은 그림8-3과 같고 제조방법에는 온냉법, 습식법, cooling drum법, 저온유화법, freezer법 등으로 나눌 수 있다.

마가린은 용도에 따라 다음과 같이 나눈다.

(1) 테이블 마가린

퍼짐성(spredability)과 입안에서의 용해성이 좋아야하며 버터와 비슷한 향을 내는 것이 중요하다.

(2) 제빵용 마가린

테이블 마가린보다 융점이 높아야 하고 반죽에 사용하기 적합한 조밀도(consistency)와 넓은 가소성 영역을 지녀야 한다.

(3) 데니쉬용 마가린

데니쉬 제품의 발효와 성형공정에서 녹지 않아야 하므로 융점이 높아야 하고 가소성 영역이 아주 넓어야 한다.

(4) 퍼프페이스트리용 마가린

퍼프페이스트리 마가린은 반죽의 층 사이의 지방에 들어 있는 수분에 의해서 반죽 - 지방층의 부피가 팽창되므로 오븐 열에 견딜 수 있도록 융점이 아주 높아야 한다.

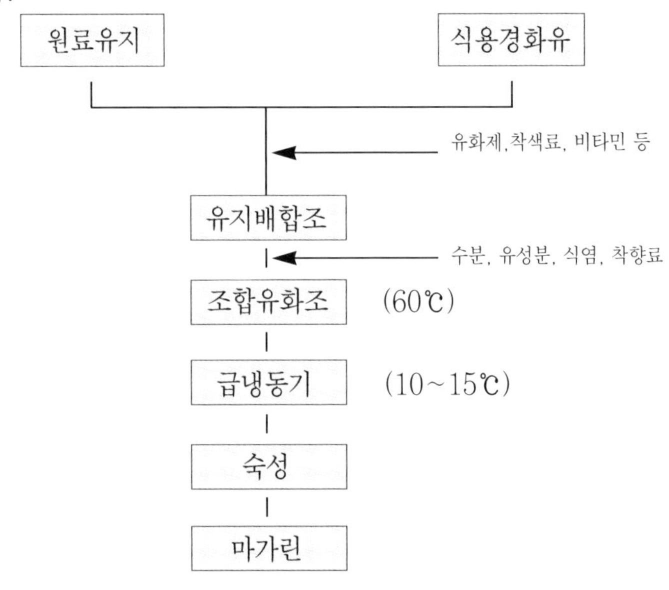

그림8-3. 마가린의 제조공정

3) 유화 가소성 유지

유화 가소성 유지는 부드러운 반고체 상태의 지방으로서 경화 식물성유와 유화제를 혼합하여 만든다. 유화 쇼트닝은 고배합 케이크, 아이싱 및 제빵에 사용된다. 유화쇼트닝에 사용되는 유화제로서는 모노글리세라이드 및 디글리세라이드 등이 사용되며, 공기 포집성을 높이기 위해서 폴리소르베이트 60(polysorbate 60)이나 소르비탄60(sorbitan60)같은 유화제를 사용한다.

2. 롤인용 유지(roll-in fats)

1) 롤인용 유지의 기능 및 사용법

데니쉬 페이스트리, 크루와상, 퍼프페이스트리와 같은 바삭바삭한 식감을 갖는 제품들은 롤인용 유지가 사용된다. 보통 이들 제품은 롤인용 유지의 사용량에 따라서 최종 제품은 많은 영향을 받는다. 롤인용 유지는 반죽과 반죽 사이에 얇은 층을 만들어 밀가루 반죽과 반죽의 상호부착을 방지하고 굽는 동안 반죽에서 발생하는 수증기나 이산화탄소의 발산을 방지함과 동시에 반죽에 흡수되어 바삭바삭한 조직을 부여한다. 퍼프페이스트리는 이스트를 사용하지 않기 때문에 유지층에 의존하여 팽창되나 반죽에 이스트를 첨가하는 데니쉬 페이스트리는 발효과정 중 생성되는 이산화탄소 및 유지층에 의존하여 팽창한다.

반죽에 대한 롤인유지의 양은 퍼프페이스트리의 경우 50% 이상 사용하는 것이 일반적이다. 한편 데니쉬 페이스트리와 같은 층상구조를 갖는 제품은 반죽의 물리적 성질을 개량하고 반죽의 팽창을 돕기 위하여 반죽에 약 20%정도의 롤인유지를 넣어 혼합하는 것이 일반적이다. 층상구조를 갖는 제품의 팽창력은 롤인유지의 사용량 뿐만 아니라 반죽을 접는 횟수와도 밀접한 관계가 있으며 또한 유지의 경도가 큰 영향을 미친다. 융점이 높고 단단한 유지는 굽기 초기단계부터 중간단계 까지는 녹기 어렵기 때문에 유지층내에 수증기를 쉽게 보유할 수 있어 부피가 증가된다.

한편 유지의 융점과 접기 횟수가 부피에 미치는 영향을 보면 접기 횟수와 관계없이 융점이 높은 롤인유지를 사용하는 경우에 부피 증가 효과가 있었다(그림8-4). 또한 롤인 유지량, 접기횟수 및 부피 팽창의 상관관계를 보면 롤인 유지량이 많을수록 접기 횟수가 많고 적음에 관계없이 부피팽창에 미치는 영향이 적었다(그림8-5).

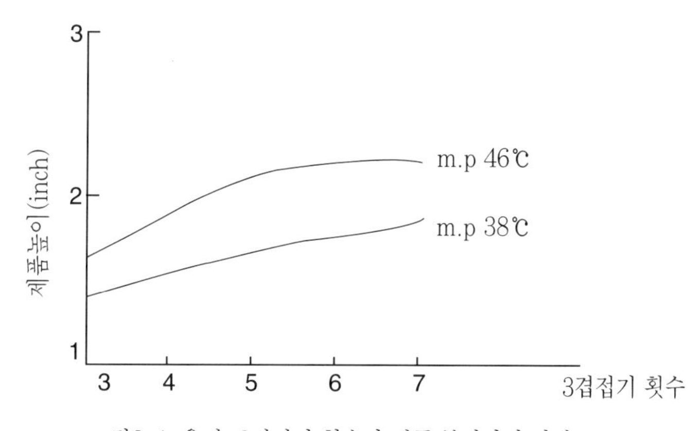

그림8-4. 융점, 3겹접기 횟수와 제품 부피와의 관계

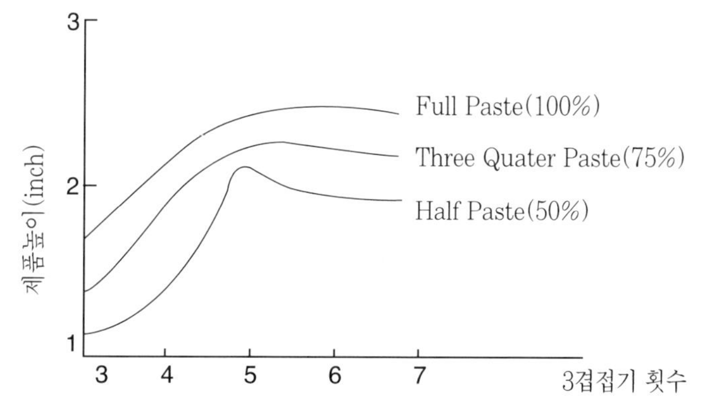

그림8-5. 롤인유지의 량, 3겹접기 횟수와 제품 부피와의 관계

일반적으로 롤인유지량이 적어지면 같은 수의 접기 횟수에서 유지가 얇게 도포되고 따라서 붙는 반죽층의 수는 증가하여 부피가 감소한다. 따라서 페이스트리의 부피를 증가시키기 위해서는 여러 가지 방법 중에서도 롤인유지량을 늘리는 방법이 가장 많이 사용된다. 접기 횟수와 부피의 관계를 보면 접기 횟수가 증가하면 층수는 지수적으로 증가하여 최고점까지 직선적으로 증가되면서 부피는 증가하다가 최고점을 지나면 부피가 감소하기 시작하는데 이 현상은 롤인 유지의 함량이 적을수록 현저해진다.

데니쉬 페이스트리나 크루아상과 같이 층상구조를 갖는 제품들은 접기와 늘여 펴기 공정이 아주 중요하다. 늘여 펴는 작업 방법에는 나무로 된 둥근 봉 또는 기계적으로 쉬터(sheeter)을 이용하는데 반죽을 늘여 펴는 방법에 따라 반죽에 걸리는 힘의 방향이 틀려진다(그림 8-6).

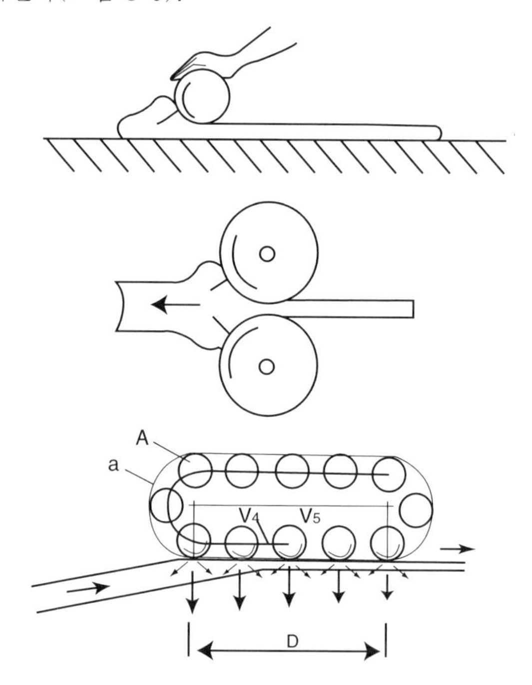

그림 8-6. 늘이는 방법에 따라 반죽에 걸리는 응력과 방향

그림에서와 같이 나무로 된 봉으로 늘리는 경우에는 힘이 반죽에 대하여 45도 방향으로 작용하기 때문에 반죽이 받는 힘(stress)은 중간 정도이나 쉬터로 늘여 펴기를 할 경우에는 보통 힘이 수평으로 작용하기 때문에 반죽에 도달하는 응력은 최대가 된다. 따라서 접기와 밀어 펴기 사이에 반죽을 휴지시켜 반죽이 받은 응력을 완화시킬 필요가 있다. 또한 접기 횟수가 적으면 제품을 구운 후 부스러지기 쉽기 때문에 어느 정도 반죽간 접촉이 일어날 수 있을 정도의 접기 횟수가 필요하다.

2) 롤인유지의 특성

롤인유지의 조건으로는 첫째 가소성 범위가 넓고, 둘째 기계적인 힘을 가하거나 접기 조작을 할 때 유지가 형태를 유지할 수 있어야 하며, 셋째는 온도변화에 따른 경도 변화가 크지 않아야 한다. 쇼트닝이나 마가린의 미세구조는 수 ㎛의 많은 결정이 응집되어 3차원의 네트워크를 구성하고 있는데 이 구조는 배합유지의 결정성과 함께 냉각, 가소성 조건 등에 큰 영향을 미친다.

3. 벌크 핸들링용 유지

연속 제빵법의 개발이나 대량생산 업체들의 생산공정 자동화에 따라 유지를 펌프로 이송하여 자동 계량할 수 있는 유지가 필요한데 이를 벌크 핸들링용 유지라 한다. 벌크 핸들링 유지의 예로 액체쇼트닝이 있다. 액체쇼트닝은 대두유 등과 같은 식물유에 경화유나 각종 계면활성제를 적당량 배합한 유지이다. 계면활성제의 기능에 의해 반죽 중에 유지의 분산기능을 높이고 상온에서 액체상태로 사용할 수 있다. 유화제가 첨가되어 있기 때문에 튀김용으로는 부적당하다.

4. 튀김용 유지

튀김용 유지는 대두유나 옥배유 같은 식물성 유지 및 경화 쇼트닝 등을 주로 사용한다. 튀김용 유지는 원료 중 고가이며, 최종제품의 하나의 구성성분으로 작용한다(케이크 도넛의 경우는 16~20%가 기름으로 구성되어 있다). 또한 제조 공정 중 열 전달매체로 제품의 식감, 외관, 형태적 균일성 등을 좌우한다. 튀김기름의 품질에 영향을 미치는 중요한 요인은 열(heat), 산소(oxygen), 수분(moisture) 및 이물질(foreign materials)의 4가지이며, 이들 요소들을 이해하여 미리 조절함으로써 튀김용 기름의 품질변화를 최소화시키는 것이 아주 중요하다.

1) 열

튀김용 기름의 변질를 최소화시키기 위하여 튀김기의 온도를 적당하게 유지시키는 것이 중요하다. 튀김용 기름의 분해속도는 온도가 10℃ 증가하면 약 2배가 빨라지므로 어떤 상태에서도 유지의 온도가 204℃를 넘게 하면 안된다.

한편 튀김용 유지의 품질변화를 최소화하고 사용기간을 연장하기 위해서는

가) 튀김기 내에 있는 유지는 튀김 스케줄에 맞추어 30~60분전에 가동시킨다

나) 튀김 공정 중 잠깐 중단할 필요가 있는 경우는 튀김기의 온도를 95~120℃로 낮추어 놓으면 에너지 절감 효과 및 튀김기름의 사용기간을 연장시킬 수 있다.

다) 튀김기내 유지량의 1/3 정도를 매일 신선한 기름으로 보충하여 준다.

라) 튀김에 적합한 온도 범위는 대부분의 제품이 185~193℃정도이다.

2) 산소

모든 유지는 산소의 존재하에서 변질된다. 유지가 산소와 결합하여 자연발생적으로 일어나는 화학반응을 자동산화라 하며, 자동산화에서 생성된 화합물 때문에 유지가 비정상적인 냄새를 발생하는 현상을 산패(rancidity)라 한다.

유지의 산패는 낮은 온도에서보다 높은 온도에서 더 빠르게 일어나며, 구리와 철 같은 금속의 존재하에서 촉진된다. 따라서 유지를 가열할 때는 구리나 철로된 용기를 피해야 한다. 한편 유지의 산화를 지연시키기 위해서 유지에 첨가하는 물질을 항산화제라 한다(2-9 항산화제 참조).

3) 수분

유지와 함께 수분이 존재하면 가열되는 동안 수분은 유지를 가수분해시켜, 유리지방산을 형성하며 유지의 발연점을 낮추게 된다. 그리고 자동산화 생성물과 함께 유지의 냄새와 투명성을 잃게 만든다. 또한 변질된 유지의 특성들은 튀기는 동안 제품으로 이행(carry-over)되어 제품의 품질을 떨어뜨린다.

튀김기름 내의 수분의 양을 최소화하기 위해서 다음 사항들을 유의해야 한다.

가) 원부재료의 계량을 정확히 하여 반죽이 과도한 수분을 흡수하지 않도록 한다.
나) 반죽이 오버믹싱되지 않도록 한다.
다) 발효실에서 제품에 수분이 응축되지 않도록 습도관리에 주의한다.
라) 튀김온도를 적정온도로 유지시켜 열에 의한 수분증발을 유도한다.
마) 유지의 가수분해가 최소화되도록 8시간마다 1/3씩 새로운 유지를 채워 넣는다.

4) 이물질

유지를 튀기는 동안에 생성되는 덧가루, 반죽덩어리, 기타 미세 부재료 등의 불순물등은 튀김온도가 높기 때문에 카본화되어 유지의 분해속도를 촉진시킨다. 따라서 이와 같은 불순물들은 체로 수시로 거를 필요가 있다.

유지는 오래 사용할수록 변질이 급격하게 일어나며 유지의 점도가 변하게 된다. 유지의 점도변화는 지방분해산물들의 중합(polymerization)때문에 일어나며 이중합체들은 점성물질을 형성시켜 유지의 열 투과성을 저하시킨다. 그러나 이와 같은 유지의 변질요인들은 제거될 수 없는 요인들로서 현명한 원료의 선택, 적절한 작업공정 등을 통하여 최소화할 수밖에 없다.

한편 유지가 좋은 품질을 유지하도록 하기 위해서는 유지의 저장조건이 중요한데 유지는 빛과 산소를 피하고 냄새를 흡수하지 않도록 주위에 냄새를 내는 물질이 없도록 해야한다.

그리고 저장온도에 따라 쇼트닝의 경우는 입자의 조직이 변하므로 20~25℃에서 보관해야 한다.

5. 제과, 제빵에서의 유지의 기능

1) 이스트 발효 제품 (빵) : 가소성과 쇼트닝성

가) 빵의 부피와 조직을 개선한다

나) 윤활작용을 한다.

다) 슬라이싱을 쉽게 한다.

라) 식감을 향상시키고 빵의 보존성을 좋게 한다.

2) 케이크 제품 : 가소성과 크리밍성

가) 공기를 포집한다.

나) 연화 및 윤활작용을 한다.

다) 식감을 향상시키고 보존성을 좋게 한다.

제 9 장 유가공품(milk products)

유가공품이라 함은 원유 또는 유가공품을 주원료로 하여 제조, 가공한 우유류, 저지방우유류, 유당분해우유, 가공유류, 산양류, 발효유류, 버터유류, 농축유류, 유크림류, 버터류, 자연치즈, 가공치즈, 분유류, 유청류, 유당, 유단백 가수분해식품 등의 제품을 말하며 식품공전상의 유가공품의 종류는 다음 표 9-1과 같다.

표9-1. 유가공품의 종류

제 품	종 류
우유류	우유, 강화우유, 환원유
저지방유류	저지방우유, 저지방강화우유, 환원저지방우유
유당분해우유	유당분해우유, 저지방유당분해우유
가공유류	가공유, 저지방가공유, 유음료
산양유	산양유
발효유류	발효유, 농후발효유, 크림발효유, 농후크림발효유, 발효버터유
버터유류	버터유, 버터유 분말
농축유류	농축우유, 무가당연유, 탈지농축우유, 가당연유, 가당탈지연유
유크림류	유크림, 유가공크림, 분말유크림
버터류	버터, 가공버터
자연치즈	경성치즈, 반경성치즈, 연성치즈, 생치즈
가공치즈	경성가공치즈, 반경성가공치즈, 연성가공치즈, 혼합가공치즈
분유류	전지분유, 탈지분유, 가당분유, 혼합분유
유청류	유청, 농축유청, 유청분말
유당	유당

9-1. 우유(market milk)

1.우유의 성분

우유는 표9-2와 같이 수분, 유당, 지질, 단백질 및 무기질로 구성되어 있다. 즉 유당 및 무기질의 수용액에 지방이 에멜젼 상태로 분산되어 있고, 단백질은 현탁질로 분산된 콜로이드 용액으로 볼 수 있다.

표 9-2. 우유의 주요성분

우유중(%)	주요 성분(%)		비 고
지질 3~5	트리글리세리이드	96~99	탄소수가 짧은 지방산이 많다
	디글리세리이드	0.2~0.5	유화성이 있고 지방구를 둘러싸고 있다
	모노글리세리이드	0.1	
	인지질	0.2~0.1	
	콜레스테롤	0.2~0.3	
	카로티노이드(mg)	0.2~0.3	황색 색소
	복합지질	1~2	
질소 화합물 2.5~3.5	카제인	76~85	pH4.5에서 침전하고, 레닌에 의해 응고된다
	유청단백질	14~22	알부민, 글로불린이 주체이며 가열에 의해 응고
	비단백질소화합물	4~5	아미노산, 뉴클레오티드 등
당질 4.5~4.9	유당	99.9	
	글루코오스	0.014	
무기질 0.5~0.9	Ca, P, K, Cl 등의 카세인, 인산염, 구연산염 등의 형으로 존재 비타민A, B_1, B_2, B_6, 니코틴산, 이노시톨, C, E 등		
수분 87~89			

1) 지질

유지방은 우유의 풍미에 크게 영향을 미치는 성분으로서 수중유적형(O/W)의 에멀젼 상태로 존재한다. 즉 우유 1㎖중에 25억개의 0.8~20㎛ 크기의 작은 구체로 존재하며, 이들 지방구들은 뭉치는 경향이 있기 때문에 균질기에서 균질화(homogenization)시켜 더욱 작은 지방구를 갖는 안정한 우유

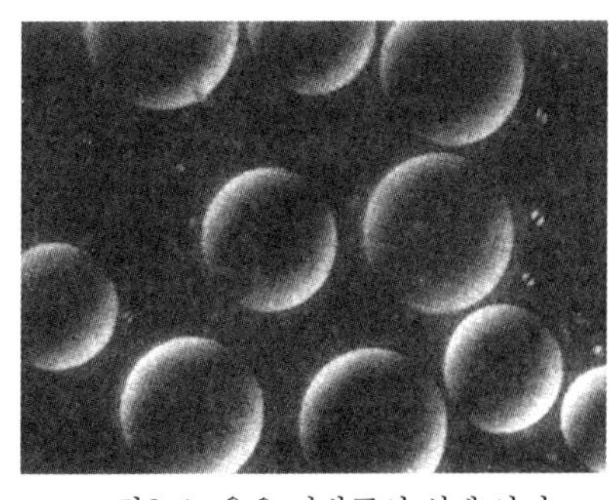

그림9-1. 우유 지방구의 실제 사진

로 만든다. 지질은 표9-2에서와 같이 대부분이 트리글리세라이드로 이루어져 있으며, 디글리세라이드, 모노글리세라이드 및 인지질 같이 유화력을 갖는 지질도 있다. 유지방 성분들은 빵이나 케익 조직을 부드럽게 하는 역할을 한다.

2) 단백질

우유의 주요 단백질은 카제인과 유청단백질인 락토알부민이다. 카제인은 우유단백질의 약80%를 차지하며 많은 수의 분자들이 모여서 미셀(micelle)구조를 이루어 우유 속에 분산되어 있다. 카제인의 미셀입자는 직경 0.05~0.3μ으로 우유 1cc 당 5~15조 개 들어 있다. 자연상태에서는 대단히 안정하나 산이나 레닌 효소에 의해 응고되어 커드를 형성한다. 반면에 우유단백질의 20%를 차지하는 유청단백질은 열에 의하여 응고되어 피막을 형성하나 산에 의하여 응고하지 않는다. 또한 우유단백질에는 곡물에 부족하기 쉬운 리신을 비롯한 필수아미노산이 고루 함유되어 있다.

3) 당질

우유 당질의 대부분은 유당으로서 우유중 4~5% 함유되어 있으며, 전 고형분 중 약 40%를 차지하고 있다. 유당은 α형과 β형이 있으며 갈락토오스와 포도당이 결합되어 있는 이당류로서 제빵용 이스트에 의해 분해되지 않는다. 유당은 상대적 감미도가 약 16으로서 단맛이 약하여 저감미당으로 이용 되고 있으며 유산균에 의해 유산이나 초산 등으로 분해되어 신맛과 알데히드, 케톤 같은 방향성 물질을 생성한다. 빵 소재로 해서 외관 성상의 개량, 풍미와 향, 노화 방지에 효과가 있는 것으로 알려져 있다(그림9-2).

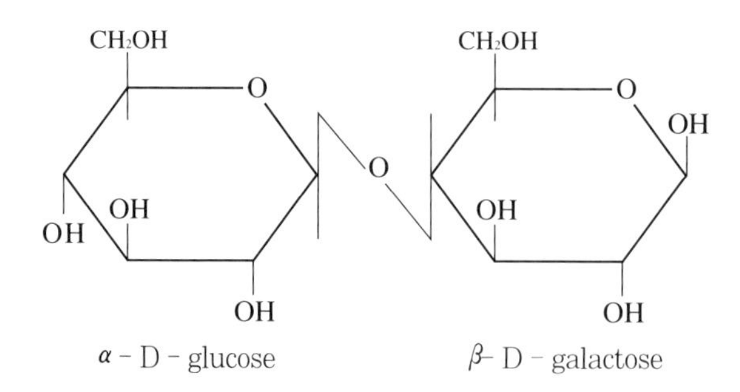

그림9-2. 유당(갈락토오스 + 포도당)의 구조

4) 무기질

우유에는 칼슘, 인산, 칼륨, 마그네슘 등의 무기질이 많이 존재하며, 일부 염 등은 물에 용해되어 존재한다. 우유의 pH는 보통 6.5~6.7를 나타내는데, 무기질을 많이 함유하고 있기 때문에 강한 완충작용을 나타낸다. 따라서 빵의 반죽에 우유를 첨가하면 pH의 변화가 천천히 일어난다.

2. 우유의 가공

젖소에서 착유된 원유는 착유하는 과정중 미생물에 의한 오염 그리고 주변 냄새의 흡수 등으로 인하여 그대로 먹을 수가 없다. 따라서 원유는 다음과 같은 가공 과정을 거쳐 시유(market milk)로 만들어진다.

(1) 원유의 검사

우유는 건강한 소의 초유 이후의 것으로 만들어지나 원유는 젖소의 종류, 연령, 계절, 사료, 환경 및 착유 간격 등에 따라 그 성분이 달라지기 때문에 비중, 산도, 지방함량, pH, 항생물질의 유무, 미생물시험 및 관능검사를 통하여 신선도 여부를 판단한다.

(2) 표준화와 균질화

원유의 지방함량이 적은 경우에는 유지방을 첨가하고 많은 경우에는 탈지유를 첨가하여 지방함량을 일정하게 유지시키는 것을 표준화(standardization)라고 한다. 다음에 원유 중의 지방구에 적당한 물리적 충격을 가하여 아주 작게 분쇄하는 과정을 균질화(homogenization)라고 하는데 이 과정을 통하여 우유 중 지방이 분리되지 않도록 하며, 지방의 소화성도 개선된다. 우유 중 지방이 분리되어 위로 떠오르는 현상을 크리밍(creaming)이라고 한다.

(3) 살균

원유를 가열하는 목적은 원유 속에 들어 있는 불필요한 미생물과 효소를 제거함으로써 위생적이고 저장성이 높은 우유를 생산하기 위해서이다. 원유의 살균은 초기에는 65℃에서 30분간 처리하는 저온살균법(pasteurization)이 사용되었는데 이 살균조건은 원유의 영양소 파괴를 최소화하면서 병원성 세균을 완전히 사멸시킬 수 있는 온도이다. 한편 우유의 생산시스템이 점차 연속식으로 변하면서 75℃에서 15초간 살균하는 고온순간살균법(high temperature short time)과 135℃에서 2~3초간 가열하는 초고온순간살균법(ultra high temperature)이 널리 사용되고 있다.

우유를 살균하는 과정에서 우유성분의 이화학적 변화가 몇 가지 일어나는데 그것들을 보면 첫째는 Ramsden 현상으로 우유를 40℃ 이상 가열하면 알부민이 가열에 의하여 변성되어 위로 떠올라 지방과 엉겨 붙으면서 막을 형성한다. 둘째는 우유를 가열하는 동안 우유 중 아미노화합물과 카아보닐 화합물이 상호 반응하여 갈색물질을 형성하는 갈변화가 일어난다. 갈변화가 일어나는 임

계온도는 100~120℃정도로 알려져 있다. 셋째는 우유를 가열하는 과정에서 발생되는 가열취(cooked flavour)로 이는 지방구 형성 단백질인 β-lactoglobulin 중 -SH기가 열변성으로 활성화되어 휘발성 유황 화합물과 H_2S를 만들기 때문이다. 한편 우유를 고온에서 장시간 가열하면 유당과 우유카세인의 상호작용에 의한 갈색화 반응 때문에 캐러멜 냄새가 나며 산도가 증가된다. 가열에 의한 우유의 산도증가는 유당이 유기산을 생성하고 카세인으로 부터 탈인산화가 일어나 산이 형성되기 때문이다. 넷째는 가열에 의한 비타민의 손실로 B_1, B_6, B_{12} 및 엽산등은 5~20%, 비타민C는 15~30%가량 파괴된다.

3. 우유제품의 규격

우유의 제품 검사항목은 세균수, 이화학검사, 성분검사, 관능검사 및 보존성 등으로 법적 규격은 비중 1.028~1.034, 산도 0.18% 이하, 무지유고형분 3.0% 이상, 대장균균 10/ml 이하, 세균수 4만/ml 이하로 정해져 있다(표9-3).

표 9-3. 우유의 규격

	무지 고형분	유지방	비중	산도	세균수	대장균
시 유	8.0%이상	3.0%이상	1.028~1.034	0.18이하	40,000이하/㎖	10이하/㎖
멸균유	8.0%이상	3.0%이상	1.028~1.034	0.18이하	음성	음성
가공유	7.2%이상	2.7%이상		0.18이하	40,000이하/㎖	10이하/㎖

4. 우유가 제과제빵에 미치는 영향

빵이나 과자에 우유를 첨가하는 1차적 목적은 영양강화와 단맛의 조정에 있다.
이것 이외에 우유를 사용하는 2차적 목적으로 다음과 같은 것들이 있다.

ㄱ. 마이야르 반응의 촉진: 겉껍질 색깔을 강하게 한다

ㄴ. 발효향의 강화 : 이스트에 의해 생성된 향을 착향시킨다

ㄷ. 식미기간의 연장 : 콜로이드 수용액에 의해 보수력이 있어 촉촉함이 지속된다

※ 생유를 바로 사용하면 빵의 체적이 줄지는 않으나 반죽이 약화되는 경향이 있다. 이 영향은 유청 단백질에 의한 영향으로 추측되기 때문에 생유를 끓여 유청 단백질을 변성시켜 개량시킬 필요가 있다.

9-2. 버터(butter)

버터의 제조공정(그림9-3)은 우유 지방(크림)을 분리한 후, 산도가 0.15~0.2%가 되도

록 중화하여 살균, 냉각시킨 후 산도가 0.3%(pH5.0)되도록 발효시킨다. 교동(churning)이 원활히 될 수 있도록 발효된 크림은 교동기 내에서 충격을 받고 다시 뭉쳐서 버터립을 형성한다. 버터립은 가염, 색소 등을 혼합한 후 덩어리진 버터립을 짓이기는 연압(working)과정을 통하여 버터의 수분 함량이 조절되고 버터조직이 형성된다.

한편 버터는 소의 비유기, 계절, 산지 등에 의하여 성분이 변하기 때문에 마가린과 같은 일정한 성질을 나타내기 힘들다. 따라서 버터의 물리적 그리고 화학적 성분의 변화는 제과 및 제빵에 영향을 미친다. 또한 버터는 외부 냄새를 흡착하기 쉽고 빛, 공기에 산화되기 쉬우므로 밀봉하여 냉장 보관할 필요가 있다.

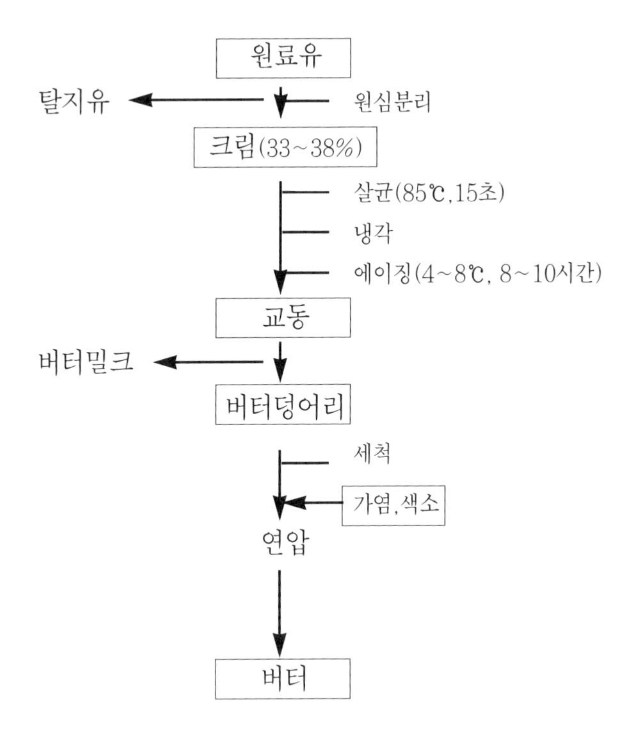

그림9-3. 버터의 제조공정

1. 버터의 종류

버터에는 유염버터, 무염버터, 저수분버터, 발효버터 등의 여러 종류가 있다. 유염 및 무염버터는 가장 널리 사용되는 버터로 빵 및 과자용 유지로 사용된다. 크림용 버터는 버터 크림의 기포성과 보형성이 증가될 수 있도록 버터 중의 수분을 미세하게 분산시켜 기포성을 향상시킨 제품이다. 발효버터는 유산발효크림을 원료로 한 버터로 유산발효에 따라 초산, 알콜류, 디아세틸 등의 풍미성분이 함유되어 있으며 휘발성 화합물인 프로피온산, 부티르산, 카프로산, 카프르산 등은 일반버터와 비교하여 5~10배

더 많이 함유되어 있어 풍미가 뛰어나다. 발효버터는 크루아상, 빠네토네, 브리오슈 등의 고배합 빵에 많이 사용된다. 버터는 냄새를 흡착하기 쉬우며, 빛 산소에 의하여 산화되기 쉬우므로 냉장보관이 필요하다.

2. 버터의 굳기의 변화

버터는 일반적으로 여름에는 버터지방 내의 고체지 함량, 특히 35℃ 이상의 융점을 나타내는 고체지의 함량이 감소되어 부드러운 특성을 나타내나 가을, 겨울철에는 35℃이상의 융점을 나타내는 고체지의 함량이 증가되어 단단한 물성을 나타낸다.

3. 버터의 oil-off 현상의 증감

oil-off 는 고체와 액체유지가 혼합되어 있는 가소성 유지에서 나타나는 현상으로 어떤 보관온도에서 액상유가 유출되어 나오는 현상을 말한다. oil-off 현상이 심하면 파이나 페이스트리를 제조할 때 결이 형성되지 않고 버터를 보관하는 동안에 지방이 분리되거나 산화되기 쉬우며 곰팡이가 번식하기 쉬워진다. 버터의 oil-off 현상은 버터의 굳기가 단단한 겨울철에는 적게 발생하나 하절기에는 많이 발생되는 경향이 있다.

또한 버터의 보관 온도가 25℃ 이상이 되면 oil-off 현상이 급격하게 증가한다. 따라서 버터를 사용하는 제품들, 페이스트리, 버터크림 등은 20℃ 이하에서 작업하는 것이 바람직하다.

4. 버터의 방향

버터지방은 약 98%가 트리글리세라이드로 구성되어 있으며 그 구성지방산 중 라우르산($C_{12:0}$)이하의 지방산이 약 13% 정도를 차지하고 있다. 이들 탄소수가 적은 지방산은 융점이 낮고 휘발성이 크기 때문에 입안에서 쉽게 녹아 다른 유지에서 볼 수 없는 독특한 풍미를 형성한다. 한편 버터 지방은 빵의 제조공정 중 가열 및 가수분해되어 γ-lactone, n-alkanals, Cis-4-heptanal, 4-dionals, octadienal-2, 4-Dienal 및 휘발성 지방산을 생성한다.

9-3. 유제품

우유의 수분을 증발시키거나 농축시켜 설탕을 첨가함으로서 우유와 관련된 많은 제품이 만들어진다.

이중 제과,제빵에서 사용되는 것으로는 연유(농축우유), 치즈, 전지분유 및 탈지분유 등이 있으며 새로운 단백질 소재로 WPC(유청단백농축물)가 있다. 이들의 성분 조성은 다음 표9-4와 같다.

표 9-4. 각종 유제품의 성분 조성(%) (시료 100g중)

	수분	단백질	지질	유당	회분	칼슘mg	비 고
전지 분유	3.0	25.5	26.2	39.3	6.0	890	
탈지 분유	3.8	34.0	1.0	53.3	7.9	1100	
버터 밀크	3.0	37.7	5.5	46.4	7.5	1100	
산카제인	11.0	85.0	1.5	0.6	1.9	70	산으로 카제인 응고분리
렌닛카제인	11.5	79	0.9	-	7.9	200	렌닛으로 카제인 응고분리
나트륨카제인	4.0	90	1.0	-	4.0	70	수용성카제인
가당연유분	2.0	12.0	11.4	15.9	2.1	360	설탕 56.6%함유
치즈훼이분	3.2	12.9	1.1	74.5	8.4	800	스위트훼이라 함. 유산1.0
카제인훼이분	3.5	11.7	0.5	73.5	10.8	2100	산훼이라 함. 유산5.0
25% 훼이분		13.5	0.7	75.8	5.0		
50% 훼이분		13.5	0.7	77.8	3.8		탈염 훼이분
90% 훼이분		14.1	0.7	83.1	0.9		
WPC		83.3	3.2	5.5	5.25		

1. 분유

1) 분유의 가공

분유의 종류는 전지분유(whole milk powder, 생유 또는 우유에서 수분을 거의 제거한 것), 탈지분유(nonfat dry milk, 우유에서 유지방분과 수분을 거의 제거하여 분말로 한 것), 조제분유(modified milk powder,우유 또는 유제품에 유아에게 필요한 영양소를 첨가하여 분말로 한 것으로 모유의 성분과 유사하게 한 것) 등으로 나뉘며 제조공정은 종류에 관계없이 비슷하다.

분유는 원유를 72~75℃에서 15~20초간 살균한 후 진공농축기로 고형분이 40~45%가 되도록 농축한다. 농축된 것을 분무건조기의 atomizer로 분무하면서 160~170℃로 가열, 여과된 열풍과 순간적으로 접촉시켜 분말화시켜 만든다.

(1) 탈지분유

빵에 분유를 첨가하면 풍미를 향상시키고, 노화를 방지한다. 그러나 빵의 부피는 증가하거나 감소하게 된다. 탈지분유는 UHT살균과 감압 농축에 의해 제조되며 비타민의 손실이나 단백질의 열변성이 최소화되도록 제조된다. 그러나 불충분하게 가열되어 단백질의 열변성율이 적으면 빵제품의 부피가 감소된다.

탈지분유는 표 9-4에서 보는 바와 같이 약 8%의 회분과 34%의 단백질을 함유하고 있기 때문에 pH 변화에 대한 완충역할을 한다. 따라서 탈지분유를 밀가루에 대해 4~6% 첨가하면 다음과 같은 잇점이 있다.

① 반죽의 점도를 조정하기 때문에 혼합에 대한 내구성이 있다.
② 반죽의 흡수율을 증가시켜 수율을 증가시킨다. 즉 분유 1%에 물 1%를 증가해야 한다.
③ pH 저하를 지연시켜 발효 내구성을 크게 하며 아밀라아제의 활성을 조절한다(그림 9-4).
④ 반죽을 연화시키므로 과량의 이스트푸드 사용할 때에 빵에 대한 나쁜 영향을 감소시킨다.
⑤ 유당에 의한 껍질색을 개선하며 기공과 속결을 개선한다.
⑥ 수분의 증발과 노화를 지연시켜 보존성을 향상시킨다(그림9-5).
⑦ 밀가루에 부족한 리신, 비타민 B_2, 칼슘 등을 보강하여 영양가를 향상시킨다.

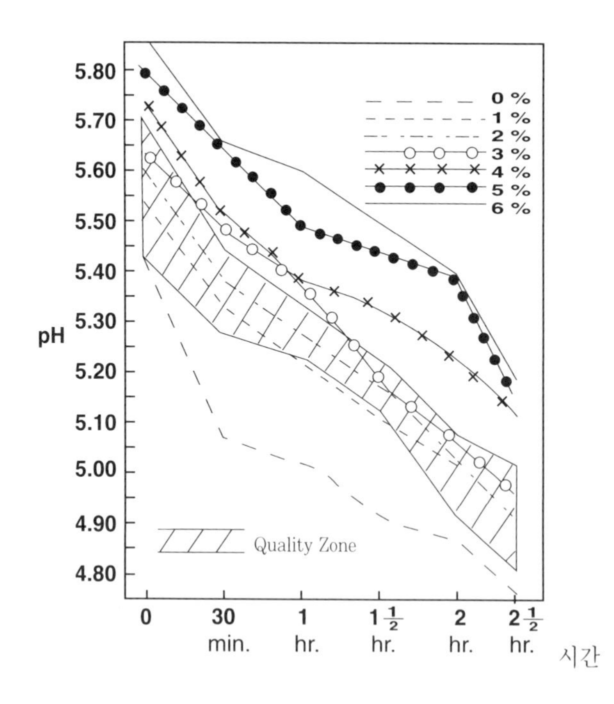

그림9-4. 탈지분유 첨가량과 반죽의 pH변화

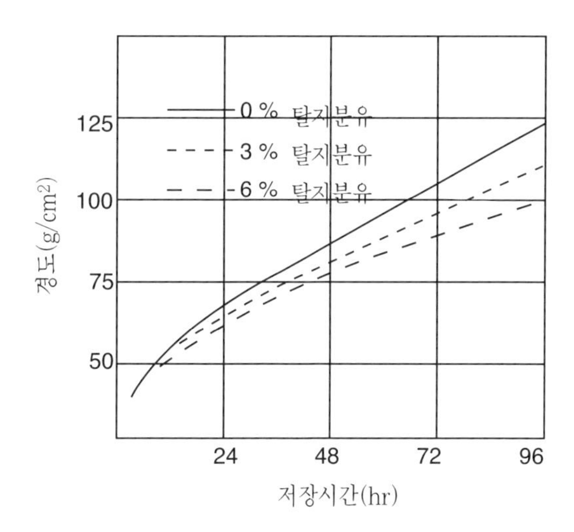

그림9-5. 탈지분유 첨가량과 노화상태

(2) 전지분유

우유를 그대로 건조한 것을 말하며 전지분유로 12%의 수용액을 만들면 우유가 된다. 성분조성은 표 9-4와 같으며, 탈지분유에 비하여 보존성이 짧아서 약 6개월 정도이다.

(3) 유청분말(whey products)

훼이분은 최근 비교적 가격이 싼 유고형분으로서 제빵소재로 많이 이용되고 있다. 훼이는 치즈제조시에 생성되는 수용성 성분인 치즈훼이(스위트 훼이)와 카제인 제조시에 생성되는 카제인훼이가 있다. 훼이의 성분으로는 유당이 가장 많으며, 수용성 비타민, 회분 및 비카제인 계열 단백질로 구성되어 있다(표9-4).

유청분말과 제빵성의 관계는 혼합시간이 길어지며 내관의 품질이 향상되는 것으로 보고되어 있다.

(4) 훼이단백농축물(WPC)

유청단백질 농축물은 겔화력, 보수력이 있어서 빵에 첨가하면 반죽의 흡수율을 높여서 비용적을 증가시킨다. 빵의 풍미는 탈지분유보다 열등하나 첨가하지 않은 빵보다는 우수하다. 빵의 노화도도 무첨가빵보다는 3일 정도 지연되는 효과를 보인다고 알려져 있다.

2. 농축 유제품

농축유제품은 우유의 수분을 일정량 증발, 제거한 제품으로 농축유(condenced milk), 가당연유(sweetened condenced milk), 무당연유(unsweetened condenced milk)등의 종류가 있다. 농축유는 수분을 원료유의 1/3로 줄인 것이다. 연유는 농축유에 설탕을 가한 가당전지연유와 가당탈지연유 및 우유를 그대로 농축시킨 무당연유로 구분된다. 가당 연유는 설탕 44%를 함유하며, 우유를 1/2.5로 농축시킨 것이다. 가당 연유의 당농도는 63%가 되며 수분활성도가 0.89이하이므로 세균의 생육이 어렵다. 무당연유는 우유를 1/2.3으로 농축한 것으로 우유의 풍미를 낼 때 사용된다.

표9-5. 우유, 연유, 생크림의 성분비교

품 명	수분(%)	전지방(%)	유지방(%)	무지유고형분(%)
1)생우유	88.1이하	3.5~4.3	3.5~4.3	8.4~8.9
2)연유				
가당전지연유	25.7	8.3	8.3	20.0이상
무당연유	72.5	7.9	7.9	25.0이상
3)생크림류				
우유지방	45~56	40~50	40~50	4~5
우유지방+식물지방혼합	45~56	40~50	18~30	4~5
식물지방	45~56	40~45	-	3.5~4.5

3. 발효유

국제낙농연맹은 발효유를 균질 또는 비균질, 살균 혹은 멸균된 우유를 일정한 미생물(젖산균,효모)로 발효시켜서 만든 제품으로 정의하고 있는데 대표적인 것이 요구르트이다. 발효유는 보통 락토바실루스 불가리커스나 써모필러스(Lactobacillus bulgaricus or themophilus)균을 사용하며, 젖산을 주체로 구연산, 초산 등을 생성한다. 보통 젖산은 0.85~1.2% 정도 생성한다. 또한 방향성 물질로 카르보닐 화합물(아세트알데히드, 디아세틸아세톤)이나 휘발성산을 생성한다.

발효유를 빵 반죽에 사용하는 방법으로는 사용할 물량의 1/2 정도를 치환하여 사용한다. 발효유를 빵반죽에 첨가하면 빵반죽의 산도가 상승하고 이 결과로 이스트 발효가 촉진되어 방향성을 증가시키고 방부 효과를 나타낸다. 분말요구르트는 요구르트 빵에 3~6% 첨가함으로써 풍미를 향상시키고 전립분빵에 첨가하면 쓴맛을 없애는 작용을 한다.

4. 생크림유

생크림은 우유지방을 원심분리에 의하여 농축한 것으로 여러 가지 농도로 제조할 수 있다. 원래 커피크림은 우유지방을 18% 정도 농축한 생크림의 일종으로 커피의 고미를 없애고 풍미를 온화하기 위해서 커피에 사용되었으나 현재는 커피크림을 야자경화유를 사용하여 만들고 있다. 휘핑용 생크림은 표 9-5에 나타난 바와 같이 제과용에는 45~50% 지방의 생크림이 많이 사용되나 최근에는 35~42%의 것도 많아지고 있다. 최근에는 생크림의 풍미가 좋기 때문에 반죽의 쇼트닝을 대체하여 밀가루 100에 대하여 20정도 배합하는 소프빵을 만들고 있다. 한편 휘핑용 크림에는 순수한 유지방으로 된 생크림이외에 식물성 유지를 배합한 것이나 안정제를 첨가한 것 등 그 종류가 많아지고 있다. 이 크림류를 크게 분류해 보면 다음과 같다(표9- 6).

가) 생크림에 유화제나 안정제를 첨가한 것
나) 식물성 유지로 만든 식물성 크림
다) 생크림과 식물성 유지를 조합한 콤파운드 크림

표 9-6. 각종 크림의 종류

분 류 표 시		생크림	콤파운드 크림	식물성 크림
성분	유지	유지방	유지방+식물성유지	식물성 유지
	첨가물	사용하지 않음	유화제+안정제	유화제+안정제
특성	풍 미	대단히 좋다	약간 좋다	약간 못하다
	색상	약간 황색	백색	백색
	교반 시간	짧다(2~3분)	중간(5~6분)	길다(6~9분)
	오 버 런	80	100~130	150~200
	크림의 안정성	약간 불안정	안정	대단히 안정
	산에 대한 안정성	분리되기 쉽다	비교적 안정하다	안정하다
	보존성	나쁘다	좋다	좋다

일반적으로 순수한 지방만으로 되어 있는 생크림은 풍미가 뛰어나지만 취급하기 어렵다. 이것은 유지방의 주위를 보호하는 지방구막이 물리적 충격에 약하고 약간의 충격에도 쉽게 분리하는 성질을 갖고 있기 때문이다. 따라서 거품을 일으키는 조작을 조금만 지나치게 하여도 교반에 의하여 지방구가 응집되어 형성된 망상의 네트워크 구조가 붕괴되어 버린다. 이와 같이 한번 붕괴된 생크림은 원래의 상태로 돌아가지 않는다.

한편 식물성 크림이나 콤파운드 크림은 풍미 면에서 생크림보다 뒤지지만 지방구막을 보호하는 유화제나 안정제가 첨가되어 있기 때문에 크림 전체의 안정성이나 오버런

이 대단히 높고 지나치게 거품을 일으켜도 분리되기 어렵다. 또한 생크림과 달리 산에 강하고 보존성이 큰 특성이 있다.

5. 치즈(cheese)

치즈의 종류는 800여 종으로 알려져 있고 종류는 수분함량(경질, 반경질, 연질), 숙성방법(세균숙성, 곰팡이숙성 등), 발효여부(자연치즈, 가공치즈)에 따라 구분하고 있다.

1) 경질치즈

(1) Romano cheese :
원산은 이탈리아로 수분이 34% 이하이고 1년 정도 숙성한 것을 분말화 한 것

(2) Parmesan cheese :
이탈리아가 원산지이며 수분은 30% 이며 2~3년간 숙성 후 분말화 한 것

(3) Cheddar cheese:
미국치즈로 불린다

(4) Swiss cheese :
스위스가 원산지이며 내부에 가스구멍이 있으며 6개월 정도 숙성 시킨다.

(5) Brick cheese :
반경질 치즈로 벽돌 모양이다. 발효는 유산균으로, 표면숙성은 이스트를 사용한다. 숙성은 15℃에서 2개월 정도 시킨다.

(6) Roquefort cheese :
Blue cheese라 부르며 푸른곰팡이(*Penicillium roqueforti*)로 숙성시킨다. 숙성기간은 보통 6~10개월이다.

2) 연질치즈

(1) Camembert cheese:
프랑스가 원산지이며 수분은 40~60%에서 *Penicillium camemberti*와 세균으로 숙성시킨다

(2) Cottage cheese:
연질커드치즈로 숙성시키지 않으며, large curd와 small curd가 있으며 4% 이상의 지방을 가진 것을 cream curd cheese 라 한다

(3) Cream cheese :
숙성시키지 않는 연질치즈로 수분은 55% 이하이며 33% 이상의 지방을 함유하고 있다.

3) 치즈의 제조공정

자연치즈는 원유를 살균, 냉각한 후 starter로 유산균 배양액을 1% 정도 첨가하여 산도가 0.19% 정도가 되도록 발효시킨다. 발효된 원료유에 rennet 효소를 0.01% 첨가하고 40℃에서 30~40분간 정치시켜 커드를 만든다. 형성된 커드를 칼로 유청이 배출될 수 있도록 잘게 자른 후 4~5분에 1℃씩 상승되는 용기 내에서 뒤집어 주면서 적당한 수분과 탄력 있는 커드 입자를 형성시킨다. 다음에 커드량의 약 2%에 상당하는 소금을 첨가한 후 틀에 넣고 12~18시간 압착한 후 폴리에틸렌 비닐에 싸서 10℃, 습도 85% 이상의 밀실에서 1개월에서 6개월 숙성시키면 제품이 된다. 여기서 치즈의 숙성은 중요한 공정으로 치즈는 숙성 중 유산균의 작용으로 다양한 성분을 분비하며 냄새, 조직 색상 및 구조를 결정하는 역할을 한다.

가공치즈(processed cheese)는 2개 이상의 자연치즈와 색소, 유화제, 보존료 등을 첨가하여 혼합한 후 85℃에서 살균하고 성형 포장한 치즈로 채소와 육류를 넣어 만든 process cheese food와 수분 50~60%, 지방 20% 이상인 빵에 발라먹는 process cheese spread가 있다. 이상의 제조공정을 도식화하면 그림9-6과 같다.

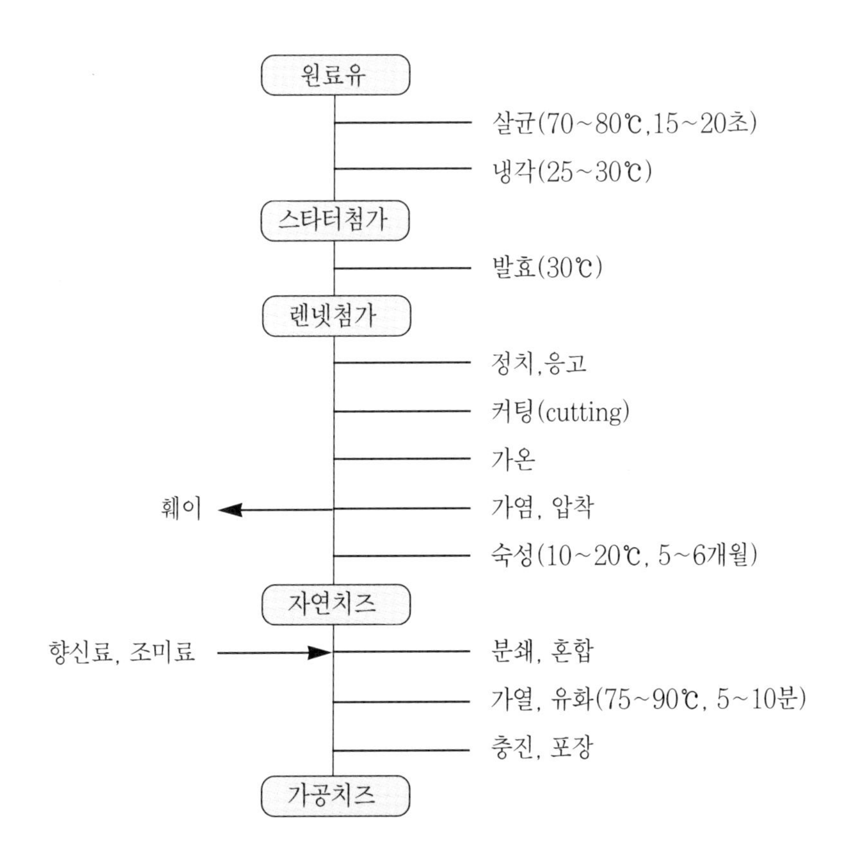

그림9-6. 치즈의 제조공정

제 10 장 계란과 그 가공제품

계란은 빵 · 과자를 만드는데 있어서 중요한 재료이다. 이유는 흰자와 노른자가 다른 재료에서 볼 수 없는 중요한 특성을 많이 갖고 있기 때문이다.

따라서 빵 · 과자를 만드는데 계란과 그 가공품의 기본적 성분 및 특성을 이해할 필요가 있다.

10-1. 계란의 구조

계란의 구조는 껍질(shell), 껍질막(shell membrane), 흰자(egg white 또는 albumin), 난황(yolk), 기실 및 알끈으로 이루어져 있다.

1. 껍질(egg shell)

   껍질의 두께는 270~350㎛이며 해면상층(sponge layer)을 관통하는 1㎠ 당 100~300개의 기공(계란 1개에는 7,000~17,000개)이 있으며 신선할 때는 큐티클막(cuticle)으로 표면이 덮여 있다.

2. 껍질막(shell membrane)

   껍질막은 두께 약 70㎛로서 외막과 내막으로 구성되며 케라틴(keratin)질의 얇은 막으로 미생물 침입을 막는 기능을 한다.

3. 흰자(albumin 또는 egg white)

   흰자(egg white)는 전체 중량의 약 60%를 차지하며 농후 난백과 점도가 낮은 수용성 난백 및 난황을 고정하고 있는 나선상의 알끈으로 구성되어 있다.

4. 노른자(egg yolk)

   노른자는 노른자막(yolk membrane)으로 둘러싸여져 있으며 노른자 막의 두께는 10㎛로 기계적 강도가 크나 흰자가 묽어지면서 강도는 저하된다.

10-2. 계란의 조성

계란의 화학적 조성은 닭의 품종, 연령, 개체, 알의 신선도 및 분석 방법 등에 따라 다소 차이가 있으나 아래 표10-1과 같다.

표10-1. 계란의 부위별 성분 (단위:%)

성분 \ 부위	전 란	노른자	흰자
수분	74.0	49.4	87.8
단백질	12.8	16.3	10.8
지방	11.5	31.9	0
탄수화물	0.7	0.7	0.8
회분	1.0	1.7	0.6

1. 단백질

계란 흰자는 주로 수분과 단백질로 구성되어 있다. 오부알부민(ovalbumin)은 흰자의 가장 중요한 단백질로 전체 고형분의 54%를 차지한다. 오부알부민은 쉽게 변성되는 특성을 갖고 있으며 조리할 때 음식의 구조를 형성해 준다.

오보뮤코이드(ovomucoid)는 흰자 고형물의 11%를 차지하고 있으며 열변성에 적합하고 단백질 분해효소인 트립신의 활성을 방해한다. 오보뮤신(ovomucin)은 다른 단백질 보다 함량이 적지만(3.5%) 거품을 안정시키고 오래된 계란의 변성과 흰자가 묽어지는데 관여한다. 한편 노른자에 존재하는 가장 중요한 단백질은 고밀도의 지방단백질(lipovitellin과 lipovitellinin)이다. 이외에도 노른자에는 인단백질(phosphoprotein)인 포스비틴(phosvitin)과 수용성이며 유황을 함유한 리비틴(livitin) 등이 있다.

2. 탄수화물

계란에 존재하는 탄수화물은 포도당(glucose), 갈락토오스(galactose) 등의 형태로 적은 양 들어 있으나 중요한 성분이다. 포도당과 갈락토오스는 단백질과 작용하여 마이야르 반응을 일으켜 계란 흰자 분말이나 완숙된 계란 흰자를 갈변화시킨다.

3. 지질

계란의 지질은 글리세리드(glyceride)와 인, 질소, 당 등이 결합한 복합지질 및 스테롤로 구성된다. 인지질은 레시틴(lecithin)과 세팔린(cephalin)으로 구성되며 레시틴(lecithin)은 천연 유화제로 중요한 역할을 한다. 계란 중의 지방은 대부분 난황 중에 함유되어 있으며 난황 지방의 대부분은 단백질과 결합하고 있다. 난황 내에 지질은 산란계의 품종에 따라서 32~36%의 함유량의 차이를 나타낸다. 난황의 지질 조성은 아래 표10-2와 같다.

표10-2. 난황 지질의 조성

지질의 종류	계란 1개당 지질	
	중량	백분율(%)
glyceride	3.8	62.3
phospholipids	2.0	32.8
sterols	0.3	4.9
cerebrosides	trace	-
합계	6.1	100

4. 무기질

노른자는 무기질 중 인, 요오드, 아연, 철을 함유한다. 계란흰자에는 유황성분이 함유되어 있어 계란을 은제품에 담았을 때 검은색으로 변하게 하는 원인이 된다.

5. 비타민

계란 흰자에는 비타민 B_2 가 함유되어 있는데 함유량은 사료에 따라 어느 정도 영향을 받는다. 노른자에는 지용성 비타민인 비타민 A를 비롯하여 비타민 D, 엽산, 판토텐산, 비타민 B_{12}등이 존재한다.

6. 색소

노른자에 존재하는 색소는 카로티노이드로 사료의 종류에 따라 색상의 차이를 보인다. 노란 옥수수나 파란 풀을 많이 먹으면 색이 진해지고 보리나 밀과 같은 것을 많이 먹이면 색이 연해진다. 따라서 색이 짙다고 해서 비타민 A 함량이 꼭 높다고는 할 수 없다. 한편 β카로틴이 많이 함유된 사료를 먹었을 때는 비타민 A로 전환 될 수 있다.

10-3. 계란의 성분과 영양가

계란은 대략 껍질 10%와 내용물(전란) 90%로 구성되어 있다. 전란은 흰자와 노른자로 구별되며 이들의 중량비는 대략 30 : 60 정도이다. 이들의 부위별 화학조성은 표10-3과 같다.

표10-3. 흰자, 노른자 및 전란의 성분 (100g)

	열량 (㎉)	수분 (g)	단백질 (g)	지질 (g)	당질 (g)	회분 (g)	칼슘 (㎎)	비타민A (I.U)
전 란	162	74.8	12.3	11.2	0.3	0.9	55	640
흰 자	48	88.0	10.4	trace	0.4	0.7	9	0
노른자	363	49.4	15.3	31.2	0.2	1.7	140	1800

계란의 단백질은 식품 중 최고의 영양가를 갖고 있으며, 필수아미노산은 노른자와 흰자 모두 세계보건기구의 기준치를 상회하고 있다. 특히 한국인에게 부족하기 쉬운 리신을 풍부하게 함유하고 있어 과자뿐만 아니라 빵에 계란을 첨가하면 리신을 보충한다는 의미로서 의의가 크다. 또한 단백질 이외에도 인간에게 필요한 거의 모든 무기질을 함유하고 있으며 특히 노른자는 칼슘 함유량이 높고, 비타민C를 제외하고는 거의 모든 종류의 비타민을 풍부하게 함유하고 있다.

1. 흰자

흰자는 90% 정도가 수분으로 구성되어 있고, 그 나머지 대부분이 단백질로 이루어져 있다. 단백질의 주성분은 알부민(albumin)이며 오브알부민(ovalbumin), 콘알부민(con albumin), 글로불린(globulin) 등의 단순 단백질과 오보뮤코이드(ovomucoid)와 같은 복합 단백질로 구성되어 있다.

흰자의 중요한 역할은 노른자를 보호하여 신선도가 오래가도록 하는 일이다. 이를 위해 흰자의 구성 단백질들은 외부로부터 침입하는 미생물로부터 노른자를 보호하기 위하여 특수한 기능들을 갖고 있다. 즉 당단백질인 오브뮤코이드는 미생물의 소화효소인 트립신의 작용을 저해하며, 전체 흰자 단백질의 13%를 차지하고 있는 콘알부민(con albumin)은 금속과 결합하여 항세균성 물질로 작용한다. 글로불린G_1(리소짐)은 세균을 용해시키며, 아비딘(avidin)은 미생물의 번식에 필요한 비타민인 비오틴을 불활성화 시키는 기능이 있다.

흰자는 점도가 낮은 묽은 흰자와 점도가 큰 진한 흰자로 구분되며, 진한 흰자는 점조성과 알끈으로 노른자와 연결되어 노른자를 중앙부에 고정시킨다. 아주 신선한 계란은 묽은 흰자와 진한 흰자의 비율이 거의 같지만 계란이 오래 될수록 진한 흰자가 수양화되어 묽은 흰자의 양이 많아진다. 이에 따라 흰자의 점도는 저하되며 노른자는 불안정하게 되어 난곡에 부착된다. 또한 흰자에 의한 보호작용도 저하되어 노른자는 직접 외부로부터의 미생물에 감염되어 부패하기 쉽게 된다.

한편 산란 직후의 계란은 이산화탄소 가스가 다량 함유되어 있으나 저장하는 동안에 이산화탄산 가스는 난곡을 통하여 휘발되어가기 때문에 신선란의 pH는 8.2~8.9 정도이나 저장기간에 따라 9.6 정도까지 상승된다.

저장 중 진한 흰자의 수양화현상을 방지하기 위해서는 난곡면에 기름을 분무해주어 탄산가스의 휘발을 방지해 주거나, 계란을 밀폐용기에 넣고 용기의 용적에 대하여 60%의 이산화탄소가스를 넣으면 수분의 발산과 미생물의 침입을 막을 수 있다.

2.노른자

노른자의 주위를 보호하는 얇은 노른자막의 양끝에는 알끈이라고 하는 축상의 물질이 끈끈하게 붙어 있어서 노른자를 계란의 중심부에 안정시키는 역할을 하고 있다.

노른자는 흰자에 비교해서 고형분이 많고 그 2/3를 지질이, 나머지 1/3를 단백질이 차지하고 있다. 노른자 단백질의 특징은 그 대부분이 인산과 결합한 인단백질(lipoprotein)로 복합단백질이다. 노른자에 존재하는 단백질의 종류는 많으나, 그 중 저밀도 인단백질(LDL)이 약 65%를 차지한다. 저밀도 인단백질은 지질의 함량(80%)이 많고, 상대적으로 단백질의 밀도가 낮다는 의미로 고밀도 인단백질(HDL)의 반대 개념이다.

저밀도 인단백질은 유화력이 강한 단백질로서 그 유화작용에 의해 난황지질의 소화력이 좋아지게 된다. 인단백질과 결합되어 있는 지질의종류는 중성지방 60%, 인지질 30%, 콜레스테롤 5% 등이며, 인지방은 유화작용이 큰 레시틴(lecithin)의 주체이다.

10-4. 계란의 가공적성

1. 열응고성

계란은 열에 약한 단백질을 많이 함유하고 있기 때문에 가열 변성에 의해 전형적으로 겔화하여 응고한다. 이와 같은 성질은 조리나 제과에 많이 이용될 뿐 만 아니라 육류나 수산연제품의 결착, 이수방지, 조직개량 등의 목적으로 이용된다.

제빵에 있어서도 계란은 빵이 가열 팽창될 때 조직을 단단히 고정화시키는 역할을 할 뿐만 아니라 빵 표면에 광택제로 계란물을 사용하는 것도 열 응고성을 이용하는 것이다.

일반적으로 알부민, 글로불린 등의 열응고성 단백질은 60~70℃에서 응고가 일어나는데, 흰자는 60℃ 근처에서 응고를 시작하여, 70~80℃에서 완전 응고하며 그 이상의 온도에서도 경화가 진행되는 것에 반하여 노른자는 65℃ 근처에서 응고를 시작하여 70℃에서 완전 응고한다.

계란의 열응고성을 이용하는 과자제품으로 커스터드 푸딩이 있는데, 이 과자는 계란을 이용하기 때문에 70~80℃에서 과자의 골격이 완성된다. 그러므로 물이 비등할 때까지 지나치게 가열하면 이미 굳어버린 조직 안에서 수분이 기화되어 기포자국이 많이 남으므로 온도조절이 대단히 중요하다.

계란 단백질의 열에 의한 변성을 방지하는 방법으로 계란 알부민에 포도당을 첨가하여 아미노카르보닐 반응을 일으켜 유리 아미노기의 부분을 제거 해버리면 계란의 응고온도가 현저하게 상승한다. 그러나 이에 따른 갈변반응은 피할 수 없는 현상으로 알려져 있다.

한편 계란을 장시간 가열하면 노른자의 표면이 암갈색으로 변한다. 이것은 흰자에 많이 함유되어 있는 유황아미노산이 열분해 후 황화수소(H_2S)를 발생하여 난황에 함유되어 있는 철과 결합하여 황화철FeS(흑색)을 형성하기 때문이다.

커스터드크림은 계란 노른자를 주원료로 하여 설탕, 전분, 뜨거운 우유 등을 혼합하여 주의 깊게 가열하고 버터나 향을 가미하여 만드는 크림이다. 이 크림의 제조시 주의하여야 할 것은 온도조절인데 이유는 계란 노른자가 비교적 낮은 온도에서 응고하기 때문이다. 그러므로 크림을 제조할 때 가능한 한 계란노른자가 응고하는 것을 막고 전체로 분산시킬 필요가 있다. 따라서 먼저 노른자에 설탕을 혼합하고, 열을 가하면 설탕이 단백질의 변성을 억제하여 준다.

한편 계란의 단백질인 오브알부민의 등전점은 pH 4.8 정도인데 계란 흰자의 pH를 등전점으로 접근시키면 응고가 쉽게 된다. 그러나 pH가 4 이하나 강알카리 상태에서는 응고되지 않는다.

2. 기포성

흰자를 거품기로 가볍게 교반하면서 공기를 서서히 혼입시키면 처음에는 크고 거친 거품이 생기지만 그 거품은 서서히 작아져서 단단한 광택이 있는 거품으로 변해간다. 이때 형성된 거품의 직경은 평균 150㎛ 정도이며 거품 전제용적은 교반 전에 비해 약 7배가 증가된다.

이와 같이 흰자를 교반했을 때 거품이 일어나는 것은 흰자 안에 함유되어 있는 단백질의 기포성 때문이며 이 기포성은 머랭이나 스폰지케이크 제조의 기본이 된다.

기포가 형성되는 이유는 흰자를 구성하고 있는 알부민이나 글로불린 등의 단백질 용액이 공기와 접촉하는 계면의 장력을 최소화하기 위해 표면변성을 일으켜 불용성 피막을 형성하기 때문이다. 그리고 기포형성에 관여하는 흰자 단백질 중에서 글로불린이 알부민보다 기포형성의 주체가 되는 것으로 알려져 있다.

흰자의 기포성은 계란의 신선도, 교반시 온도, 첨가물, pH 및 교반속도 등에 의해 영향을 받는다.

계란은 신선도가 저하됨에 따라 진한 흰자가 수양화되어 묽은 흰자가 된다. 묽은 흰자는 점도가 감소하기 때문에 기포성은 증가하나 기포의 안정성이 저하되는 경향을 보인다(표10-4).

그러므로 기공이 미세하고 안정성이 높은 머랭을 제조하기 위해서는 거품을 올리는

시간은 오래 걸리지만 진한 흰자가 많은 신선한 계란을 사용하는 것이 바람직하다

표10-4. 흰자의 부위, 온도변화와 기포성

부위 \ 온도℃	10	20	30	47
전 흰 자	100	110	120	130
묽은 흰자	150	170	200	240
진한 흰자	84	91	88	94

온도도 표10-4에 나타난 바와 같이 높으면 높을수록 기포가 쉽게 형성되나 점도와 안정성은 반대로 저하되는 경향을 보인다. 그러므로 기포형성의 최적온도는 25℃로 보고 있다.

신선한 계란의 pH는 9 정도이나 기포의 안정성은 등전점 부근(pH 4.6~4.9)에서 가장 크다. 그러므로 pH를 낮추어 단단한 기포를 형성시키기 위하여 소량의 레몬즙(흰자의 1%)이나 타타르 크림(흰자의 0.4%)를 첨가하여 준다(표10-5).

표10-5. pH에 따른 거품의 비중

유기산 \ pH	4.1	4.5	4.9	7.2
구연산	0.272	0.313		
초산	0.253	0.243		
주석산	0.263	0.249		
주석산 칼륨염 1%			0.223	
주석산 칼륨염2.8%			0.243	
무첨가				0.182

기포의 안정성을 높이는 가장 손쉬운 방법은 설탕을 첨가하여 흰자용액의 점도를 상승시키는 방법이다. 설탕은 점도를 상승시킴으로서 기포끼리의 합병을 방지해주고, 설탕의 탈수작용으로 인해 단백질의 수화성이 저하되어 기포 표면의 막이 단단해지도록 한다. 따라서 신선도가 떨어지는 흰자인 경우에는 반드시 설탕을 첨가하여 포립시키는 일이 중요하다.

전란을 이용하여 기포를 일으키는 경우는 노른자의 지질이 기포 형성에 영향을 미쳐 기포가 형성되는 데 시간이 오래 걸린다. 따라서 전란을 포립시킬 때는 혼합시간을 길게 하여야 한다.

일단 형성된 전란의 기포는 미세하고, 안정도도 크기 때문에 롤 반죽이나 촉촉하게 구워내고자 하는 제품에 많이 사용된다. 이와 같이 노른자에 들어 있는 유지는 버터나 샐러드유와 같이 흰자의 포립을 방해하지 않는데 그 이유는 노른자에 들어 있는 유지가 표면을 레시틴이라는 유화제에 의해 둘러싸인 미세한 유적상, 즉 기름방울 모양을 하고 있어서 직접 흰자와 접촉되지 않기 때문이다.

한편 흰자에 첨가되는 첨가물들도 흰자의 기포성에 다음과 같은 영향을 미친다.

1) 물과 지방

물을 40% 첨가해 주면 거품의 부피는 증가하나 안정성은 저하된다. 또 소량의 지방을 가해 주면 계면상태가 변하기 때문에 거품이 생기지 않는다. 그러나 0.5% 이하의 면실유를 가하면 거품의 부피는 감소되나 안정성에는 큰 영향을 주지 않는다.

2) 식염

소금의 첨가는 표면의 변성을 촉진시키나 난백의 기포성에 크게 영향을 주지 않는다.

3) 설탕

설탕의 첨가량이 많을수록 저해경향은 현저하며 100%설탕을 첨가한 경우 거품의 형성 시간은 2배 이상이 요구된다. 따라서 설탕을 첨가할 때는 먼저 난백을 교반하여 거품을 안정하게 형성시킨 후에 서서히 설탕을 넣어 주는 것이 거품의 안정성을 증가시킨다(표10-6).

표10-6. 기포성과 안정성에 대한 설탕의 영향

흰자에 대한 설탕량 (%)	교반시간 (분)	설탕 첨가법	거품의 비중	분 리 액 량 (%)			
				30분	1시간	2시간	24시간
100	3	A	0.238	0	0	3.6	18.2
	6	B	0.310	0	0	3.2	-
80	3	A	0.209	0	0.3	7.3	27.5
	4	B	0.233	0	0.9	14.9	40.4
50	3	A	0.171	1.4	1.5	28.2	31.7
	3	B	0.176	0.6	0.9	24.4	39.4

A : 흰자 만 1분 교반 후 설탕을 가하고 2분간 교반

B : 처음부터 설탕을 넣고 교반

4) 우유

흰자를 교반할 때 소량의 우유라도 첨가하면 기포형성이 저해된다. 그러나 탈지유, 무당연유 및 균질우유와 같이 유지가 없거나 지방구가 미세한 상태의 것을 적은 량 첨가했을 때는 기포의 형성에 영향을 주지 않는다.

5) 산

흰자의 ovalbumin은 등전점 부근에서 가장 기포력이 크게 나타나므로 거품을 내기 전에 식초나 레몬즙, cream of tartar 등을 첨가하면 거품의 안정성이 증가한다.

3. 유화성

흰자의 기포성에 대하여 노른자의 최대 특징은 그 유화성에 있다. 노른자 성분의 특징은 노른자 고형분의 약 63%가 지방으로 되어 있고 약 33%를 차지하고 있는 단백질과 결합하여 인단백질을 형성하고 있으며, 레시틴을 주요 성분으로하는 인지질이나 콜레스테롤을 함유하고 있다.

인단백질은 수중유적형(O/W)의 에멀젼을 만드는 특징이 있으며, 레시틴도 강력한 수중유적형의 유화제로 알려져 있다. 또한 콜레스테롤도 유중수적형(W/O)의 에멀젼울 만드는 특징을 갖고 있기 때문에 노른자 자체는 에멀젼으로 존재하면서 강한 유화력을 보유하고 있다.

노른자의 유화력은 마요네즈 제조에서 보듯이 70~85%의 식용유에 5~10%의 노른자를 첨가하면 안정한 O/W형의 에멀젼이 만들어진다.

이와 같이 유화작용을 갖고 있는 물질은 분자 내에 친수성기와 친유성기를 공유하고 있어서 물과 기름의 사이에 위치하여 친수성기는 물을 향하여 배열하고 친유성기는 기름을 향하여 배열하므로서 계면장력을 저하시켜 혼합될 수 있도록 하여 에멀젼을 형성한다. 이와 같은 유화작용을 하는 물질을 계면활성제라고 하며, 노른자는 천연의 계면활성제로서 우수한 특성을 나타낸다.

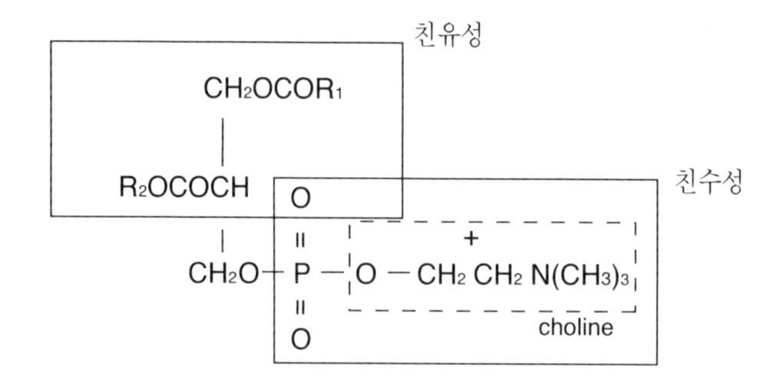

그림10-1. 레시틴의 유화작용

제과제빵의 원료에는 물에 녹는 수용성 물질과 기름에 녹는 유용성 물질이 혼재되어 있고, 이 양자를 균일한 유화상태로 만들려고 할 경우에 노른자를 이용할 수 있다. 예를 들면, 제과제빵에서 밀가루, 설탕, 분유, 물 등은 친수성 물이며 버터, 마아가린, 쇼트닝 등은 친유성 물질이다. 이것에 전란 또는 노른자를 가하여 혼합하면 노른자의 강한 유화력에 의해 원료들은 균일하고 미세하게 분산되어 안정한 반죽을 만들 수 있다. 이때의 혼합은 균일한 혼합과 함께 유화를 목적으로 하기 때문에 저속으로 혼합을 실시하여야 한다.

4. 가열에 의한 변색

계란을 높은 온도에서 긴 시간 동안 가열하면 노른자와 흰자 사이의 표면이 푸른색으로 변한다. 이 현상은 흰자의 황화수소(H_2S)가 노른자에 있는 철 (Fe)과 결합하여 황화철(FeS)을 만들기 때문이다. 이러한 현상은 오래된 계란일수록 더 잘 발생한다. 오래된 것은 이산화탄소 가스의 손실로 pH가 높아져 알칼리가 되는데 이러한 알칼리 상태에서 황화철이 더 빨리 형성되기 때문이다.

10-5. 가공란과 그 특성

1. 액란

액란은 껍질을 제거한 전란을 흰자와 노른자로 분리한 액난황과 액난백 등으로 나뉜다. 껍질을 분리한 후 여과한 액란은 계란의 성분이 열에 의해 응고되지 않도록 저온살균을 행한다. 저온살균의 조건은 pH를 8.5이상으로 하여 60℃에서 3~4분 가열하여 살모넬라균을 살균한다. 살균 후에는 급속냉각시켜 냉장고에 보관하게 된다. 액란은 살균을 거치기 때문에 액란의 단백질이 열에 의하여 변성되어 기포성이 저하되고, 케이크의 체적도 작아진다. 그러므로 액란에 당을 가하여 물성저하를 억제시킨 제품도 있다.

2. 동결란

액란을 보통 -20~-30℃로 동결한 것으로 -15℃전후에서 냉동 보관한다. 동결란의 종류에는 동결전란, 동결난백, 동결난황의 3종류가 있다. 동결은 저장성을 증가시키나 동결 후 해동에 의해 동결 변성되기 때문에 품질의 저하는 피할 수 없다. 동결 변성은 주로 저밀도 인단백질에 의한 것으로 동결에 의해 인단백질의 일부가 절단 유리되는 것으로 추측된다. 동결에 의한 영향을 줄이기 위하여서는 식염 2~3% 또는 설탕을 10% 정도 첨가하면 기능성 저하를 상당부분 방지할 수 있다.

동결란을 제과, 제빵에 이용하기 위해서는 사용하기 전 냉동란의 보온이나 혼합시간의연장, 혹은 기포제, 유화제 등의 병용이 필요하다.

3. 건조란

액란을 건조한 후 분말화시켜 저장성을 높인 것으로서 건조 방법은 열풍 분무건조나 동결건조를 행한다. 건조물에서의 문제점은 흰자에 미량 함유되어 있는 포도당 등의 유리환원당에 의해 아미노카르보닐 반응을 일으키고 갈변하며 이에 따라서 이취를 발생시킨다. 이를 방지하기 위하여 건조 전에 이스트를 0.2~0.3%를 가하여 발효시켜서 당분을 제거하거나 포도당을 산화시키는 글루코오스옥시다아제를 첨가하는 방법 또는 pH를 7.0~7.3으로 조절한 후 과산화수소를 6시간 가량 연속적으로 가하여 탈당시키는 방법등을 사용한다.

건조란은 기포성의 저하 등 액란에 비해 품질의 저하가 일어나기 쉬우나 아이스크림, 냉과, 분말인스턴트 식품 등에 광범위하게 사용되고 있다.

4. 농축란

전란, 난백을 냉동, 보관, 수송할 때에는 수분을 적게 하는 것이 편리하며 경제적이므로 농축처리가 행하여 진다. 난황은 비교적 수분이 적으므로 보통 처리하지 않는다.

전란은 60℃ 이하까지 가온한 후 설탕을 가하고 진공농축기로 고형분 75%까지 농축시키면 열에 대하여 비교적 안정하고 기포성이 저하되지 않기 때문에 스폰지 케이크 등에 품질적 저하 없이 사용할 수 있다.

10-6. 계란의 신선도 검사 방법

계란의 품질이란 소비자에게 호감을 주는 계란 자체에 영향을 미치는 특성들로서 구성되어 있다. 품질과 신선도는 같은 말이 아니다. 즉 신선란이 반드시 우수한 품질의 것이라고 볼 수 없으나, 계란의 품질을 판정하는 하나의 요소는 될 수 있다. 신선란은 갓 낳은 계란의 특성을 갖는 계란을 말하며 30일을 초과하지 않는 것으로 품질을 유지할 수 있는 온도와 습도 하에서 잘 보관된 것을 말한다.

계란의 신선도는 외관 검사, 귀 가까이에서 흔들어보는 진음법, 광선을 투과하여 기실의 크기, 난백의 유동상태, 난황의 위치 등을 조사하는 투시법, 비중법 등으로 판단하는데, 비중을 측정하는 방법이 가장 많이 사용된다. 신선한 계란은 비중이 1.08~1.09이며 저장 중 점차 감소한다. 따라서 비중이 1.027(소금60g을 물 1 *l* 에 용해시킨 농도)의 식염수에 계란을 넣으면 신선도에 따라 오래되었거나 부패한 것은 물 위로 떠오르고 신선한 것은 밑에 가라앉으며 보통 계란은 1㎝ 정도 뜬다.

제 11 장 발효에 관여하는 미생물

미생물학적으로 빵반죽을 발효시키기 위해서는 많은 종류의 미생물을 이용할 수가 있다.

성서에 나오는 "Leaven"이라는 단어는 당시 반죽에 함유되어 있는 이스트와 젖산균을 지칭한 것이며 빵을 만들기 위해 반죽의 일부(스타터)를 남겨 두었다가 사용하는 전통적인 방법은 아직까지 샌프란시스코 사워도우나 이탈리아의 파네토네의 제법에서 사용되고 있다.

중세 이래로 맥주나 와인의 양조에 의해 생성되는 부생효모(barm)가 제빵에 이용되었으나 발효력이 약하고 열에 불안정하였기 때문에 제빵용 이스트가 18세기 말에 제조되었다. 초기의 빵용 이스트는 액체상태로 공급되었으며 옥수수, 보리 등의 곡류를 아밀라아제로 당화하여 술덧을 만들어 이스트를 넣고 발효하여 생산하였다. 이 방법에 의한 이스트의 수득율은 약 10% 정도 였으나 Vienna법이라 불리는 통기 배양법이 개발되어 이스트의 수득율이 높아지게 되었다.

이후 곡류 대신 제당공업의 부산물인 폐당밀이 원료로 대체되었으며 이스트의 번식에 필요한 영양원을 발효초기에 넣지 않고 단계적으로 첨가하는 유가배양(fed batch culture)법의 개발로 이스트의 수득율을 90%까지 끌어올려 오늘에 이르고 있다.

11-1. 이스트(효모, yeast)

이스트란 주로 출아(budding)에 의해서 증식을 하고 단세포 세대가 비교적 긴 진핵 세포구조를 갖는 진균류 중 효모형의 세포를 갖는 미생물군이라 할 수 있다.
이스트라는 명칭은 알콜 발효 때 생기는 거품(foam)이라는 네덜란드어인 가스트(gast)에서 유래되었으며 Lievamento(이), levadura(스), levure(프)라는 단어들은 모두 라틴어의 "부풀린다"는 뜻의 levare에서 유래된 것이다. 독일어의 헤페(hefe)라는 단어도 부풀린다는 뜻의 헤벤(heben)에서 나온 말이다.

1. 생물학적 특성

1) 모양과 크기

이스트는 단세포 식물로 원형 또는 타원형을 하고 있으며 길이가 1~10㎛이며, 1개의 세포가 1개의 생명체로서의 독립된 기능을 갖고 있다. 생이스트 1g 중에는 약 50~100억개의 세포가 존재한다.

2) 세포의 구조

(1) 세포벽

글루칸, 만난 등의 다당류를 주체로 한 탄성이 있는 막으로 몸체를 보호하고 외부로부터의 영양분을 자유로이 투과시킨다

(2) 원형질막

교질상의 단백질을 주성분으로 한 지방 및 탄수화물로 구성되어 있으며 유해한 물질은 걸러내고 필요한 영양분만 선택적으로 흡수하여 세포의 생명과 활력을 유지시킨다

(3) 액포

원형의 공동으로 그 안은 액즙으로 채워져 있고 오래되거나 영양불량일수록 커진다

(4) 과립체

microsome과 mitochondria가 존재하며 단백질 합성과 호흡을 지배한다.

(5) 핵

유전자가 있는 곳으로 핵산을 합성하고 세포 분열로 유전형질을 다음 세대에 전달한다.

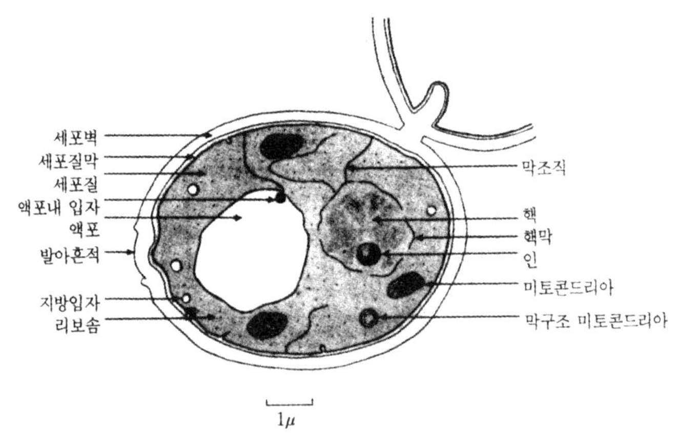

그림11-1. 효모의 세포의 구조

3) 이스트의 증식

출아법에 의해 증식하는데 출아법이란 세포의 일부에서 작은 돌기가 나와 그것이

서서히 성장하여 커지고 완전히 성숙하면 2개로 분열하여 독립된 세포로 되는 것을 말한다. 보통 1개의 세포가 분열해서 독립된 2개의 세포로 될 때까지의 시간은 가장 좋은 조건에서 약 2시간이 소요된다.

4) 이스트의 에너지 생산 방법

이스트는 주위의 산소 양에 따라 에너지 생산 방법이 다른 특성을 갖고 있다.

산소가 충분히 존재하는 경우는 그 산소를 이용하여 당류를 완전히 분해하여 대량의 에너지(38ATP)와 이산화탄소 및 물을 생성한다. 그 결과 이스트는 대량의 생성된 에너지를 이용하여 증식한다.

한편 산소가 불충분한 경우에는 이스트는 당류를 중간 단계까지 분해하여 소량의 에너지와 당류의 불완전한 분해산물인 에틸알콜과 이산화탄소를 생성한다. 주류나 빵발효 등은 이스트의 이런 특성을 이용하는 것이다.

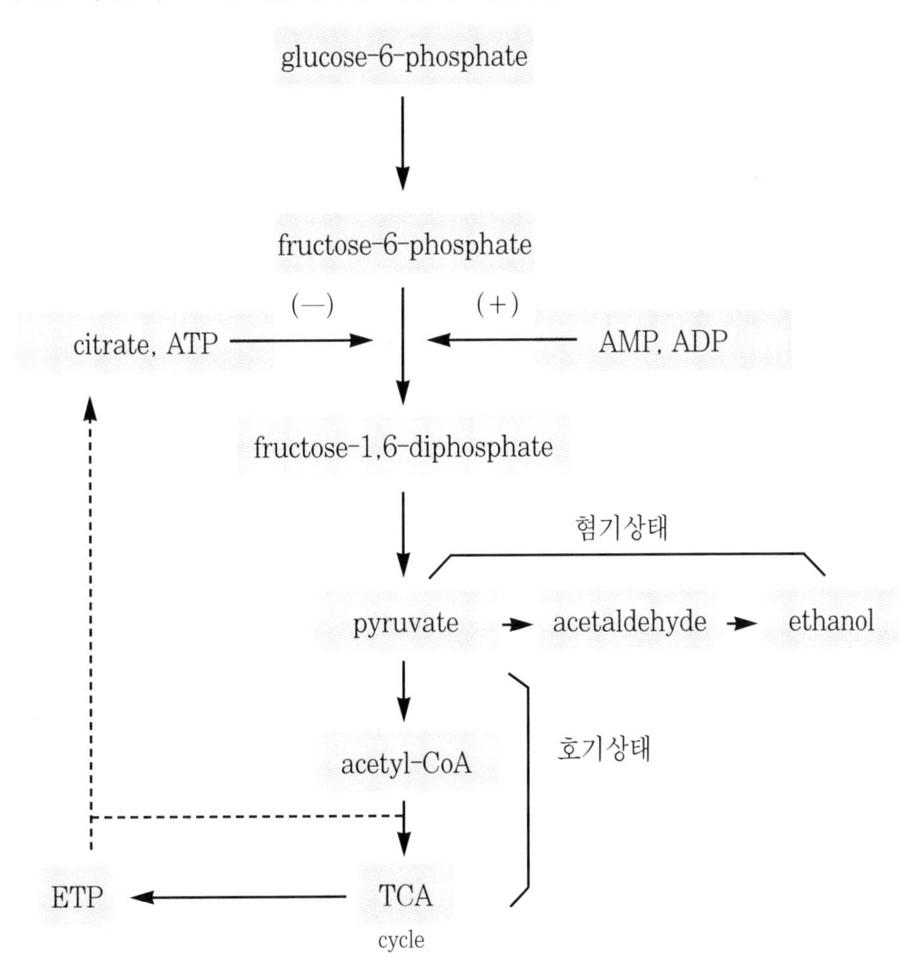

그림11-2. 이스트의 에너지 생산 방법

11-2. 이스트의 분류

이스트는 현재 39속 349종으로 분류하고 있는데, 이스트를 분류 동정하는 기준은 형태학적인 특징, 배양학적인 특징, 유성생식의 유무와 그 특징, 포자형성 여부와 포자의 형태, 생리적 특징으로 질산염과 탄소원의 동화성, 당류의 발효성을 종합적으로 판단하여 분류 동정한다.

한편 학문적 분류와는 관계없이 이스트를 이용면에서 편의상 분류하는 경우는 맥주이스트, 포도주이스트, 빵이스트, 간장이스트 등으로 부르기도 한다. 이스트는 과실의 표피, 수액, 토양, 해수, 우유, 공기, 밀가루 등 자연계에 널리 분포되어 있다. 자연계에서 분리된 그대로의 이스트를 천연 이스트(wild yeast)라 하고, 자연계에 존재하는 이스트를 분리하여 용도에 맞게 배양한 효모를 배양 이스트(culture yeast)라 한다. 우리가 현재 사용하고 있는 빵 이스트인 *Saccharomyces cerevisiae* 는 대표적인 배양 이스트이다. 빵이스트는 수분함량과 이스트의 기능성에 따라 다음과 같이 분류된다.

1. 수분함량에 따른 분류

배양액에서 분리한 이스트를 그대로 사용하거나 압축, 정형한 것을 생이스트(fresh yeast)라 하며, 배양액에서 분리한 이스트를 저온에서 수분함량 4~8%로 건조시킨 이스트를 활성 건조 이스트(dry yeast)라고 한다.

1) 생이스트(fresh yeast)

생이스트는 중량의 65~70%가 수분으로 되어 있기 때문에 보존성이 낮고 자기소화(autolysis)를 일으키기 쉽다. 이와 같은 현상은 보관 온도가 높을수록 심하므로 0~3℃의 냉장고에 보관하는 것이 바람직하다. 또 이스트는 곰팡이, 박테리아, 야생이스트 등에 알맞은 배지역할을 하여 잡균이 이스트를 분해 연화하면서 번식하게 되므로 청결한 냉장고에서 보관하여야 한다.

생이스트에는 우리가 많이 사용하고 있는 압착이스트(compressed yeast), 이스트를 탈수 후 압착 성형하지 않고 그대로 포장되어 판매되는 벌크 제품 및 액체상태로 탱크로리에 의해 공급되는 크림이스트 등이 있다.

2) 활성 건조 이스트(dry yeast)

활성건조 이스트는 농후한 이스트 현탁액을 첨가물과 함께 혼합한 후 송풍온도 70~150℃로 분무 건조하여 입상상태로 만들며 수분함량은 6~8%, 단백질함량은 40~50%로 되어 있다. 그러나 현재는 활성건조이스트의 단점을 보완하고 특수가공에 의해 과립모양으로 건조시킨 인스턴트 이스트가 개발되어 사용되고 있다. 인스턴트 이스트는 물에 대한 용해성 및 분산성이 높아 밀가루에 직접 섞어 사용할 수가 있으며 성능이 활성건조 이스트보다 개선되었다. 건조이스트를 제빵에 이용하는 목적은 생이스트에 비해 가)혼합시간이 단축되고 나)빵의 색상이 개선되며 다)빵의 풍미가 개선되기 때문에 고급빵과 하드롤 등에 많이 이용되고 있다.

한편 과자빵 반죽의 발효력은 설탕의 첨가량이 적거나 없는 반죽에 비해 1/2이하로 되기 때문에 보통 식빵 반죽에서는 생이스트를 2.5~3.0% 사용하며, 과자빵에서는 5%를 사용하게 된다

표 11-1. 빵용 이스트의 종류와 특징

종류	수분(%)	제품형태	제조법	사용법	보존기간
생 이스트	66-68	압착 벌크	배양액에서 원심분리하여 수분을 60~70%로 조정	ㄱ.이스트 중량의 5배 이상의 물에 이스트를 섞어서 5~10분 후 균일하게 교반(스폰지도우) ㄴ.식염, 설탕, 제빵개량제 등을 이스트와 함께 용해하지 말아야 한다 ㄷ.이스트를 녹이는 물이 50℃가 넘지 않도록 한다 ㄹ.이스트 용해액은 30분 이내 사용한다	2주
	60-65	액상		싸이로에서 자동공급	
건조 이스트	4-8	입상	배양액에서 분리한 이스트를 저온에서 건조 시켜 입상으로 만든것	이스트 중량의 10배수의 온수(40℃)에 섞어10~15분간 예비발효 시켜 사용한다. 이때2-3%의 설탕을 첨가 해도좋다	6~12개월
		과립상 (인스턴트이스트)	배양액에서 분리한 이스트를 특수가공하여 건조시켜 과립상으로 한 것	액체나 밀가루에 대단히 잘 분산되기 때문에 소맥분에 직접 혼합하여 사용한다	1-2년

표11-2. 이스트의 성능 비교

항목 \ 종류	생 이스트	건조 이스트	
		regular	instant
수분 (%)	67.0~72.0	7.5~8.3	4.5~6.0
발효력[1]			
식빵 반죽[2]	24.5~26.1	15.8~17.4	17.9~20.5
과자빵 반죽[3]	10.9~12.5	9.2~10.0	9.2~10.0
무당빵 반죽[4]	25.9~28.8	13.6~14.3	20.5~21.9

1) mM CO_2/g 균체건조물/시간
2) 설탕 배합량 : 4~12%
3) 설탕 배합량 : 15~25%
4) 설탕 배합량 : 없음

2. 이스트의 기능에 의한 분류

빵을 만들 때 쓰일 수 있는 이스트에는 여러 가지 종류가 있는데 설탕에 대한 성질을 기준으로 크게 2가지로 나눌 수 있다. 한 가지는 설탕의 배합량이 적은 경우에 대단히 활발하게 발효를 하는 이스트로 일반적으로 저자당형이라고 부른다. 또 한가지는 설탕의 배합이 비교적 많아야 활발한 발효를 하는 이스트로 고자당형이라고 부른다. 현재 생이스트와 건조 이스트에는 두 가지 형태의 제품이 판매되고 있다.

이스트를 사용하는 경우 대상으로 하는 반죽의 설탕 배합량이나, 제품의 목적 즉 발효인가, 팽창인가 혹은 풍미 향상인가 등을 명확하게 할 필요가 있다. 즉 배합에서 이스트가 자기 기능을 발휘할 수 없는 이스트를 다량 사용한 경우는 반죽의 안정성이나 작업의 융통성 및 품질에 영향을 미치게 된다. 따라서 최소의 사용량으로써 목적으로 하는 제품을 얻을 수 있는 특정 제품 전용 이스트가 필요하며 현재에는 빵용, 냉동반죽용, 과자빵용 등의 전용 이스트가 사용되고 있다. 빵전용 이스트 타입으로 해서는 무당 혹은 저당영역에서 발효력이 강하여 짧은 시간 안에 빵을 제조할 수 있는 타입이 필요하다. 따라서 인베르타아제, 말타아제의 활성이 비교적 높은 균주가 필요하다. 그림 11-3은 설탕을 첨가하지 않은 빵반죽에서의 이산화탄소 발생량을 표준형과 빵전용이스트의 이산화탄소의 발생량을 그래프로 나타낸 것으로서 빵전용 이스트의 경우 표준형에 비하여 발효 초기에 많은 양의 이산화탄소가 나오며 누출되는 가스의 양이 적음을 나타내고 있다.

최근의 기술동향으로는 식빵의 고급지향화 및 타사와의 차별화를 위해서 제품에 특징있는 풍미를 제공하는 즉 이소부틸알콜의 생성량, 수율 및 발효력이 뛰어난 이스트의 개발이 이루어졌다.

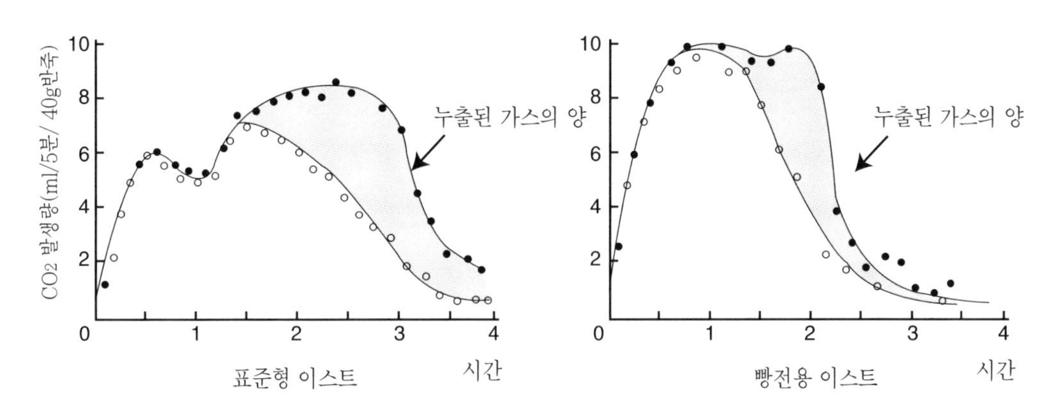

그림 11-3. 이스트 형태에 따른 발효 패턴 비교

또한 프럭토올리고당 비분해성이면서 빵의 발효에 필요한 인베르타아제의 활성이 높은 이스트가 개발되어 빵에 올리고당을 첨가한 기능성 빵의 개발이 가능하게 되었다.

한편 1970년대 이래로 냉동 반죽의 보급이 시작된 이래로 냉동 반죽 전용 이스트의 필요성이 제기되면서 냉동내성 및 냉동 장애가 적은 이스트가 개발되었고 우리 나라에서도 수입하여 이용하고 있다.

11-3. 이스트에 존재하는 효소

1. 프로티아제(protease)

단백질을 분해하여 아미노산을 생성하나 세포내에 존재하기 때문에 빵 발효에는 관여하지 않는다.

2. 리파아제(lipase)

지방을 지방산과 글리세린으로 분해한다.

3. 인베르타아제(invertase)

자당을 포도당과 과당으로 분해한다.

4. 말타아제(maltase)

맥아당을 2분자의 포도당으로 분해한다.

5. 치마아제(zymase)

포도당을 이용하여 알콜발효를 하여 에틸알콜과 이산화탄소 가스를 생성시킨다.

$$C_6H_{12}O_6 \xrightarrow{\text{zymase}} 2C_2H_5OH + 2CO_2$$

11-4. 제빵과 이스트

제빵에 있어서 이스트의 기능은 가) 반죽에서 당 발효에 의한 이산화탄소 발생과 반죽의 팽창 나) 이산화탄소 발생에 따른 반죽의 물성 변화와 숙성 다) 대사산물에 의한 향기성분의 생성 라) 곡물 단백질의 생물가 개선 현상을 들 수 있다.

1. 발효성 당

제빵시 첨가되는 당 이외에 밀가루 자체에 함유되어 있는 당은 1~1.5% 정도(표 11-3)이며, 이 중 이스트에 의하여 직접 이용될 수 있는 당은 약 $\frac{1}{3}$정도이다. 이스트의 발효에 중요한 당은 단당류(글루코오스와 프럭토오스), 이당류(슈크로오스와 말토오스) 및 저분자량의 글루코프럭탄이다. 젖당(lactose)은 우유에 존재하는 당으로 이스트에 의하여 가수분해 되지 않으므로 발효에 이용되지 않는다.

표11-3. 80% 에틸알코올로 추출한 당 함량(%)

당	봄 밀
프럭토오스(fructose)	0.02 ~ 0.08
글루코오스(glucose)	0.01 ~ 0.09
슈크로오스(sucrose)	0.19 ~ 0.26
말토오스(maltose)	0.07 ~ 0.10
소당류(oligosaccharide)	1.26 ~ 1.31

직접발효법에 의한 반죽의 발효 중의 당의 변화는 설탕을 첨가하지 않은 경우에는 단당류가 감소할 때까지 아밀라아제에 의하여 말토오스의 함량이 증가하는 반면 설탕을 첨가하면 발효 3시간 동안 말토오스 함량은 계속 증가하게 된다. 한편 단당류에서는 글루코오스가 프럭토오스보다 빨리 발효됨을 알 수 있다.

말토오스만을 함유하는 배양액에 발효 60분 및 150분에 글루코오스를 첨가했을 때의 가스생산량을 보면 그림11-4와 같다. 그림을 보면 발효시간 60분 동안 이스트는 말토오스의 발효에 충분히 적응을 못하나 글루코오스가 발효에 이용되고 나면 말토오스를 발효하기 시작하여 가스 생산량이 많아짐을 알 수 있다. 이와 같이 자화성당이 소비된 다음에 말토오스 발효계가 유도되는 형식은 "diauxie" 현상의 하나로 알려져 있다. 일반적으로 이스트를 배양할 때 맥아나 말토오스를 첨가하여 배양하면 일반적으로 말타아제의 활성이 큰 이스트를 얻을 수 있는 것으로 알려져 있다.

직접 반죽법에 비하여 스폰지법은 발효시간이 길기 때문에 말토오스의 발효는 굽기 과정 바로 직전까지 계속되며 따라서 빵에서의 말토오스 함량은 직접 반죽법에 의한 빵보다 적으나 빵의 부피를 결정하는 중요한 요소가 된다.

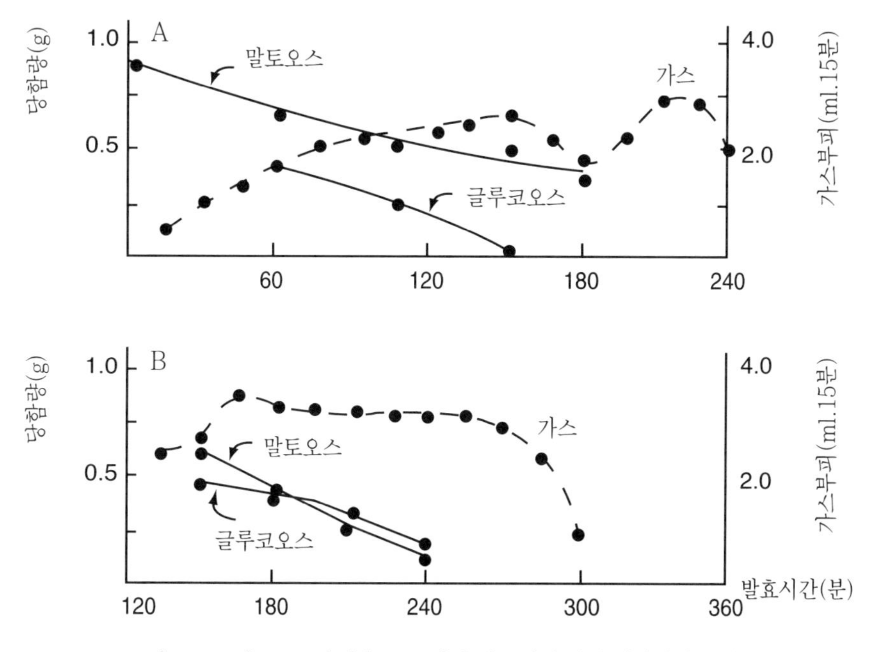

그림11-4. 말토오스용액을 30℃에서 발효시킬 때의 당함량의 변화

· 20ml 당 1g 말토오스와 0.6g의 이스트 첨가함
· A는 발효 60분 후에 0.5g의 글루코오스를 첨가함
· B는 150분 후에 0.5g의 글루코오스와 0.5g의 말토오스를 첨가함

2. 발효와 온도

반죽을 발효할 때 온도는 아주 중요한 요소이다. 초기의 제빵법에서는 저온(25℃)에서 장시간을 발효함으로써 내부 조직이 좋은 제품을 얻었으나 요즈음은 제빵법의 발달로 발효를 높은 온도(35℃)에서 행하는 경우도 많다.

3. 발효에 의한 향

빵의 향은 소비자가 빵을 먹을 때 느끼는 소비자의 반응과 밀접하게 관련된다. 수용성 및 휘발성 화합물들이 미각과 후각에 영향을 주게 되며 또한 빵의 물리적 특성에 의하여 소비자는 영향을 받게 된다. 따라서 빵의 향은 생리적 자극에 대한 심리적 반응이라고 정의할 수 있다.

빵에서 생리적 자극은 빵에 존재하고 있는 많은 화합물들로 부터 기인되며, 배합비의 구성과 공정상의 노하우에 의하여 조절될 수 있다. 소비자가 빵에서 느낄 수 있는 빵의 맛은 단맛(sweetness), 짠맛(saltiness), 신맛(sourness) 및 쓴맛(bitterness)

의 기본적인 4가지 맛들이 있다. 이 맛들은 수용성 원료들 그리고 발효에 의해서 생성되는 유기산들 및 비효소적 갈색화 반응 생성물들과 관련이 있다. 유기산들은 발효하는 동안에 이스트에 의하여 생성된 후 물에 녹으면서 빵의 신맛에 영향을 준다. 사워도우에서는 젖산균 발효에 의하여 생성되는 산들도 신맛에 영향을 미치게 된다.

수용성인 산들로는 초산, 젖산, 프로피온산 및 피루브산 등이 있으며, 물에 대한 용해도는 낮으나 빵의 냄새에 영향을 미치는 산들로는 부티르산, 이소부티르산, 발레르산, 이소발레르산 및 핵산 등이 있다.

빵에 쓴맛을 주는 화합물들은 굽는 동안에 일어나는 비효소적 갈색화 반응에 의하여 생성된다. 즉 자유 아미노기는 자유 환원당들과 축합에 의하여 푸르푸랄(furfural)를 형성한 후 계속적인 반응에 의하여 결과적으로 복잡한 고분자 화합물을 형성한다. 이 고분자 화합물은 빵의 겉껍질에서 발견되며 빵의 내부에는 존재하지 않는다.

한편 빵을 갓구워 냈을 때 신선한 빵의 냄새를 내는 화합물들로는 휘발성 유기산(volatile organic acids), 알코올(alcohols), 에스테르(esters) 및 카르보닐(carbonyls)등이 있다.

표11-4. 빵의 향에 영향을 미치는 화합물들

화 합 물	종 류	비 고
휘발성 화합물 (volatile compounds)	부티르산, 이소부티르산, 카프로산, 라우르산,미리스트산, 팔미틴산 외 60여종 의하여 생산된다	산 생성 세균에 의한 지방 및 아미노산 대사에 의하여 생산된다
알코올(alcohols)	에틸 알콜, 아밀 및 이소 아밀 알콜(비휘발성, 고분자)	이스트의 대사 산물
카르보닐 화합물	알데히드, 케톤류	비효소적 갈색화 반응
에스테르(esters)	포름산 에틸, 숙신산 에틸, 젖산 에틸, 벤조산 에틸 등	에틸 알콜과 유기산의 평형반응에 의하여 생성

11-5. 젖산균(유산균, lactic acid bacteria)

빵 반죽의 발효에는 이스트만이 관여하고 있다고 생각하기 쉬운데 그 이유는 이스트는 세포의 크기가 커서 현미경적으로 반죽을 관찰하여도 모양을 볼 수가 있고 빵발효에 생이스트나 건조이스트를 첨가하고 있기 때문이다. 그러나 빵 발효에 젖산균이 관여하여 반죽의 물성, 빵의 맛과 향에 크게 영향을 미친다는 사실이 알려지면서 젖산균에 대한 연구가 활발히 진행되었고 샌프란시스코 사워 도우에서 *Lactobacillus sanfrancisco* 라 명명된 젖산균을 동정 분리하였다.

기능성 식품으로서의 젖산균의 이용은 메치니코프의 요구르트의 불로장수 효과에 관한 주장이래 기능성 식품의 기본개념이 되고 있다. 기능성 식품이란 식품의 본래 기능인 영양기능, 미각이나 후각에 의존하는 감각기능 이외에 생체조절기능을 갖는 식품을 말한다. 생체조절기능이란 고차원적인 생명 활동 조절 기능으로 생체방어, 질병방어, 생리조절기능(신경계, 내분비계, 소화기능 등)등이 거론되고 있다. Mittusoka박사는 기능성식품을 그 작용기전의 측면에서 볼 때 3가지 카테고리 즉 probiotics, prebiotics, biogenics로 분류하고 있다.

probiotics는 장 내 미생물의 밸런스를 개선함으로써 숙주동물에게 유익한 작용을 하는 생균첨가물로 정의되고 있다. 여기에는 Lactobacillus, Bifidobacterium, Bacillus, yeasts 등이 주로 사용되고 있다. prebiotics는 결장내에 서식하는 유용균을 선택적으로 증식시킴으로서 장 내 환경을 개선하여 숙주의 건강에 유리한 작용을 하는 난소화성 식품성분으로 정의되고 있다. 여기에는 각종 올리고당 식이섬유가 이 범주에 속하고 있다. 여기서 말하는 유용균이란 사람의 경우 Bifidobacterium을 의미한다. Biogenics는 Mittusoka박사에 의하여 새롭게 제안된 개념으로 하나는 장내균총을 통하지 않고 직접 생체생리에 작용하여 콜레스테롤 저하작용, 면역부활작용 등의 생체조절, 생체방어역할을 하는 생리활성 펩타이드, 비타민류 등을 말한다. 또 다른 하나는 장내균총의 대사를 조절하여 부패산물이나 발암물질의 생성을 억제하는 것을 말한다. 요구르트의 경우 생균이 포함되어 있으면 probiotics, 유당은 일종의 prebiotics로서의 올리고당으로 생각되어지며 또한 발효산물은 biogenics가 된다. 따라서 젖산균을 이용하여 반죽을 발효시킨 후 이것을 빵반죽에 첨가함으로써 빵의 기능적 효과를 얻을 수 있을 것으로 기대된다.

곡물발효 중 젖산균발효는 곡물 단백질의 생물가를 증진시키며 티아민과 리보플라빈이 증가한다는 보고가 있으며 항균성물질을 합성하여 병원성 세균을 억제시킬 뿐만 아니라 질병을 예방한다고 한다. 또한 발효가 진행되는 동안 젖산균은 유기산이외에 세포벽에 부착되지 않는 다당성 점질물을 분비하는데 이 다당류는 항암효과가 있음이 밝혀져 있다.

1. 젖산균의 특징

젖산균은 그람양성의 간균 또는 구상의 세포를 갖고 있으며 산소가 없이도 생육이 가능한 세균이다. 젖산균은 포도당을 발효하여 다량의 젖산을 생성하며 부패시키는 능력은 없다. 따라서 식품과 인간에게 유익한 작용을 하는 균이다. 단, 예외적으로 질병의 원인이 되는 젖산균도 있다. 대부분의 젖산균은 여러 개의 당을 발효시킬 수 있고 동화작용의 대사경로가 결핍되어 있어서 매우 복잡한 영양분을 필요로 하며 생육을 위해서는 아미노산, 비타민류, 지방산류 또는 무기염류 그리고 동물의 장내와 같은 환경이 요구된다.

젖산균이 젖산을 만드는 것은 증식을 위한 에너지를 얻기 위한 수단이다. 젖산균이 포도당을 발효하는 대사 경로에는 정상 젖산발효와 이상 젖산발효가 있으며, 최종 발효생성물에 따라 구별한다. 정상 젖산발효는 소비한 포도당 량에 대하여 100%의 젖산을 생성하는 경로이며, 이상 젖산발효는 소비한 포도당의 50%는 젖산으로, 나머지는 알콜과 이산화탄소가 생성되나 알콜은 산화되어 초산으로 변화된다.

한편, 젖산균 중 인간의 장내에 서식하고 있는 비피도박테리아(Bifidobacteria)는 포도당으로부터 젖산과 초산을 3대2의 비율로 생성한다.

젖산균은 스트렙토코쿠스, 피디오코쿠스. 락토바실루스 및 루코노스톡의 4균속으로 분류되며 빵 발효에 관여하는 젖산균은 보통 락토바실루스속이며 약 32종이 존재한다. 그러나 최근 혐기성균의 배양법이 발달하면서 장내 혐기성 젖산균인 bifidobacteria가 인간의 장내 균총을 구성하는 젖산균으로서 Lactobacillus속 보다 더 중요하다는 것이 밝혀지면서 식품가공에 많은 이용이 시도되고 있다.

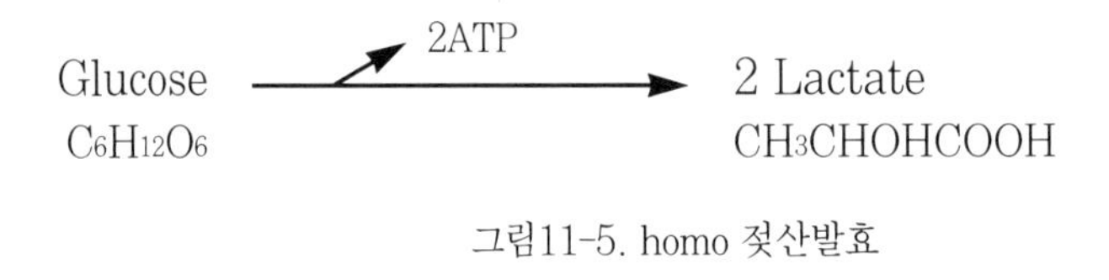

그림11-5. homo 젖산발효

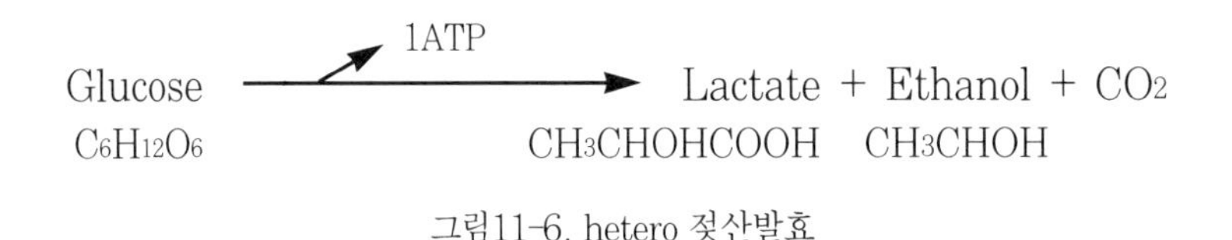

그림11-6. hetero 젖산발효

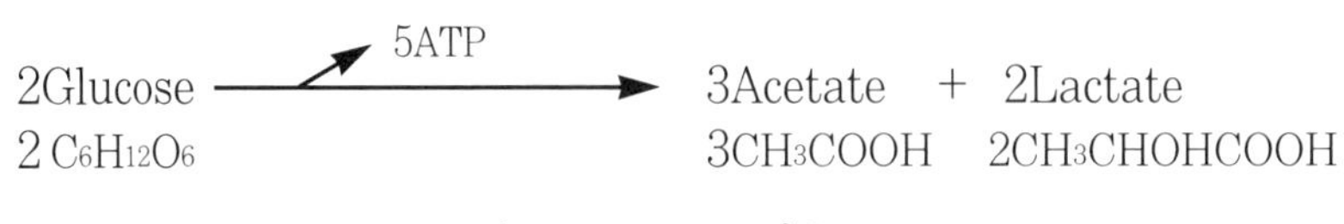

그림11-7. Bifidum 발효

2. 젖산균에 의한 빵 발효 효과

젖산균을 식품가공에 이용하는 이유는 첫째는 풍미를 향상시키고 둘째는 빵의 보존성을 높이며 셋째는 영양 및 보건효과를 높이기 위해서이다. 빵 발효에 관여하는 젖산균은 발효 중 유기산을 생성하여 반죽의 물성을 변화시켜 기계적 내성을 증가시키면서 반죽의 pH를 저하시켜 빵의 부피와 관계가 있는 글리아딘 단백질의 점성을 증가시킨다. 또한 젖산균에 의하여 단백질이 가수분해되어서 생성되는 아미노산(표11-5)및 생성된 락트산과 아세트산의 비율에 따라 빵의 향미도 큰 영향을 받는다(그림11-8). 그 밖에 빵 발효에 젖산균을 이용하여 얻을 수 있는 효과로는 곡류 단백질의 생물가 향상 및 사균체에 의한 보건 효과 등이 알려져 있다. 젖산균을 빵 발효에 대표적으로 사용하고 있는 예로는 독일의 호밀빵과 샌프란시스코 지역의 샤워도우 빵 등을 들 수 있으며 우리 나라에서도 일부 비피더스균이나 젖산균 등을 이용하여 빵의 품질을 개선시키고 있으며 향후 천연 제빵개량제로서의 젖산균의 활용폭은 소비자의 건강에 대한 욕구를 충족시키면서 더 넓어질 것으로 예측된다.

표11-5. 이스트와 비피더스균으로 발효한 빵의 아미노산 조성 비교

아미노산	양(mg/g)	
	비피더스균	이스트
글루탐산	9.7	1.3
글이신	2.2	0.7
알라닌	5.7	1.1
발린	3.9	0.1
이소로이신	8.9	1.3
티로신	2.8	- [1]
리신	3.0	-
아르기닌	5.9	-
메티오닌	1.2	-
시스테인	0.9	-
히스티딘	0.9	-

1)검출되지 않음

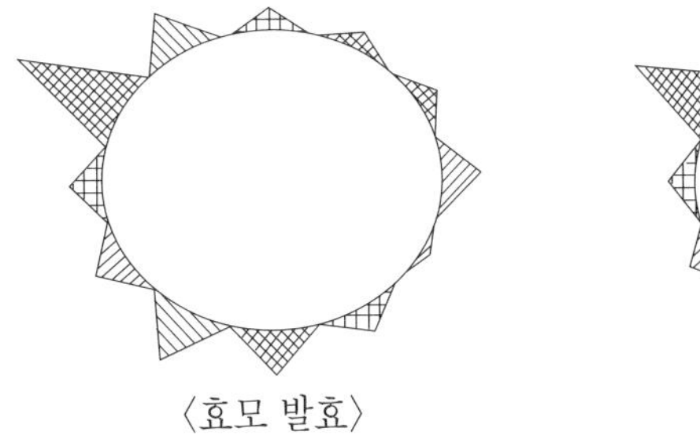

그림11-8. 비피더스균 발효가 빵의 향미에 미치는 영향
전자코(Electronic Nose System)로 향의 강도를 측정한
결과이며 같은 센서에 감지되는 향의 강도가 다르다.

제 12 장 화학적 팽창(chemical leavening)

화학적 팽창이란 팽창제가 열에 의하여 분해될 때 발생하는 이산화탄소나 암모니아 가스를 이용하여 반죽을 팽창시키는 방법이다. 대표적인 팽창제로는 중조(소다), 베이킹 파우더 및 암모니아계 팽창제가 있다. 팽창제는 단독으로 또는 혼합하여 사용할 수 있으며 이에 따른 여러 가지 장단점이 있다.

12 -1. 단독으로 사용할 수 있는 팽창제들

1. 중조($NaHCO_3$, 탄산수소나트륨, baking soda)

중조는 비교적 진한 색깔을 나타내는 제품을 팽창시키는데 사용되며, 가열하여 20℃이상이 되면 분해되어 이산화탄소를 발생하는 성질을 갖고 있다. 2분자의 중조는 열에 의하여 분해되어 1분자의 이산화탄소를 발생시키고 나머지 한 분자는 탄산나트륨(Na_2CO_3)의 형태로 변하여 반죽 안에 남게 된다. 이 탄산나트륨은 알칼리성 물질로 반죽 안에 존재하는 색소에 영향을 미쳐 가열할 때 반죽의 착색작용을 촉진시킨다. 그러므로 코코아파우더나 초콜릿을 배합한 반죽에 중조를 사용하면 그 진한 색을 더욱 선명하게 만들 수 있다. 한편 찐만두류와 같이 하얗게 만들고 싶은 반죽에 중조를 첨가하면 반죽에 남아 있는 탄산나트륨이 산성상태에서 무색으로 존재하던 플라보노이드 색소를 발색시켜 노란색을 띄게 만들므로 중조 사용을 피해야 한다.

$$2NaHCO_3 \rightarrow Na_2CO_3 + H_2O + CO_2$$

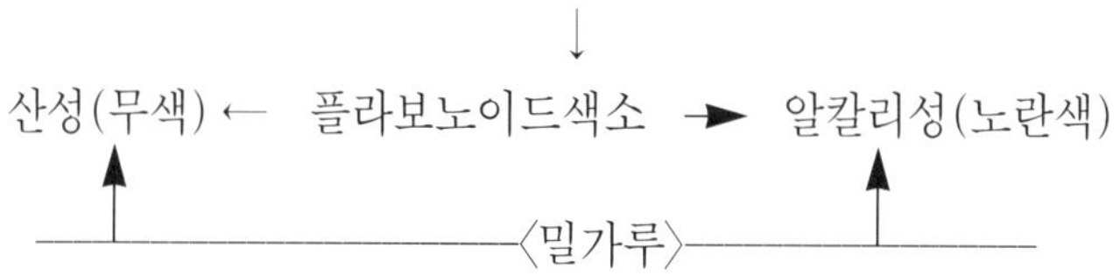

중조 탄산나트륨

↓

산성(무색) ← 플라보노이드색소 → 알칼리성(노란색)

↑ 〈밀가루〉 ↑

그림12-1. 중조의 가스발생과 색소에 미치는 영향

2. 중탄산칼륨($KHCO_3$)

중탄산칼륨은 나트륨 섭취를 피해야 하는 사람들을 위한 중조의 대체제로 케이크, 머핀 및 쿠키 등에 사용된다. 중조와 같은 이산화탄소의 양을 얻기 위해서는 중조 사용량보다 약 19% 정도를 더 사용해야 한다.

3. 중탄산암모늄(NH_4HCO_3)

중탄산암모늄은 수분과 열이 존재하면 쉽게 반응하여 이산화탄소와 암모니아 가스를 방출한다. 중탄산암모늄을 단독으로 사용할 때는 최종제품의 수분함량이 5% 이내인 제품에 사용해야 암모니아 냄새를 굽는 동안 제거할 수 있다. 중조와의 대체 비율은 중조 사용량의 94% 정도이다.

4. 염화암모늄(NH_4Cl)

염화암모늄은 가열에 의하여 암모니아 가스를 발생하며, 제품의 색을 희게 만드는 성질을 갖고 있다. 보통은 염화암모늄을 단독으로 사용하는 경우보다는 중조와 혼합하여 사용하는데 이를 이스파타라 부른다. 이 두 종류의 가스 발생제를 사용하면 서로 상호 효율적으로 반응하여 염화 암모늄에서 암모니아 가스(NH_3)를, 그리고 중조에서 이산화탄소 가스(CO_2)를 동시에 발생시키기 때문에 이산화탄소만을 발생시키는 중조나 베이킹 파우더 보다 반죽을 팽창시키는 힘이 강하다. 그리고 반죽에 남는 반응물이 염화나트륨이기 때문에 중성 상태를 나타내어 흰색을 유지해야 되는 제품류에 사용된다. 다만 이산화탄소 가스와는 달리 암모니아 가스가 제품에 잔류되어 풍미에 나쁜 영향을 미치는 경우가 있기 때문에 수분함량이 낮은 제품에 사용해야 한다.

$$NaHCO_3 + NH_4Cl \longrightarrow NaCl + H_2O + CO_2 + NH_3$$

12-2. 합성 팽창제

1. 베이킹 파우더

베이킹 파우더는 중조와 같은 단일 팽창제의 단점을 보완하기 위하여 여러 가지 산성 인산염을 배합하여 중조를 중화시킴과 동시에 이산화탄소 가스의 발생량과 발생속도를 조절하도록 한 팽창제이다.

1) 베이킹 파우더의 구성

일반적으로 베이킹 파우더는 중조 1/3의 양에 산성물질 1/3을 배합하여 가스 발생속도를 조절하도록 하고 여기에 수분 흡수를 방지하고 계량의 편의성을 주기 위하여 분산제로 전분을 1/3 정도 혼합한 물질이다. 중조를 단독으로 사용할 경우 중조가 완전히 분해되지 못하고 이취를 주는 단점이 있으나 산성 인산염을 첨가하면 중조가 완전히 분해되어 중성을 나타낸다. 한편 산성 인산염은 중조와 반응하여 이산화탄소를 발생시키는 역할 이외에 제품이 적정한 pH를 갖도록 완충제의 역할을 함과 동시에 밀가루의 단백질 성분과 상호 결합하여 반죽이 팽창에 적합한 신장성과 점성을 갖도록 하는 중요한 역할을 한다.

표12-1. 산성 인산염들의 중화가 및 이산화탄소 발생속도

Phosphate	Bicarbonate($NaHCO_3$)			Leavening Gas Released		
salts	Sodium	Potassium	Ammonium	2 min.	8min.	baking
Monocalcium phosphate monohydrate(MCP) $Ca(HPO_4)_2 \cdot H_2O$	80	95	75	60	-	40
Anhydrous monocalcium phosphate(aMCP) $Ca(HPO_4)_2$	83	99	78	15	35	50
Sodium acid pyrophosphate(SAPP) $Na_2H_2P_2O_2$	72	86	68	30	8	60
Sodium aluminum phosphate(SALP) $Na_3H_{15}PAL_2(PO_4)_8$	100	119	94	21	4	75
Dicalcium phosphate (DCP) $CaHPO_4 \cdot 2H_2O$	33	39	31	0	0	100
Fumaric acid	145	173	136			
Sodium aluminum sufate(SAS)	104	124	98			
Cream of tartar $COOK(CHOH)_2COOH$	45	54	42			

중조는 물에 즉시 용해되는 성질이 있기 때문에 팽창계에서 이산화탄소의 발생속도는 사용되는 인산염의 용해 속도에 따라 좌우된다. 한편 중화가(neutralizing value)는 인산염 100g으로 중화할 수 있는 중조의 g수를 나타내는데 산의 적정(titration)으로 결정하며 다음과 같은 식으로 나타낼 수 있다.

중화가 = 중조의 g수 / 인산염의 g수 × 100

한편 사용되는 산성 인산염들은 중조에 대한 각각의 중화가를 가지고 있으며 이에 대한 예를 보면 표12-1과 같다.

표12-2. 상업적 베이킹 파우더의 조성

성분	A) 지속형		B) 지효성		C) 속효성	D) 상업용		
중조	28.0	28.0	30.0	30.0	27.0	30.0	30.0	30.0
제1인산칼슘	35.0		8.7	5.0		5.0		5.0
제1인산칼슘(무수)		34.0						
전분	37.0	38.0	26.6	19.0	20.0	24.5	26.0	27.0
산성피로인산나트륨						38.0	44.0	38.0
황산알루미늄나트륨			21.0	26.0				
탄산칼슘			13.7	20.0		2.5		
주석산크림					47.0			
주석산					6.0			

2) 베이킹 파우더의 특성

베이킹 파우더 중에 조합되어 있는 산성 인산염은 중조와 반응하는 온도가 각각 다르기 때문에 산성 인산염의 종류와 반응 속도를 조절하면 원하는 속도로 이산화탄소 가스를 변화시켜 제품에 이용할 수 있다. 예를 들면, 찜케이크용 베이킹 파우더는 비교적 낮은 온도에서 중조와 반응하여 가스를 발생할 수 있는 인산염을 선택하고 굽는 케이크용 베이킹 파우다는 비교적 높은 온도에서 지속적으로 가스가 발생할 수 있는 산성 인산염의 종류를 선택해야 한다. 또 반죽의 pH도 산성 인산염의 배합에 따라서 조정할 수 있기 때문에 목적하는 과자의 특성에 맞춰서 희게 만들고자 할 때는 반죽의 pH가 약산성이 되도록 하고 색깔을 진하게 하고 싶을 때는 최종 반죽의 pH가 알칼리성이 되도록 산성 인산염의 종류나 비율이 조정되어야 한다.

$$\underset{\text{중조}}{NaHCO_3} + \underset{\text{산성인산염}}{HX} \xrightarrow{\text{가열}} NaX + H_2O + CO_2$$

3) 베이킹 파우더의 분류

베이킹 파우더는 산성 인산염의 중조에 대한 반응성에 따라 두 가지로 구분되는데, 일반적으로 실온에서 반응성이 높은 것을 속효성 타입이라 하고, 실온에서 반응하지 않는 것을 지효성 타입이라고 한다(표12-3). 이와 같은 베이킹 파우더의 형태는 여러 가지 산성 인산염을 선택함으로써 목적으로 하는 제품의 특성에 맞추어 가장 적절한 온도에서 가스가 발생하도록 배합할 수 있다. 예를 들어 증기로 찌는 과자의 경우, 가열온도가 100℃를 넘을 수 없으므로 비교적 낮은 온도에서도 충분히 가스를 발생할 수 있는 속효성 타입으로 산성 인산염을 배합하여야 한다.

한편 버터케이크과 같이 낮은 온도에서 오래 구워야 하는 제품은 가스발생 속도가 너무 빠르면 제품이 수축하고 반대로 천천히 가스가 발생하면 표면에 균열이 생기므로 이러한 제품에 쓰이는 베이킹 파우더에는 속효성과 지효성을 나타내는 산성 인산염을 잘 배합하여 가스 발생이 지속되도록 하여야 한다. 그리고 표면에 균열을 필요로 하는 경우에는 높은 온도에서 가스가 발생하는 지효성 타입의 산성 인산염을 배합하여야 한다. 이처럼 베이킹 파우더는 제품의 특성에 따라 가스를 발생하는 온도를 조정하거나 완제품의 색깔도 산성 인산염의 배합에 의하여 조정할 수 있다.

표12-3. 베이킹 파우더의 분류와 특징

	(A) 속효성	(B) 지속성	(C) 지효성
특징	실온에서부터 찜등 온도가 비교적 낮은 온도에서도 대량의 가스를 발생한다.	찌는 온도에서 굽는 온도에서까지 아주 넓은 범위에서 지속적으로 가스를 발생한다.	오븐 등 비교적 높은 온도로 굽기 시작해서, 대량의 가스를 발생한다.
산성염	주석산 제1인산 칼슘 등 반응성이 높은것	속효성의 산성제와 지효성의 산성제를 적절한 비율로 배합한것	피로인산나트륨, 그루코노 델타락톤, 명반 등 가열에 의해서 반응성이 높아지는 것
적합한 과자의 특징	반죽을 실온에서 일부 팽창 시키고자 하는 것, 반죽의 처리시간이 짧은 것, 가열온도가 낮은것	반죽 처리시간이 긴 것 가열시간이 길고 은근히 구어야 하는 것	고온에서 구워야 하는 것 표면을 터트려야 하는 것 (파운드 케이크 등)
	찜과자, 튀김과자 기계로 연속 생산되는 과자	오래 굽는 과자 (장시간 가열)	빨리 굽는 과자 (단시간 가열)

4) 베이킹 파우더의 사용방법

(1) 제품적성에 맞는 베이킹 파우더의 사용

① 지효성 : 굽는 시간이 길고 굽는 온도가 높은 제품- 파운드 케이크

② 속효성 : 굽는 시간이 짧고 굽는 온도가 낮은 제품 - 찐빵, 도넛류

③ 산성 팽창제 : 희게 해야할 제품

④ 알칼리성 팽창제 : 색깔을 진하게 해야 할 제품 : 코코아 케이크, 초콜릿 케이크

(2) 사용량

일반적으로 제품의 체적을 증가시키고 부드러움을 증가시키기 위한 베이킹 파우더의 사용량은 3~6% 수준이며 이 이상의 양을 사용하면 제품의 구조를 이루는 성분의 부족으로 인하여 체적은 감소하게 된다. 따라서 베이킹 파우더와 같은 성질을 갖는 연화제, 즉 계란, 쇼트닝의 양이 증가되면 팽창제의 사용량을 줄여야 한다.

(3) 베이킹 파우더는 밀가루와 함께 체로 쳐서 밀가루 내에 분산시킨다.

(4) 베이킹 파우더를 혼합한 반죽은 바로 사용한다.

12-3. 베이킹 파우더의 산성 인산염이 반죽에 미치는 영향

베이킹 파우더에서 사용되는 첨가제 중 소다는 이산화탄소를 발생하여 반죽을 팽창시킴과 동시에 반죽의 되기를 조절하는 중요한 역할을 한다. 또한 베이킹 파우더에 첨가되어 있는 산성 인산염 또는 황산염 등은 소다 또는 밀가루 내의 성분들과 화학반응을 통하여 다음과 같이 반죽의 물리생화학적 성질에 영향을 미치게 된다.

1. 반죽 조절

인산염은 밀가루 글루텐의 품질 변이성(variability in quality)을 극복시키는 기능이 있는 것으로 알려져 있는데 이것은 pH가 적정한 범위 내에 유지되도록 하는 역할과 밀가루 단백질과 상호 결합에 의한 효과로 추정된다. 한편 알칼리와 중금속이온은 반죽을 강화시키는 효과를 보이는데 베이킹 파우더에 포함되어 있는 칼슘이온과 알루미늄이온이 여기에 속한다. 냉동 반죽을 저장하는 동안 발생하는 품질저하 현상도 고분자량의 폴리메타인산칼륨을 0.1~3.0%첨가하면 상당기간 지연된다는 연구보고들이 있는데 이것은 다중인산화합물이 글루텐과 결합하여 반죽의 구조를 단단하게 유지하기 때문으로 생각하고 있다.

2. 효소활성의 저해

피로인산염은 스폰지케이크 반죽 내 리폭시다아제(lipoxidase)의 활성을 억제하며 특히 무기인산염은 α-아밀라아제의 활성을 억제하는 것으로 알려져 있다.

3. 항산화제로서의 역할

인산염은 곡류제품에서 산화에 대한 안정성을 증가시키고 산패취에 대한 발생을 억제하는 효과가 있다.

4. 미생물 생육저해 효과

20~33개의 인산으로 결합된 다중인산화합물은 효모와 곰팡이의 성장을 억제함으로써 빵, 케이크 등의 보존성을 증가시킨다.

제 13 장 식염과 제빵 개량제

13-1. 식염(salt)

제빵에서 빵 고유의 풍미를 내기 위하여 첨가하는 가장 중요한 원료 중의 하나가 식염이다. 식염을 첨가하지 않고 음식을 조리하면 풍미가 살아나지 않아서 맛을 거의 느낄 수가 없게 된다. 이와 마찬가지로 빵을 만들 때 식염의 첨가량이 부족하게 되면 풍미를 잃어 버리게 되어 본래의 빵 맛이 나지 않게 되는데 이러한 현상은 미각의 자극 반응과 관련이 깊은 것으로 알려져 있다.

1. 식염의 성분

식염은 지층 중의 암반에서 얻어지는 암염과 바닷물에서 얻어지는 해수염을 정제하여 제조한다. 바닷물에는 나트륨이 1 l 당 약 35g이 함유되어 있으며 이외에도 칼슘, 마그네슘, 칼륨 등의 이온이 함유되어 있기 때문에 이를 정제하여 NaCl 성분이 95~99.5%가 되도록 만든다.

2. 식염이 반죽의 물성 및 발효에 미치는 영향

1) 반죽의 물성에 미치는 영향

식염을 첨가하여 혼합하면 흡수율이 감소하며 식염을 첨가하지 않은 반죽에 비하여 혼합시간이 길어진다. Hlynka에 의하면 1% 식염첨가에 2.3%의 흡수량이 감소하고 2%의 식염첨가량에서는 3%의 흡수량이 감소하였다고 한다(그림13-1). 한편 익스텐소그래프를 이용한 식염첨가에 따른 저항력과 신장성에 미치는 영향을 보면 이스트에 의한 발효 및 산화제를 첨가한 영향과 반대의 경향을 나타낸다. 이스트에 의한 발효 또는 산화제를 첨가한 경우에 저항력은 시간이 지남에 따라 증가하고 신장성은 감소하는 반면 식염을 첨가한 반죽은 저항력 과 신장성이 같이 증가하는 경향을 보인다(그림13-2). 이러한 결과는 식염이 글루텐과 결합하여 글루텐의 용해성 및 흡수성을 감소시켜 저항력을 증가시키고 부분적으로 프로티아제의 활성을 저하시킨 결과 때문으로 예측된다. 따라서 1~2%의 식염을 첨가하여 제조한 빵은 식염을 첨가하지 않고 제조한 빵에 비하여 비용적 및 내부조직이 향상된다.

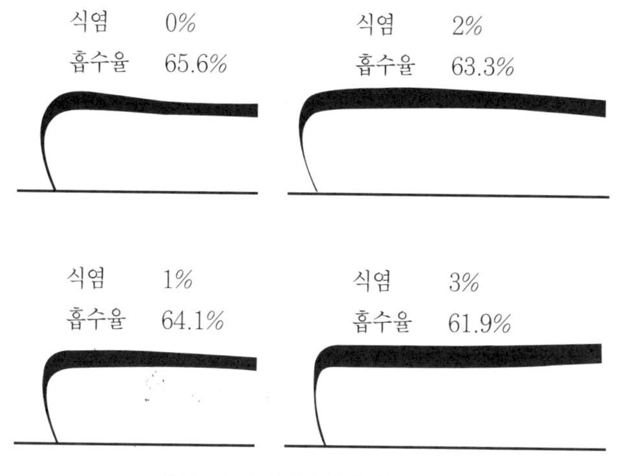

그림13-.1 식염첨가량에 따른 파리노그래프

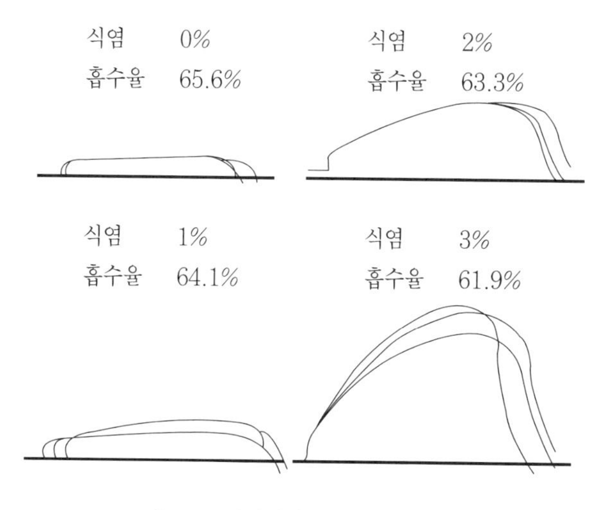

그림13-2. 식염첨가량에 따른 익스텐소그래프

2) 식염이 반죽의 발효에 미치는 영향

식염농도와 이스트의 활성은 반비례적인 상관관계를 나타내나 식염 사용량이 2%이하인 경우 높은 온도에서 실시하는 2차 발효에는 큰 영향을 미치지 않는다. 그러나 발효온도가 낮거나 비상반죽법의 경우에는 2%정도의 식염농도에도 큰 영향을 받는다. 또한 Kilbon의 연구에 의하면 스폰지법에서 스폰지를 발효시킬 때 0.5~1.0%의 식염을 첨가한 반죽은 식염을 첨가하지 않은 반죽에 비하여 부피가 증가하고 발효시간도 단축되는 효과를 보였다고 한다(그림13-3). 이러한 결과는 식염이 산화제로 작용하여 프로티아제 활성을 감소시킴과 동시에 글루텐의 -SH기에 직접 작용하여 글루텐을 강화시키는 효과가 있고 밀가루의 발효를 억제하는 물질에 대한 영향을 감소시키기 때문으로 생각되어지고 있다.

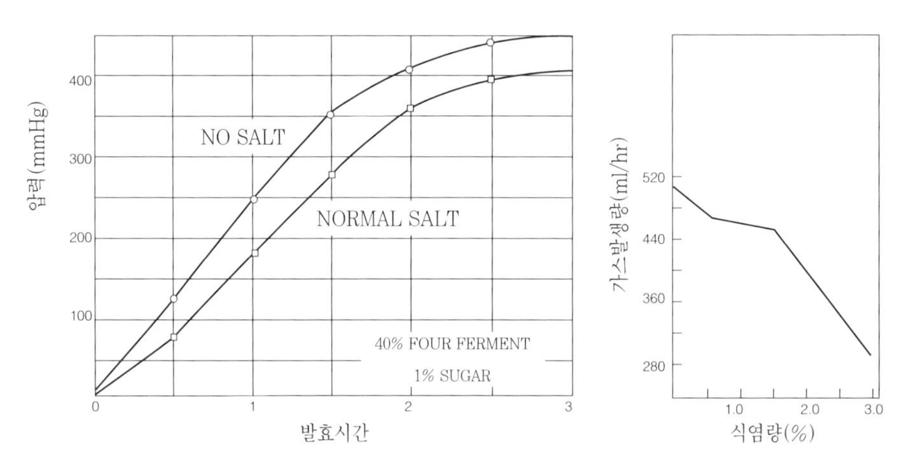

그림13-3. 액체발효법 및 스폰지법에서 식염이 반죽 발효에 미치는 영향

3) 기타 영향

식염은 전분의 호화에도 영향을 미쳐 식염첨가량이 증가할수록 전분의 최고 점도를 상승시키나 최고점도에서의 온도는 변화시키지 않는다. 또한 과자와 빵 반죽에서 식염은 설탕의 캐러멜화 온도를 낮추어 같은 온도와 시간에서 구울 경우 겉껍질 색상이 더 진하게 발색되도록 한다(그림13-4).

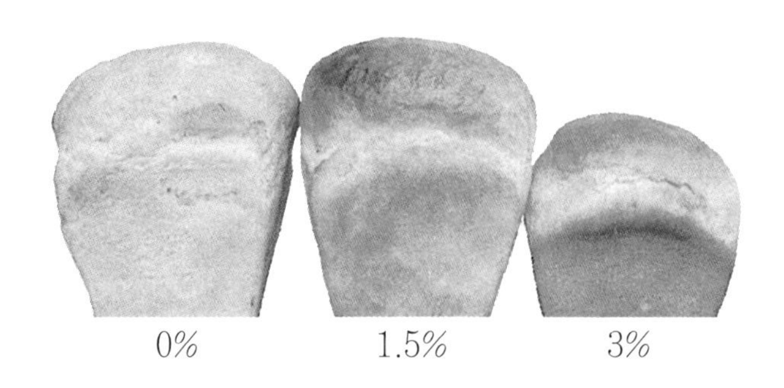

그림 13-4. 식염첨가량이 빵 부피 및 겉껍질 색상에 미치는 영향

3. 효과적인 식염 사용법 및 식염이외의 염류의 영향

제빵에서 식염은 풍미를 향상시키는 중요한 역할 이외에 글루텐을 강화시키는 반면 이스트의 발효를 억제하는 상반된 작용을 한다. 그러나 식염을 효과적으로 사용하면

반죽에서 발생하기 쉬운 이취(off-flavor)를 제거하여 주며 스폰지법에서는 제조시간을 단축할 수 있다.

가) 프로티아제를 함유하고 있는 제빵개량제을 사용할 경우 식염을 첨가하기 전에 넣어야 프로티아제의 활성을 유지할 수 있고 혼합시간을 단축할 수 있다.

나) 밀가루에 존재하는 발효저해 작용(특히 스폰지법)을 완화시켜 발효를 단축시키기 위해서는 스폰지에 식염을 0.1~0.2%첨가하여 발효시킨다. 단, 식염이 첨가된 제빵개량제를 사용하는 경우에는 전체 식염 사용량이 0.1~0.2%가 되도록 계산하여 첨가한다.

다) 후염법을 사용하면 혼합시간이 단축된다.

라) 칼슘, 마그네슘 등이 많이 함유된 아경수는 식염과 같이 반죽을 개량하는 효과가 있다. 한편 식염 섭취를 제한해야 되는 사람들을 위하여 식염량의 50%를 염화칼슘으로 대체한 결과 반죽의 물성에는 영향이 없었으나 맛에는 숙련된 패널에 의하여 약간의 차이가 보고되고 있다.

13-2. 제빵개량제(bread improver)

제빵에 사용되는 여러 가지 원료 중 적은 양(밀가루 대비 0.1~1.0%(w/w))을 사용하면서도 중요한 역할을 하는 원료로 이스트 푸드(yeast food)가 있다. 이스트 푸드는 빵, 과자 등의 제조공정에서 이스트의 영양원 등의 목적으로 사용되어지는 식품첨가물로서 원래는 미국에서 사용하는 물에 함유되어 있는 무기질 특히 칼슘 양을 조절할 목적으로 멜론연구소(Mellon Institute)에서 개발하여 아카디(Arkady)라 명명된 것으로 그 조성은 표 13-1과 같다.

표 13-1. 아카디의 조성(w/w)

성 분	함 량(%)
황산 칼슘	25
염화 암모늄	10
브롬산 칼륨	0.3~0.5
식 염	25
전 분	40

초기의 이스트 푸드인 아카디를 사용함으로서 이스트의 발효가 촉진되어 발효시간의 단축을 가져왔으며, 또한 반죽 글루텐의 숙성이 촉진되어 반죽을 팽창 하는데 이용되는 유효발효가스량이 증가되는 등 빵의 품질을 크게 향상시켰다. 그리고 장소와 시간에 구애되지

않고 동일한 품질의 제품을 대량생산할 수 있게되는 등 제빵산업의 발전을 촉진시켰다. 그러나 최근에 이스트 푸드는 이와 같은 한정된 목적 이외에 대량생산 체제에서 원료, 공정, 환경 등의 변화에 의한 제품의 품질적 유동성을 극복시켜 일정한 품질의 빵을 생산할 수 있도록 하기 위하여 종래에 이스트 푸드에 사용하였던 화합물 이외에 산화제, 환원제 및 효소 등을 첨가 사용하고 있다. 따라서 최근에는 이스트푸드라는 좁은 개념보다는 제빵개량제(bread improver)라는 넓은 개념으로 바뀌어 가고 있다. 한편 1995년 이후로 우리 나라에서 보편화되기 시작한 냉동반죽에서도 제빵개량제는 생산과 유통에서 제품의 품질 저하를 최소화하기 위한 필수재료로 사용되고 있다.

1. 제빵개량제의 사용목적과 종류

제빵개량제의 사용목적은 앞에서 설명했듯이 안정적인 품질을 갖는 제품의 생산이라 할 수 있다. 따라서 제빵개량제의 성분은 원료들의 품질적 변화를 최소화하고 공정 중 반죽의 물리화학적 특성을 가능한 한 표준화시킬 수 있는 화합물과 효소로 구성된다. 이 성분들을 분류하면 ① 사용하는 물을 개질하는 성분 ② 발효를 도와주는 성분 ③ 반죽의 물성을 개량해 주는 성분으로 다음 표13-2와 같이 나눌 수 있다. 그러나 한 성분이 한 가지 기능만을 갖는 것이 아니고 복합적인 기능을 갖고 있으며 여기에서는 분류상 영향이 가장 큰 기능 중심으로 분류해 놓은 것이다.

수질 개선제는 연수를 경수로 바꾸어 주는 성분으로 글루텐과 결합하여 반죽의 탄력성을 강화시킨다. 발효를 도와주는 성분은 이스트의 생장을 도와주는 질소원, 반죽의 pH를 산성상태로 만들어 주는 물질 및 전분을 이스트의 영양원인 맥아당과 포도당으로 분해하여 주는 아밀라아제와 같은 전분 분해효소들로 구성되어 있다. 그리고 저항력이나 신장성 등의 반죽의 물성을 개량해 주는 성분으로는 아스코르브산(ascorbic acid, 비타민 C)과 같은 산화제, L-시스테인(L-cysteine)과 같은 환원제 등 및 단백질 분해효소인 프로티아제(protease) 등이 있다. 또 전분의 노화 방지 및 원료들의 반죽 내 분산성을 높이기 위해 유화제가 사용된다.

제빵개량제는 빵의 종류, 제조방법, 사용 원료 등에 의해 여러 가지로 분류될 수 있는데 보통 제빵 개량제에 사용되는 원료의 성분을 가지고 다음과 같이 나눈다.

가) 무기질 제빵개량제

무기질의 산화제 및 칼슘염 등의 미네랄을 배합한 것

나) 유기질 제빵개량제

효소를 주체로 하여 배합한 것

다) 혼합형 제빵개량제

무기질 제빵개량제에 효소를 배합한 것으로 가장 많이 사용된다.

라) 속성형 제빵개량제

혼합형 제빵개량제에 산화제를 다량 배합한 것

이와 같이 여러 가지 성분을 혼합한 것을 제빵개량제라고 간단히 표현하지만 그 안에는 여러 가지 기능을 나타내는 물질들이 들어 있다. 한편 제빵개량제는 이들 성분을 모두 배합하는 것이 아니고 이들 중에서 몇 가지 성분을 뽑아서 한 종류의 제품으로 만들고 있다. 따라서 발효를 촉진시키는 제빵개량제도 있고 반죽에 물성을 개량하기 위하여 배합한 제빵 개량제도 있기 때문에 제빵개량제를 구입할 때에는 목적에 맞는 제품을 선택하여 사용할 필요가 있다.

표 13-2. 제빵개량제의 성분과 기능

성분(배합량,%)	원료 소재	분자식	기능
칼슘염 (5~30)	탄산칼슘 황산칼슘 제3인산칼슘	$CaCO_3$ $CaSO_4 \cdot 2H_2O$ $Ca_3(PO_4)_2$	원료수의 개질, 흡수율 조정, 반죽의 pH조정 발효 촉진, 글루텐 숙성과 강화
마그네슘염	염화마그네슘 황산마그네슘	$MgCl_2 \cdot 6H_2O$ $MgSO_4 \cdot 3H_2O$	
칼륨염 (5~20)	탄산칼륨 명반 인산이수소칼륨	K_2CO_3 $AlK(SO_4)_2 12H_2O$ KH_2PO_4	
암모늄염 (5~25)	염화암모늄 황산암모늄	NH_4Cl $(NH_4)_2SO_4$	이스트의 영양원, 발효 촉진
식염 (10~25)	염화나트륨	$NaCl$	이스트생장조정, 프로티아제의 작용억제, 글루텐의 강화, 잡균의 발효 억제, 빵의 풍미향상
산화제 (1~5)	브롬산칼륨 아스코르브산	$KBrO_3$ $C_6H_8O_6$	반죽의 물성 개량, 프로티아제의 억제, 흡수율 증가
효소제 (1~15)	아밀라아제 프로티아제 리폭시다아제		당 생성에 의한 발효촉진, 반죽의 물성개량, 아미노산생성, 반죽의 연화, 숙성의 촉진, 풍미개선, 표백작용, 노화억제, 오븐 스프링 증가 및 겉껍질의 착색 증가
분산제	전분		계량 간소화, 성분간 반응억제, 흡습 방지,

2. 제빵개량제의 효과

1) 원료수의 개질

물은 연수와 경수의 2종류가 있으며 주로 그 속에 존재하는 칼슘이온과 마그네슘 이온의 양에 의하여 구분된다. 즉 칼슘이나 마그네슘을 많이 함유한 물을 경수라 하고 적게 함유한 물을 연수라고 한다. 이와 같은 물의 경도는 물 속에 존재하는 이온들을 탄산칼슘의 양으로 환산하여 ppm(part per million)단위로 나타낸다. 한편 제빵에 사용되는 물은 어느 정도의 경도를 나타내는 편이 반죽에 좋은 영향을 미치기 때문에 보통 칼슘염을 포함한 제빵개량제를 첨가하여 물의 경도를 조절한다.

연수로 만든 반죽은 점착성이 증가하여 흡수율이 감소할 뿐만 아니라 가스 보유능력이 떨어지기 때문에 빵의 체적이 작아지며 경수로 만든 빵은 글루텐의 결합을 너무 강화시켜 발효시간이 길어지게 된다. 따라서 빵에 사용되는 물은 적당한 경도(CaO로서 50~150ppm)를 나타내는 아경수 상태가 좋다. 아경수 상태의 물은 반죽에 적당한 탄성을 부여하기 때문에 반죽 내 이산화탄소의 손실을 최소화하여 오븐 스프링이 큰 빵을 만든다. 물의 경도에 기여하는 이온 중 칼슘염은 반죽의 pH 조절을 통한 발효의 촉진과 안정화에 기여하며 글루텐을 강화시키는 산화제와 비슷한 효과를 나타낸다.

2) 이스트의 영양원

이스트는 빵 반죽에서 이산화탄소를 생성하여 반죽을 팽창시키며 알콜, 유기산, 카르보닐 화합물을 생성하여 방향성분을 만들고, 글루텐형성을 촉진하는 작용을 한다. 한편 이스트의 작용은 혼합에서 시작하여 발효과정 및 굽기에서 이스트가 사멸할 때까지 계속되기 때문에 반죽에 불충분할 것으로 예측되는 이스트의 영양원을 보충해 줄 필요가 있다. 이스트는 단세포 미생물로서 그 영양요구는 식물과 유사하여 탄소, 수소, 산소, 질소, 유황, 인, 칼륨, 칼슘, 마그네슘, 철 등의 미량원소 및 비타민 등의 성장촉진 물질이 필요하다.

일반적으로 밀가루에는 위에서 언급한 영양원이 충분하게 함유되어 있으나 빠른 시간 내에 이스트를 발효시키기 위해서는 외부에서 영양원을 공급해 줄 필요가 있다. 특히 발효말기에는 당의 부족으로 이산화탄소 발생량이 현저하게 감소하게 되는데 이때 질소원이 존재하면 이스트는 이 질소원을 영양원으로 하여 말타아제를 생성시킬 수 있게 되기 때문에 맥아당을 계속하여 발효하게 된다. 이와 같은 효과는 특히 당이 적은 반죽에서 현저하게 일어난다. 따라서 질소원은 발효 말기에 그 효과를 발휘하게 되며 염화암모늄, 황산암모늄, 아미노산 및 맥아 추출물 등이 효과적인 질소원으로 사용된다.

3) 반죽의 물성 개량

제분 직후의 밀가루는 그 색상(크림색을 나타냄)과 제빵적성이 좋지 못하다. 그것은 밀이 인위적인 제분조작에 의하여 파괴됨으로써 생리적으로 불안정한 상태에 놓이기 때문이다. 따라서 제분 직후의 밀가루로는 좋은 품질의 2차 가공제품을 만들 수 없으며 일정기간 공기 중에서 숙성 시켜야한다. 밀가루의 숙성은 일종의 산화현상으로 밀가루의 표백과 병행하여 일어난다. 한편 밀가루의 인위적인 숙성을 통한 반죽의 물성 개량 및 표백 방법으로 영국에서 1916년에 사용하기 시작한 브롬산 칼륨이 현저한 효과가 있어 실용화되어 있다. 또한 1938년에는 L-아스코르브산(ascorbic acid)이 산화제로 효과가 있다는 것이 증명되어 현재 브롬산칼륨과 함께 제빵개량제의 원료로 사용되고 있다. 이들 화합물 이외에도 과산화벤조일, 과산화질소 및 과산화암모늄 등이 부분적으로 밀가루 숙성 및 표백제로 이용되고 있다.

한편 반죽의 물성에 직접적인 영향을 미치는 성분으로 밀가루의 단백질을 들 수 있는데 밀가루 단백질의 특징은 많은 양의 물을 흡수하여 신장성과 탄력성을 갖는 글루텐이라는 단백질을 만든다. 밀가루의 글루텐은 주로 글리아딘과 글루테닌으로 구성되며 구성비율은 글리아딘이 조금 작다. 글리아딘은 평균 분자량이 34,500 정도의 구상의 단백질로 되어 있으며 글루테닌은 분자량이 약 100,000 정도인 큰 분자로서 얇고 긴 판상의 형태로 되어 있다.

글루텐은 발효되는 동안 섬유상의 망상구조를 형성하고 이것이 얇은 피막을 이루면서 발생되는 이산화탄소 가스를 포집하여 외부로 유출을 방지한다. 발효된 반죽은 이와 같은 상태에서 굽는 동안 열에 의하여 응고되어 빵의 골격을 형성한다. 이와 같은 글루텐의 성질은 기타 다른 곡류에서 볼 수 없는 밀가루만의 독특한 성질이다.

글루텐의 망상구조는 다음과 같은 두 가지 반응에 의해서 이루어진다. 첫째는 글루텐을 구성하고 있는 글루테닌과 글리아딘의 성질변화이다. 구상으로 존재하기 때문에 분자간 결합력이 약한 글리아딘은 가수와 혼합작용에 의해 점착성을 증가시켜 신장성을 증가시키는 반면 분자간 결합력이 강한 긴 판상의 글루테닌은 단단한 성질을 나타내며 탄력성을 증가시킨다. 그리고 이때 이들은 상호 교차 결합하면서 신장성과 탄력성의 성질을 동시에 나타내면서 망상구조를 갖는 반죽이 된다. 둘째는 밀가루 글루텐을 구성하는 아미노산인 L-시스테인의 성질 때문에 망상구조가 형성된다. L-시스테인은 밀가루 단백질 중에 1.5~2.0%정도 함유되어 있으며 그 분자 중에 티오기(-SH)를 갖고 있기 때문에 산화되면서 -SS-결합으로 변화한다. 즉 2분자의 L-시스테인이 산화되어 -SS-결합을 갖는 L-시스틴을 형성한다. 즉 이황화결합에 의하여 분자간의 가교형성이 그림13-5와 같이 촉진되어 글루텐의 망상구조가 형성되고 빵반죽의 숙성이 진행된다. 이와 같은 티오기의 이황화 결합을 촉진시키는 것은 산화제이기 때문에 산화제는 효과, 경제성, 편리성, 안정성 및 잔류량 등을 판단하여 사용하게 되는데 이 기준에 가장 적합한 것으로는 브롬산칼륨과 아스코르브산이 알려져 있다. 그러나 현재 우리 나라와 유럽에서는 제빵 첨가물로서 브롬산칼륨의 사용은 허가되어 있지 않다.

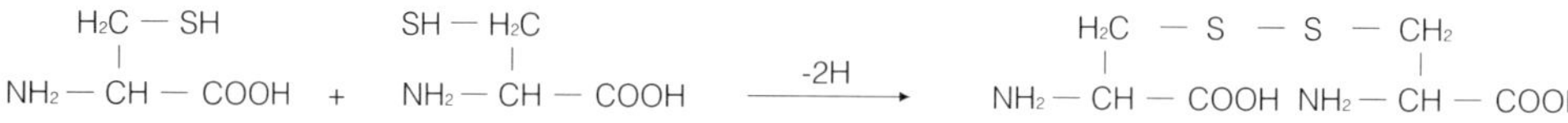

$$\underset{\text{L-시스테인}}{NH_2-\overset{\overset{H_2C-SH}{|}}{CH}-COOH} + \underset{\text{L-시스테인}}{NH_2-\overset{\overset{SH-H_2C}{|}}{CH}-COOH} \xrightarrow{-2H} \underset{\text{L-시스틴}}{NH_2-\overset{\overset{H_2C\ -\ S\ -\ S\ -\ CH_2}{|\qquad\qquad\qquad\qquad|}}{CH-COOH\ NH_2-CH}-COOH}$$

그림13-5. 디설피드 결합에 의한 분자간 가교형성

(1) 브롬산 칼륨($KBrO_3$)

브롬산칼륨은 빵 반죽에서 산소를 발생하는데 이때 발생된 산소가 티오기(-SH)를 산화시켜 디설피드 결합(-SS-)을 만든다. 브롬산 칼륨은 반죽이 산성화됨에 따라 그리고 온도가 상승함에 따라 산소 발생이 촉진되기 때문에 혼합할 때는 반응을 하지 않고 발효과정에서 굽기과정까지 계속하여 산화효과를 나타낸다. 사용량은 밀가루에 대하여 5~20ppm 정도이며 구운 후 빵 속에 잔류되지 않는다.

$$KBrO_3 \rightarrow KBr + 3O$$
$$\downarrow$$
$$\underset{\text{시스테인}}{R_1SH} + \underset{\text{시스테인}}{R_2SH} \longrightarrow \underset{\text{시스틴}}{R_1S\text{-}SR_2}$$

그림 13-6. 브롬산칼륨의 산화작용

(2) L-아스코르브산(Ascorbic acid)

L-아스코르브산은 보통 비타민 C로 알려져 있으며 그 자체는 환원제이나 밀가루 내에서는 산화작용을 하기 때문에 산화제로 알려져 있다. L-아스코르브산은 다음 그림13-7과 같이 밀가루에 있는 아스코르브산 산화효소에 의하여 산화되어 디하이드로아스코르브산(dihydro ascorbic acid)으로 되고 디하이드로아스코르브산은 글루타티온디하이드로게나이제(glutathione dihydrogenase)에 의하여 다시 L-아스코르브산으로 환원된다. 이때 글루텐 중 SH기에 작용해서 -SS-결합을 촉진시킨다. L-아스코르브산은 브롬산칼륨에 비교해서 속효성이며 지속성은 없다. L-아스코르브산의 사용량은 브롬산칼륨의 양보다 50~

100% 정도 증가시켜 사용하며 냉동반죽의 경우는 비교적 많은 양을 사용한다.

O = C
HO - C
HO - C　　O　　$+ \frac{1}{2} O_2$　　—산화효소→　　O = C, O = C, O = C　　O　　$+ H_2O$
H - C
HO - C - H
CH_2OH

L -아스코르브산(AA)　　L -디하이드로 아스코르브산(DHA)

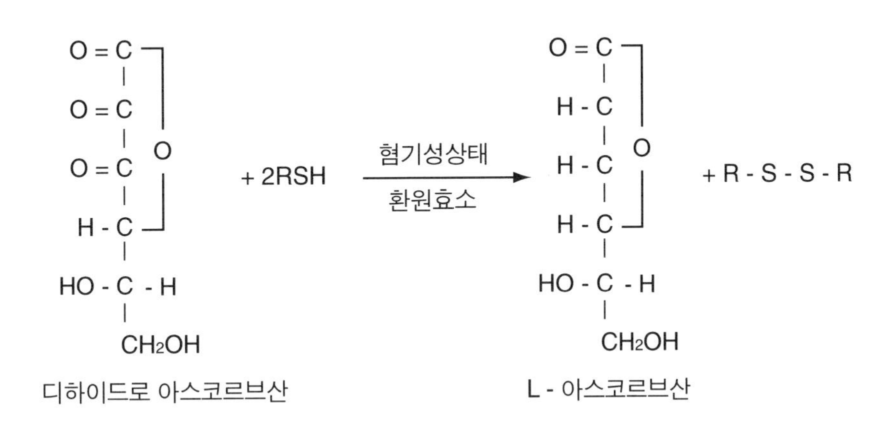

그림13-7. L-아스코르브산의 산화환원반응

4) 빵 반죽의 pH 조절

이스트의 생화학적 반응, 즉 발효에 의하여 숙성되는 밀가루 반죽은 pH와 밀접한 관계를 가지고 있다. pH는 밀가루의 수화, 이스트나 효소의 활성 및 글루텐의 형성에 큰 영향을 미친다. 일반적으로 초기 밀가루의 pH는 6.0~6.3 정도이나 이스트에 의하여 빵 반죽이 발효되면서 빵 반죽의 pH는 5.0~5.3 정도로 되어 반죽의 숙성에 적합한 조건이 된다. 한편 반죽의 발효는 산화제를 반죽에 첨가하거나 발효온도가 상승되면 pH저하 속도가 빨라져 발효가 촉진된다.

빵 반죽을 발효하는 동안 낮은 pH를 유지하는 편이 이스트의 발효, 밀가루의 수화, 효소의 활성, 잡균의 번식방지 및 빵의 풍미에 좋은 영향을 미친다. 특히 빵 반죽의 발효에 관여하는 주요 효소로서 아밀라아제나 치마아제는 pH가 5.0 부근에서 활성이 큰 것으로 보고되어 있다.

우리 나라에서 사용하는 물의 pH는 거의 일정하기 때문에 물의 pH변화에 의한 문제는 발생되지 않는다. 그러나 빵의 배합 경향이 고배합인 경우가 많기 때문에 완충력이 증가되고 pH저하가 쉽게 일어나지 않기 때문에 pH저하를 촉진하기 위하여 제1인산 및 칼슘을 함유한 제빵개량제가 사용된다.

5) 효소의 보충

빵 반죽의 발효는 밀가루, 이스트 및 미생물이 갖고 있는 효소에 의한 생화학적 반응으로 주로 밀가루와 이스트에 존재하는 효소들이 관여한다. 밀가루에 존재하는 주요한 효소로는 α-아밀라아제, β-아밀라아제, 페르옥시다아제, 아스코르브산옥시다아제, 글루타티온디히드로게나아제 등이며 이스트에 존재하는 효소로는 인베르타아제, 말타아제, 치마아제, 카탈라아제 등이다. 한편 프로티아제, 리파아제 등은 밀가루에도 이스트에도 존재하는 효소로 알려져 있다. 빵 반죽의 발효 과정 중 원료로 공급할 필요가 있는 효소는 α-아밀라아제이며 필요에 따라 아주 적은 양을 공급할 필요가 있는 효소로는 프로티아제와 리폭시게나아제가 있다.

발효하는 동안 이스트가 이용하는 당류는 밀가루에 존재하는 당 (포도당, 과당, 자당 및 글루코프럭탄(glucofructan) 등으로 함유량은 1.0~1.8%(w/w)정도이다. 및 원료로 첨가하는 당(설탕, 포도당)이 있으며 발효 과정 중 이스트에게 당을 지속적으로 공급해 주지 않으면 당의 부족이 발생한다. 그러나 발효가 진행되는 동안 부족한 당을 보충하기는 현실적으로 어렵기 때문에 효소의 작용을 이용하여 당을 생성시킬 수 밖에 없다.

(1) α-아밀라아제 및 β-아밀라아제

α-아밀라아제는 밀가루 전분 중 우선 손상전분의 α-1, 4결합을 무작위적(at random)으로 가수분해하여 맥아당과 분해할 수 없는 아밀로펙틴의 α-1, 6결합과 α-1, 6결합 근처의 부분 즉 α-아밀라아제 한계 덱스트린을 생성한다. 또한 β-아밀라아제가 분해하지 못하고 남겨놓은 β-아밀라아제 한계 덱스트린류를 가수분해하여 그것을 β-아밀라아제가 다시 분해할 수 있도록 하여 맥아당을 계속하여 생성시킨다. 즉 α-아밀라아제의 작용과 β-아밀라아제의 당화 작용 기능이 상호 보완되면서 맥아당이 생성된다. α-아밀라아제 사용은 특히 스폰지법에서 중요하며 발효를 지속시킬 수 있도록 해준다(그림13-8).

α-아밀라아제는 빵 반죽중에서 맥아당과 포도당을 직접 또는 간접적으로 만들며 이 당류들은 이스트에 의하여 이산화탄소 발생에 이용될 뿐만 아니라 굽

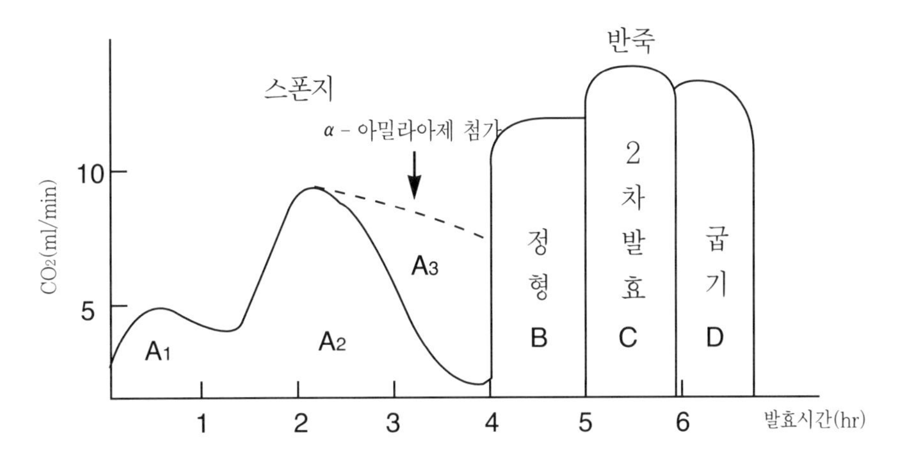

A1 : 밀가루에 함유되어 있는 당을 발효
A2 : α - 아밀라아제의 손상전분 발효(맥아당 발효)
A3 : α - 아밀라아제의 첨가에 의한 맥아당 생성 증가로 발효촉진

그림 13-8. 스폰지법에서 반죽의 발효곡선과 α아밀라아제 첨가효과

기 단계까지 존재하여 캐러멜화 반응과 멜라노이딘 반응을 촉진시켜 빵의 방향성분인 카아보닐 화합물을 생성케 하며 겉껍질 색상을 향상시킨다.

한편, 빵 반죽을 굽기 시작하면 반죽의 온도 상승 때문에 반죽의 부피가 급속하게 증가한다. 그리고 반죽의 점성이 증가하면서 팽창을 억제하는 경향이 발생하는데 이때 α-아밀라아제는 반죽의 점성을 저하시켜 팽창을 도와주며 이러한 결과로 옆면이 터지는 브레이크(break)현상이 발생할 때 비교적 부드러운 조직이 형성되도록 한다.

α-아밀라아제는 전분의 노화를 억제한다. 그 이유로는 α-아밀라아제에 의해 형성된 덱스트린이 전분의 결정화를 억제하고 또는 전분의 상대적인 양을 감소시키기 때문이다.

제빵에 사용하는 α-아밀라아제는 맥아, 곰팡이 및 세균 등에서 생산되는데, 이들의 차이점은 α-아밀라아제의 내열성에 있다. α-아밀라아제의 내열성은 식물성 〈 곰팡이 〈 세균 순으로 크다. 일반적으로 맥아에서 추출된 α-아밀라아제는 75℃에서 활성을 잃어버리며 곰팡이의 것은 70℃에서 활성을 잃기 시작하여 80℃에서 활성을 잃어버린다. 반면 세균의 α-아밀라아제는 95℃에서 활성을 잃는다.

한편 곰팡이 α-아밀라아제에는 보통 프로티아제가 함유되어 있어 제빵에 유리한 효과를 미치며 α-아밀라아제를 생산하는 곰팡이로 황국균(Aspergillus oryzae)이 사용된다. α-아밀라아제의 사용량은 밀가루에 따라 차이가 있으나 일반적으로 밀가루 100g에 대하여 10~20 SKB가 필요하다.

(2) 프로티아제(protease)

프로티아제는 단백질 분해 효소로 빵의 골격을 형성하는 글루텐에 작용하는데 그 존재 함량에 따라 빵의 품질에 좋은 영향과 나쁜 영향을 미친다. 프로티아제는 이스트의 영양원인 아미노산이나 펩톤을 형성하여 멜라노이딘 반응을 촉진시키며 방향성 물질의 전구체를 형성한다. 또한 글루텐을 연화시켜 반죽의 물성을 개량하며 동시에 혼합시간을 단축시킨다. 밀가루에 존재하고 있는 프로티아제는 통상 발효 종점 이하의 pH에서 활성화되기 때문에 발효과정 중 큰 역할을 하지 못한다. 사용량은 밀가루 100g에 대하여 70~80 H.B로 되어 있다.

(3) 리폭시게나아제(lipoxygenase)

리폭시게나아제는 리폭시다아제라고도 불리며 리놀레산(linoleic acid), 리놀렌산(linolenic acid) 및 아라키돈산(arachidonic acid) 등의 이중결합을 2개이상 갖고 있는 지방산에 반응하여 cis형의 이중결합을 trans형으로 변형시키면서 하이드로퍼록사이드(hydroperoxide)를 만든다.

하이드로퍼록사이드는 밀가루에 존재하는 카로티노이드 색소를 산화하여 표백하기 때문에 빵의 내부를 희게 만들며 동시에 산화제로 작용하여 반죽의 물성을 향상시킨다. 리폭시게나아제는 대두에 많이 함유되어 있으며 따라서 탈지대두를 가열처리하지 않고 대두분을 만들면 리폭시게나아제의 활성을 기대할 수 있다.

$$\underset{\text{cis}}{-CH=CH}-CH_2-\underset{\text{cis}}{CH=CH}- + O_2 \xrightarrow{\text{lipoxigenase}} \underset{\text{cis}}{-CH=CH}-\underset{\text{trans}}{CH=CH}-CH(OOH)$$

그림 13-9. 리폭시게나아제에 의한 불포화지방산의 하이드로퍼록사이드 형성

13-3. 최근 기술동향

한편 최근의 기술동향으로 우리 나라에서 소비자들의 건강지향적이고 자연친화적인 경향에 대한 욕구를 충족시키기 위하여 합성제빵개량제 대신 미생물의 발효산물 또는 미생물 효소을 이용한 천연제빵개량제(natural bread improver)가 등장하고 있다. 천연제빵개량제의 효시로는 chamberlain등의 α-아밀라아제를 이용한 빵의 품질개선방법과 sour dough에서 빵의 품질을 향상시키는 미생물을 분리 동정하고 그 미생물의 발효산물을 제빵의 한 원료로서 첨가하는 방법 등이다. 미생물의 발효산물을 제빵 개량제로 반죽에 첨가하

는 연구는 미국, 일본 등에서 광범위하게 이루어진 후 특허를 받아 실제로 사용되고 있으며 우리 나라에서도 1999년에 인간에게 가장 친화적인 비피도박테리아의 발효산물을 밀가루 brew에 축적시킨 후 제빵 원료로 첨가하여 빵의 기능성 및 품질을 향상시켜 특허를 획득한 후 사용되고 있다. 향후 빵 제품들도 현재의 인스턴트 식품의 개념을 벗어나 건강 개념의 기능성을 부여할 수 있는 식품으로 국민 건강에 이바지하기 위해서는 제빵에 사용되는 많은 합성화학첨가물들을 천연물로 대체하는 시도 및 연구가 필요하다.

제 14장 초콜릿(chocolate)

14-1. 초콜릿

1. 코코아

초콜릿의 원료는 코코아 콩(cocoabean)라고 불리는 코코아나무의 갈색 열매이며, 코코아나무는 서아프리카(가나, 나이지리아)나 남아메리카(브라질, 에콰도르)의 열대 지역에서 자생하는 식물이다.

이 코코아나무의 과실은 일반적으로 코코아 포트라고 불리는데 길이가 10~30cm의 럭비공과 같은 모양을 하고 있고 표면은 딱딱한 각질로 보호되어 있다. 그 단단한 각질을 벗기면 희고 달콤새콤한 과육이 꽉 채워져 있으며 그 안에 20~50개의 종자가 들어 있다(그림 14-1). 이 종자를 깨끗하게 한 것이 코코아 콩(cacao bean)이다.

코코아 콩의 주위에 있는 하얀 과육은 코코아 콩에 단단하게 붙어 있어서 매우 분리하기 어렵다. 그러므로 생산지에서는 옛날부터 코코아 포트에서 취한 알맹이를 그대로 바나나잎 등으로 싸서 발효시켜 과육이 꼬들꼬들하게 썩으면 코코아 빈을 꺼내 왔다. 이 발효작업은 현재에도 통상 50℃ 정도에서 3~12일간 실시한다. 이 동안에 과육은 썩어서 부드럽게 될 뿐 아니라 코코아 콩 자체에도 여러 가지 좋은 변화가 일어난다. 예를 들면 외피가 불어 팽팽해져서 벗기기 쉬워지며 떫은맛이나 자극적인 맛이 감소하고 반대로 향기로운 맛을 내는 물질이 증가한다(표 14-1). 일반적으로 코코아 콩은 생산지에서 이 발효조작을 행한 후 잘 건조된 상태에서 소비지로 수출된다.

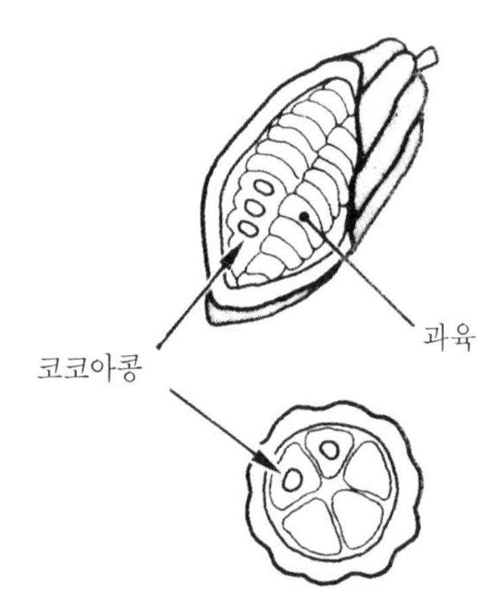

그림14-1. 코코아포트의 구조

코코아 콩는 껍질이 9~13%, 배아 0.6~1.0%, 배유는 85~90%로 구성되어 있다. 코코아 버터

(cocoabutter)는 방향 성분을 함유하고 초콜릿 특유의 부드러운 촉감, 풍미 등의 품질에 영향을 미치는 성분으로 중요하다.

표14-1. 코코아 콩의 발효에 의한 변화

	생 코코아 콩	발효시킨 코코아 콩
코코아 콩의 겉모양	타원형	둥글고 크다
외피의 성질	배유 부분에 강하게 붙어 떨어지기 어렵다	외피가 붙어서 배유로부터 분리가 쉽다
pH	6.0~6.8	4.5~5.6
경도	매우 단단하고 부수기 어렵다	균열이 많이 생겨 부서지기 쉽다
색	엷은 백색	갈색
맛	쓰고, 자극성이 있다	자극성은 없다
향	생콩의 비린 맛	특유의 방향

2. 초콜릿의 제조

초콜릿의 원료로 쓰이는 코코아 콩은 먼저 생산국에서 발효 등 예비 가공처리 후 소비국으로 수출된다. 소비국에서 그림14-2와 같은 공정을 거쳐 향기가 높은 초콜릿이 된다.

1) 볶기

수입된 코코아 콩을 110~130℃에서 30~40분간 볶아 껍질을 연한 상태로 하여 껍질이 들뜨게 함으로써 속과 껍질을 분리한다. 볶기 과정 중 독특한 방향(芳香)이나 풍미성분이 생성되며 휘발성의 산(초산 등)이 제거되어 산미나 자극취가 감소된다.

2) 파쇄, 선별

볶아낸 코코아 콩을 롤러에서 분쇄시킨다. 그 다음 풍력을 이용해서 외피와 배아를 제거하고 배유 부분만을 골라낸다. 이 순수한 배유의 파편을 일반적으로 코코아 닙(nibs)라고 부른다.

3) 마쇄, 압착

코코아 콩의 속 부분(nibs)을 마쇄하면서 열을 가하면 전체가 꼬들꼬들한 페이스트 상태로 된다. 이 페이스트를 일반적으로 코코아 매스(cacao-mass)라 하며, 특유한 쓴맛이 있어 비타초콜릿이라고도 한다. 이 코코아 매스에 여러 종류의 코코아를 혼합하여 초콜릿 특징에 맞는 맛과 향을 낼 수 있으며 코코아 매스 자체의 맛과 풍미, 껍질 부분의 혼입량, 지방 및 수분의 함량에 따라 품질이 달라진다.

한편 이 코코아 매스를 압착을 하여 지방을 분리한 것이 코코아버터이고 가나슈를 만들 때 부드럽고 좋은 풍미를 내거나 커버추어를 좀더 매끄럽게 하고 싶을 때 사용한다.

코코아 매스에서 코코아 버터를 약 2/3 정도 추출해낸 후 그 나머지를 분말로 만든 것이 코코아 분말이며 알칼리 처리하지 않은 천연코코아와 알칼리 처리한 더취코코아로 구분한다.

4) 재료 혼합, 믹싱

초콜릿은 코코아매스에 설탕, 코코아분말, 분유, 레시틴, 코코아 버터 등 제품 의 특성에 맞는 재료들을 일정한 비율에 따라 혼합한다. 믹싱은 이중 솥의 형태로 일정한 온도가 유지되도록 한 후 먼저 설탕, 분유 등 건조 재료를 넣고 충분히 혼합하고 코코아 매스, 코코아 버터 및 유화제을 첨가하여 반죽한다.

(1) 설탕

초콜릿 성분 중 40~60%를 차지하는 설탕은 수분이 적은 것이 바람직하며 입자가 고운 양질의 분당이 사용된다. 첨가량은 코코아 매스의 쓴맛을 제거하는 정도가 좋다. 코코아 매스의 함량이 많은 스위트초콜릿에는 분당을 많이 첨가하고 밀크초콜릿에는 다소 적게 첨가한다. 용도에 따라서 일반적으로 50% 전후, 성인을 위한 세미스위트는 40~45%, 어린이용은 60% 정도 첨가된다.

(2) 분유

밀크초콜릿에는 전지분유 또는 탈지분유가 첨가된다. 밀크는 맛과 영양이 좋으며 초콜릿 성분 중에서 유지방은 유화상태를 유지하므로 안정하다.

(3) 유화제

초콜릿의 코코아 버터나 설탕 성분을 분산시키고 잘 혼합하기 위하여 레시틴이 사용된다. 레시틴은 점도를 감소시키는 작용이 있어 0.2%의 적은 양을 첨가해도 점도 감소 효과가 크다. 사용량은 0.2~0.8% 정도이며 점도를 저하시키려고 많은양의 레시틴을 사용하면 초콜릿의 질이 저하되어 맛이 나빠진다. 이외에도 소르비탄 지방산 에스테르, 폴리솔베이트 등도 유화제로 사용된다.

(4) 향료

향료는 기본적으로 바닐라가 사용되며 첨가량은 0.03% 정도이다. 향료 이외에도 제품의 특성에 맞춰 견과류 향, 박하 향, 초콜릿의 풍미 향상을 위한 여러가지 향이 사용된다.

(5) 정제(refining), 미립화

혼합된 쵸코릿 반죽은 아직 입자가 거칠고 모래알과 같은 까칠까칠한 느낌이 남아 있으므로 입자를 미세하게 하기 위하여 3단 또는 5단의 좁은 롤러 사이로 반죽을 통과시켜서 코코아 매스나 설탕의 입자를 대단히 곱게 갈아 미립화시킨다(보통 직경 25μ 정도).

(6) 콘칭(conching)

미립화된 초콜릿 반죽을 고온(50~80℃)에서 12~24시간에 걸쳐서 잘 혼합한다. 반죽을 혼합하는 동안 초콜릿에 함유되어 있는 입자(粒子)들이 서로 마찰하면서 각(角)이 둥글어지고, 또 수분과 불쾌취가 휘발되어 풍미가 좋은 초콜릿이 된다.

(7) 템퍼링

반죽이 끝난 초콜릿의 코코아버터 결정이 가장 안정하고 미세한 상태로 굳을 수 있도록 미리 온도 조작을 한다.

(8) 성형

온도조작이 끝난 초콜릿 반죽을 모양틀에 채운 후 진동을 주어 가느다란 기포를 제거하고 식혀서 굳힌다. 템퍼링이 잘된 초콜릿일수록 수축현상이 크며 틀에서 떼어 내기 쉽다.

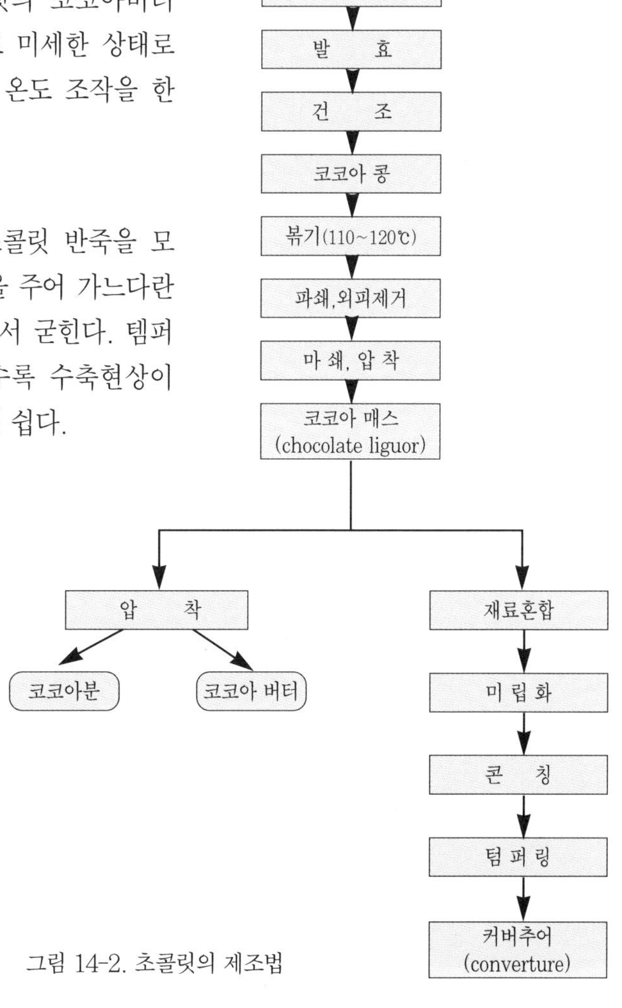

그림 14-2. 초콜릿의 제조법

14-2. 초콜릿의 분류

1. 배합에 의한 분류

1) 다크초콜릿

순수한 쓴맛의 코코아 매스에 설탕과 코코아버터(7~10%), 레시틴, 바닐라 등을 섞어 만든 것으로 코코아버터를 일정량 함유하고 있는 코코아매스에 별도로 코코아버터를 추가로 첨가했기 때문에 유지함량이 좀더 높고 유동성이 좋으며 코코아 풍미도 강하다.

다크초콜릿은 코코아 함량이 30~80% 범위로 넓기 때문에 쓴맛의 정도가 달라 다크스위트, 세미스위트, 비터스위트 등으로 구분된다. 코코아 함량이 높을수록 쓴맛이 강하다.

* 커버추어(couverture)는 초콜릿 리쿼(chocolate liguor) 50%, 코코아 버터 10% 및 설탕 40%(포장지에 60/40으로 표기되어 있음)로 구성되어 있으며 코코아 버터 함량이 높은 것이 특징이다. 따라서 작업의 편이성을 위하여 케이크의 코팅용 초콜릿은 유지의 가소성 범위가 넓은 하드버터에 코코아 분말을 포함하여 사용한다.

표 14-2. 초콜릿의 원료배합

원료명 \ 제품명	다크 초콜릿	밀크 초콜릿	스위트 초콜릿	화이트 초콜릿
코코아 매스	36	12	14	-
분당	44	41	52	55
우유성분	8	24	14	14
코코아 버터	10	22	14	26
레시틴	0.5	0.5	0.5	0.5

표 14-3. 초콜릿의 성분 예

구분 \ 100g당	열량 Kcal	수분 g	지질 g	당질		단백질	비타민A I.U
				설탕	기타		
스위트 초콜릿	551	1.2	32.5	50.0	9.4	4.6	35
밀크 초콜릿	553	1.2	33.3	40.0	14.4	8.5	120

2) 밀크초콜릿

다크초콜릿의 구성성분(코코아 매스, 코코아버터, 설탕)에 전지분유를 첨가한 것으로 분유의 색상이 유백색이기 때문에 분유 첨가량이 많아질수록 초콜릿의 색도 연한 다갈색으로 변화된다. 따라서 색이 엷어질수록 분유의 함량이 많은 것올 보면 된다. 다크초콜릿이 원재료인 코코아 콩의 질에 따라 맛이 좌우되는 반면 밀크초콜릿은 분유의 양과 질에 따라서도 맛의 특징이 결정된다. 부드럽고 풍부한 맛을 강하게 하려면 코코아 버터의 함량을 높이면 된다(표14-2).

3) 화이트초콜릿

코코아 콩을 이루는 두가지 성분, 즉 코코아 고형분과 코코아 버터 중 초콜릿 특유의 다갈색을 내는 것은 코코아 고형분이다. 따라서 화이트 초콜릿을 만들때 코코아 고형분을 제외한 코코아 버터에 설탕과 분유, 레시틴, 바닐라를 첨가하여(코코아 버터20%이상, 유지방 3.5% 이상, 유성분 14% 이상, 설탕 최대 55%로 규정) 만든다(표14-2).

4) 컬러초콜릿

특별한 기념일 등에 선물용으로 판매되고 있는 초콜릿들 중에 빨간색 파란색의 초콜릿은 화이트초콜릿에 유성색소를 첨가하여 만든다. 유성색소를 첨가하는 이유는 초콜릿자체가 코코아버터를 주성분으로 하는 유성이므로 수성색소와는 잘 섞이지 않기 때문이다.

5) 가나슈용 초콜릿

코코아 매스에 설탕을 첨가한 것으로, 코코아버터를 첨가하지 않았기 때문에 다른 초콜릿들에 비해 코코아 고형분이 갖는 강한 풍미를 살릴 수 있는 장점이 있다. 유지 함량이 적어 생크림처럼 지방과 수분이 많이 분리될 위험이 없으며 기타 재료와도 잘 섞인다. 그러나 코코아버터가 갖는 유동성을 기대할 수가 없기 때문에 커버추어처럼 코팅용으로 이용하기에는 부적합하다.

6) 코팅용 초콜릿(파타글라세)

대부분 초콜릿을 다루면서 가장 까다롭다고 여기는 것이 바로 템퍼링 작업이다. 초콜릿을 템퍼링하는 이유는 맛 과 품질에 영향을 미치는 코코아버터의 분자배열 상태를 안정하게 만들기 위해서다. 하지만 코팅용초콜릿은 코코아매스에서 코코아버터를 제거한 다음 식물성 유지와 설탕을 첨가해 만든 것으로 템퍼링 작업 없이도 언제 어느 때든지 손쉽게 사용할 수 있다. 유동성이 좋다는 점이 가장 큰 장점이며 코팅용으로 쓰인다.

2.형태에 의한 분류

1) 팬 초콜릿(panned chocolate)

회전하는 코팅 팬에 견과류나 스낵류에 초콜릿을 분무하여 코팅시키기거나, 원형으로 성형하는 기계로 초콜릿을 원형으로 성형한 후 그 위에 당액을 입힌 초콜릿을 말한다.

2) 몰드 초콜릿(moulded chocolate)

초콜릿을 틀에 굳힌 것으로 특히 가운데 부분에 크림, 웨이퍼, 견과류 등을 넣은 것을 shell moulded chocolate라 한다.

3) 엔로버 초콜릿(enrobed chocolate)

중앙부분에 퍼지(fudge), 누가(nougat), 비스킷, 마시멜로, 캐러멜, 크런치 등을 넣고 초콜릿을 흘려 부어 코팅해서 냉각시킨 것이다.

14-3. 초콜릿의 용해성

1. 코코아 버터의 특징

초콜릿의 특징은 실온에서 단단한 상태이지만 입에 넣으면 순식간에 녹아서 그윽한 풍미가 퍼지는 것이다. 이와 같이 초콜릿의 용해성이 좋은 것은 코코아 버터라고 하는 특징적인 유지를 대량으로 함유하고 있기 때문이다.

일반적으로는 유지는 글리세린 1개에 지방산 3개가 결합한 구조를 하고 있으며 유지의 종류에 따라서 결합하는 지방산의 종류와 비율이 달라진다(그림 14-3A).

코코아 버터의 물리적 특성은 지방산의 종류와 양, 지방산과 글리세린의 결합 방법에 의해 그 특성이 나타나게 된다.

코코아버터의 지방산은 4종류로 스테아르산, 팔미트산, 올레산, 리놀레산으로만 구성되어 있어 같은 고형유지라 하더라도 버터(우유버터)나 라드(돈지)가 복잡한 지방산으로 되어 있는 것과는 다른 특징을 나타낸다(표14-4).

코코아버터의 융점은 약 34℃로 버터의 31~33℃와 거의 같고 체온에 의해서 녹으므로 입안에서 잘 녹는다. 응고점도 천연버터와 같은 26℃정도인데 코코아버터는 응고 되면 버터보다 더 단단해진다. 이와 같은 물리적 특성 차이는 양쪽이 함유하고 있는 고체지지수가 온도에 따라 다르기 때문이다. 코코아 버터의 경우 지방산의 종류가 한정되어 있을 뿐 만 아니라 그 지방산의 늘어선 상태가 대단히 특징적이다.

즉 코코아 버터의 대부분(75~80%)은 융점이 낮은 올레산을 중심으로 해서 융점이 높은 팔미트산 또는 스테아르산이 양측으로부터 끼워진 것 같은 결합된 구조를 하고 있다(그림 14-3B).

이와 같은 구조를 하고 있는 유지는 온도의 상승에 따라서 먼저 한 가운데의 지방산으로부터 녹기 시작하여 바깥쪽에 위치하고 있는 지방산의 융점에 가까워지면 전체가 한꺼번에 녹아버리는 성질을 갖고 있다. 그렇기 때문에 코코아 버터는 고체로부터 액체로 변하는 온도범위는 2~3℃로 매우 좁다. 따라서 고체지방의 비율을 나타내는 그래프에서 코코아 버터의 변화를 나타내는 곡선은 다른 어떤 유지보다도 급격한 곡선을 나타낸다(그림 14-3C).

즉 코코아 버터는 가소성을 나타내는 온도 범위가 대단히 좁고 고체에서 액체로 변화하는데 대단히 예민하다고 할 수 있다. 그렇기 때문에 코코아 버터를 대량으로 함유하고 있는 초콜릿은 버터나 라드와 같이 손으로 반죽해서 모양을 내는 것은 거의 불가능 하다. 그대신 이와 같은 특성을 갖고 있는 초콜릿은 사람의 체온(약 37℃)에서는 빠르게 용해하기 때문에 대단히 용해성이 좋다고 말 할 수 있다.

(A) 유지의 일반구조

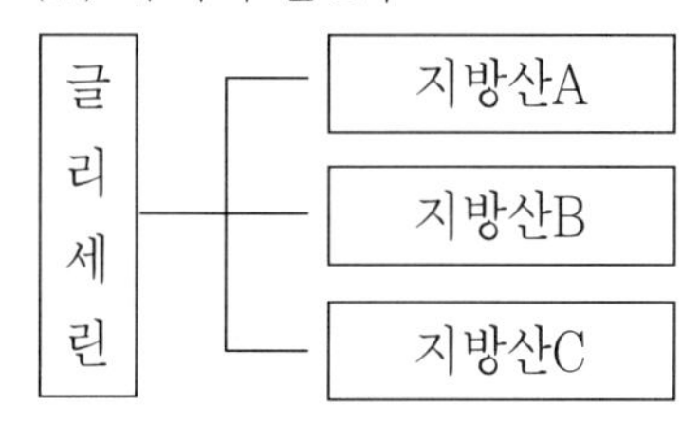

(B) 코코아버터의 주요한 구조

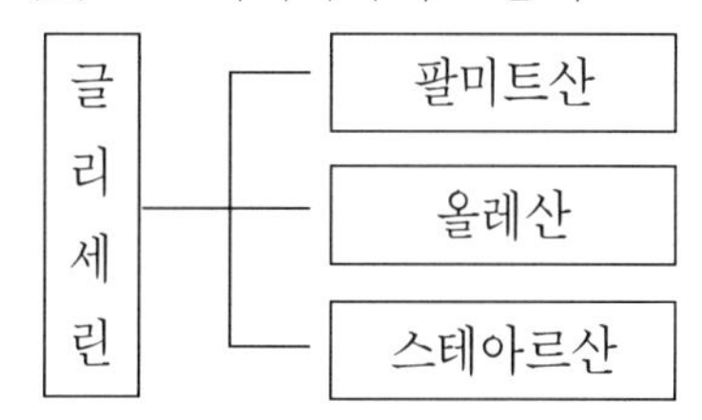

(C) 코코아 버터, 버터, 라드, 하드 버터의 경도 변화

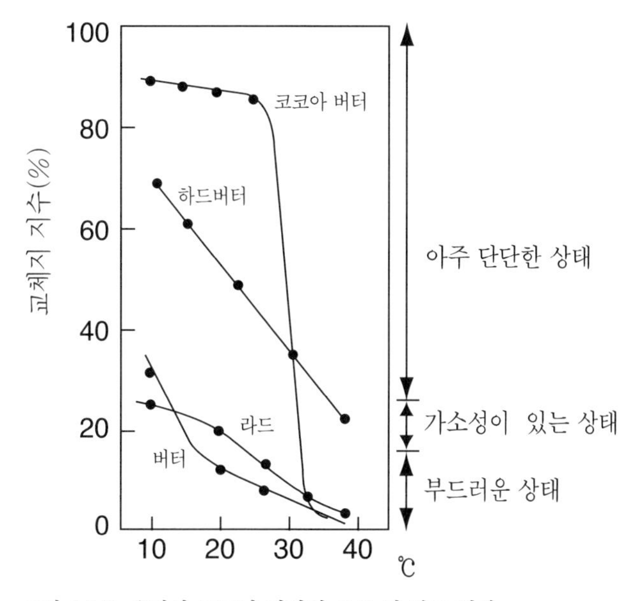

그림 14-3. 유지와 코코아 버터의 구조 및 경도 변화

표14-4. 코코아버터와 버터의 지방산 조성차이

	지 방 산	탄소수	융점(℃)	종 류	
				코코아버터(%)	천연버터(%)
포화지방산	스테아르산	18	69.3	31	10.5
	팔미틴산	16	62.6	25	31.0
	미리스틴산	14	53.88		10.9
	라우르산	12	43.6		2.5
	카프르산	10	31.1		2.3
	카프릴산	8	16.5		0.5
	카프로산	6	-3.8		2.0
	부티르산	4	-7.9		3.6
불포화지방산	올레산	18	13	40	26
	리놀레산	18	-9	4	1.3
	기타				9.7

14-4. 코코아 버터의 결정형

녹인 초콜릿을 그대로 방치한 상태에서 응고시키면 입에서 녹기 어렵다. 초콜릿에 함유되어 있는 코코아 버터라고 하는 유지는 과자의 재료중에서 가장 다루기 어려운 유지의 하나라고 할 수 있다. 코코아 버터에는 분자가 늘어선 형태가 드문드문 떨어져 있는 것부터 빈틈없이 꽉 들어찬 것 까지 여러 종류의 서로 다른 결정형(분자의 늘어선 형태)이 존재하는데 녹인 초콜릿을 응고시키는 단계에서 어떤 결정형을 갖는 분자구조를 만드느냐에 따라 초콜릿 전체의 품질이 달라지게 된다. 코코아 버터의 결정형은 분자가 채워진 형태가 엉성한 것부터 γ형, α형, β' 형, β형 4종류가 있으며 융점, 안정성, 융해잠열, 수축율이 각각 다르게 나타난다(표14-5).

가) γ형 결정

융해된 코코아 버터를 16~18℃로 냉각했을 때 α형 결정이 생긴다. 분자가 늘어선 형태가 대단히 거칠고 불안정하기 때문에 불과 2~3초 사이에 다음 단계인 α형으로 변해버린다.

나) α형 결정

γ형을 서서히 가열하면 분자의 재배치가 일어나 고체화되면서 α형이 형성된다.

다) β' 형 결정

α형 결정으로부터 전이되어 생기며 융점은 27~29℃이다. 초콜릿을 자연상태로 방치한 상태에서 모양이 옮겨가는 것을 관찰해 보면 β' 형에서 β형으로 변화하는데 1개월 정도가 걸린다.

라) β형 결정

β' 형에서 서서히 전이된 것으로 분자가 꽉 채워진 안정된 결정형이다. 융점은 34~35℃이다.

이와 같이 초콜릿을 자연상태로 방치하여 결정형의 모양이 전이되는 것을 관찰해 보면 β' 형에서 β형으로 변화하는데는 1개월 이상이 걸리게 된다. 이렇게 되면 그 사이에 결정형 덩어리는 커지고 사람의 혀에서도 모래알 같은 느낌의 거친 상태가 된다(직경50 ~100μ). 그렇기 때문에 자연상태에 방치해서 응고시킨 초콜릿은 광택이 없고 입속에서 잘 녹지 않을뿐 만 아니라 보존 중에 브룸현상이고 불리는 독특한 노화 현상을 일으킨다.

표14-5. 코코아버터의 결정형과 특성표

결정형	γ형⇒	α형⇒	β' 형⇒	β형
결정형의 변화	2~3초후 α형으로 전이	약 1시간 후 β' 형으로 전이	약 1개월 후 β형으로 전이	모양의 변화가 없다
분자의 구조	거칠다	약간 거칠다	약간 치밀하다	대단히 치밀하다
결정안정성	-	불안정	비교적 안정	대단히 안정
수축율(%)	-	7.0	8.3	9.6
융점(℃)	16~18	21 ~24	27~29	34~36

14-5. 초콜릿의 템퍼링

코코아버터를 대량으로 사용해서 품질이 높은 초콜릿을 만들기 위해서는 자연상태에서 결정이 β형으로 변화해가는 것을 기다리지 않고 먼저 녹인 초콜릿을 식혀서 굳히는 최초의 단계에서 결정이 β형으로 되도록 인공적인 조작을 해야 한다.

이 조작을 일반적으로 온도조절(템퍼링)이라고 부르는데 코코아버터를 만드는데는 절대로 빼 놓을 수 없는 중요한 공정이다. 녹인 초콜릿을 템퍼링 하지 않고 그대로 냉각하면 불안정한 결정이 형성되어 윤기가 없으며 외관, 풍미, 입안에서의 용해성이 나쁘고 팻 브룸의 원인이 된다(표14-6).

표14-6. 템퍼링의 효과

항목 \ 템퍼링	템퍼링 한 경우	템퍼링 안한 경우
결정	안정한 결정이 많고 결정형이 일정하다	불안정한 결정이 많고 결정형이 일정치 않다
식감	입안에서의 용해성이 좋다	입안에서의 용해성이 나쁘다
외관	광택이 좋고 내부조직이 조밀하다	광택이 없고 내부조직이 크다
이형성	좋다	나쁘다
저장시	팻 브룸이 일어나지 않는다	팻 브룸이 일어난다

1. 커버츄어의 템퍼링 기법

일반적으로 코코아버터를 대량으로 함유한 초콜릿으로 과자를 만들 때 녹인 초콜릿을 그대로 방치한 상태에서 자연적으로 굳어지도록 기다려서는 안 된다고 하는데 그 이유는 코코아버터에는 분자구조가 다른 여러 종류의 결정형(분자가 늘어선 형태)이 자연상태에서 냉각되어 굳어지면 가장 안정성이 높은 β형이 되지 않고 분자구조가 약간 느슨한 β' 형으로 되어버리기 때문이다.

그러므로 코코아버터를 취급하는 경우에는 반드시 녹인 시점에서 가장 안정된 β형 결정만이 남아있도록 특수한 온도 조절을 해야한다.

이 온도 조작을 일반적으로 템퍼링이라고 부르는데 이 조작은 여러 가지 결정형 중에서 불안정한 것일수록 녹기 쉽다고 하는 성질을 이용하는 것이다. 즉 온도 조작을 함으로써 불안정한 결정을 모두 녹이고 가장 안정된 β형만을 선택적으로 남겨 놓는 것이다. 또한 템퍼링 하는 동안 초콜릿을 교반하기 때문에 완성된 결정은 대단히 기공이 미세하게 된다.

템퍼링 조작에는 크게 나누어서 다음과 같이 항온형과 승온형의 2종류가 있다.

1) 항온형 템퍼링

녹인 초콜릿을 30℃로 맞추어 오랫동안 교반하면서 결정화하는 방법이다. 30℃에서는 β형 이외의 결정은 모두 녹아 있는 상태이기 때문에 β형의 결정만이 아주 천천히 형성된다. 다만, 이 방법으로는 β형으로 형성되는 속도가 아주 느리고 결정화 될 때까지 대단히 오랜 시간이 걸린다.

2) 승온형 템퍼링

녹인 초콜릿을 일단 27℃로 냉각해서 다시 30℃로 온도를 높이는 방법이다. 27℃에서는 β형과 함께 소량의 β' 형 결정만이 남지만, 이것을 다시 30℃로 승온할 때에 β' 형의 결정은 녹아버리고 미세한 β형의 결정만 남는다(그림14-4),(표14-7).

표 14-7. 코코아버터의 결정형과 용해온도

결정형	γ형	α형	β' 형	β형
용해온도(℃)	16~18	21~24	27~29	34~36

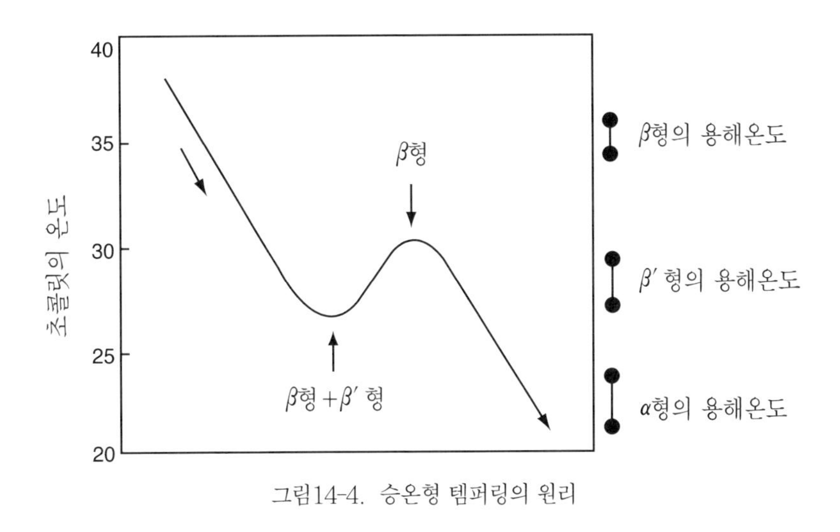

그림14-4. 승온형 템퍼링의 원리

표 14-8. 승온형 템퍼링의 분류

녹인 초콜릿을 27℃로 냉각하는 방법	장점	단점
1. 녹인 초콜릿을 교반하면서 냉각하여 전체 온도를 내리는 방법	온도 관리를 정확히 하면 실패가 적다	양이 많을 때는 온도가 떨어지는 데 시간이 걸린다
2. 녹인 초콜릿의 1/2~2/3를 작업대 위에 얇게 펴서 냉각하여 진한 페이스트 상태(27℃전후)로 된 것을 액상의 나머지 초콜릿에 합치는 방법	용기안에서 냉각하는 것보다 짧은 시간에 온도를 내릴 수 있다.	초콜릿의 온도를 점도(끈적끈적한)에 의해서 판단하기 때문에 숙련이 필요하다
3. 아주 미세한 초콜릿(β형 결정)을 가한 후 녹여 작게 자른 초콜릿을 첨가하면서 전체 온도를 내리는 방법	극히 짧은 시간에 온도를 내릴 수 있다	실온이나 녹인 초콜릿의 온도에 따라서 가하는 초콜릿의 양을 조절할 필요가 있다

이 방법은 항온형 템퍼링에 비교해서 β형으로 형성되는 속도가 빠르고 비교적 단시간내에 조작을 완료 할 수가 있다. 다시 말하면 이 승온형 템퍼링에는 몇가지 방법이 있지만 일반적으로 초콜릿의 양, 제작자의 숙련도, 작업장의 설비 등 제조 조건에 맞춰서 가장 알맞을 선택한다(표14-8).

어느 쪽이든지 잘 템퍼링을 한 초콜릿은 굳기가 빠르고 독특한 광택을 갖게 된다. 그리고 템퍼링을 하면 반드시 마지막 단계에 소량의 초콜릿을 떠내어 시험적으로 냉각시키면서 굳혀 템퍼링이 잘 되었는가를 확인해 볼 필요가 있다.

14-6. 초콜릿의 브룸현상

초콜릿을 오랫동안 보관하면 때때로 초콜릿의 표면에 하얀 반점이나 무늬 같은 것이 나타날 때가 있다. 이 현상은 흰 모양의 형태가 둥글고 흰 꽃과 같이 보이기 때문에 일반적으로 꽃 즉 브룸(bloom)이라고 부르는데 그 정체는 초콜릿의 속에서 침출된 코코아버터 또는 설탕의 결정이다. 이 2종류의 브룸은 원인이나 특징이 아주 다르기 때문에 코코아버터에 의한 지방 유출 현상(fat bloom)과 설탕에 의한 설탕 재결정화(sugar bloom)으로 분류한다(표14-9).

표 14-9. 초콜릿 브룸의 분류와 특징

	백색물질	원 인	주의점
지방유출현상 (Fat bloom)	코코아버터	탬퍼링이 부족한 경우	템퍼링을 충분히 하여 코코아버터 결정을 안정화 할것
		보관 중에 온도관리가 나쁜 경우	온도가 일정하고 서늘한 장소에 보존, 직사광선을 피할 것
설탕 재결정화 현상 (Sugar bloom)	설탕	높은 온도에서 꺼낸 그대로 방치한 경우	습도가 높은 곳에 보존하지 말 것
		차가운 곳에서 꺼낸 그대로 방치한 경우	차가운 초콜릿은 사용 할때 실온에 둘 것

한편, 브룸이 일어난 초콜릿은 입에서 촉감이 나쁘고 초콜릿 본래의 특성도 크게 손상을 입기 때문에 브롬의 내성이 있는 초콜릿이 개발되어 있다. 브룸내성 초콜릿(bloom resistant chocolate)은 일반적으로 코코아 버터를 우유 버터로 일부분을 대체하여 제조한다.

1. 지방 유출 현상(fat bloom)

초콜릿을 제조할 때의 온도조절(템퍼링)이 불충분하고 초콜릿을 보관할 때 온도관리가 부적당한 때에 생기는 것이 브룸이다. 먼저 템퍼링이 부족한 경우 초콜릿에는 코코아버터의 불안정한 결정이 많이 남게 된다. 그래서 초콜릿을 보관하는 동안에 그 불안정한 결정이 서서히 거칠어져서 조직 전체를 거칠게 한다.

한편 보관하는 동안에 온도관리가 나쁘면 초콜릿의 온도가 변동할 때마다 코코아버터가 용해와 응고를 반복해서 점점 불안정한 결정으로 변한다. 그리고 경우에 따라서 부분적으로 용해한 코코아버터가 조직안에 형성된 가느다란 균열(금)을 통해서 표면에 침출하여 흰 꽃과 같은 모양을 만든다.

2. 설탕 재결경화 현상(sugar bloom)

설탕 재결합화 현상은 초콜릿을 습기가 많은 곳에서 보관한 후 차가운 초콜릿을 따뜻한 곳으로 내놓게 되면 표면에 공기중의 수분이 응축하여 나타난다. 초콜릿에는 본래 수분이 거의 들어있지 않다. 그러므로 설탕으로 된 고형성분은 모두 대단히 작은 입자의 상태로 초콜릿 안에 분산되어 있다. 반면 설탕은 물에 대단히 잘 녹기 때문에 초콜릿의 표면에 조금이라도 남아 있으면 그 안으로 점점 녹아 들어가고 다시 수분이 증발해 버린 후 녹아 있던 설탕이 흰 결정의 반점으로 남게된다.

14-7. 하드버터(hard butter)

초콜릿을 구성하는 코코아 버터는 다른 유지에서는 볼 수 없는 독특한 풍미와 입에서 잘 녹는 성질을 가지고 있기 때문에 초콜릿의 풍미를 중요시하는 제품에서는 빼놓을 수 없는 중요한 성분이다. 그러나 초콜릿은 용도에 따라서는 이와 같은 코코아버터의 특성 그 자체보다는 다른 개선된 특성을 요구하는 경우가 많다.

특히, 제과제품들을 피복하는 경우에는 초콜릿의 특성을 유지하면서 코코아 버터의 융점보다는 더 높은 융점을 갖고 있는 지방이 필요하다. 이와 같이 제품의 사용 목적성에 맞도록 코코아 버터를 다른 지방으로 대체시켜 만든 제품을 하드버터(hard butter)라고 한다. 하드버터는 코코아 버터와 물리적 특성이 비슷하도록 식물성 유지, 지방 및 스테아린를 조합하여 만들었기 때문에 높은 융점과 광택이 있으며 브룸 현상이 없기 때문에 코코아 파우다와 혼합하여 코팅용 초콜릿으로 사용되고 있으며 코코아 버터와 자유로이 혼합하여 이용할 수도 있다.

* 코코아분을 포함하는 코팅용 초콜릿(imitation chocolate)의 템퍼링

코코아분을 포함하는 코팅용 초콜릿과 커버츄어는 열을 가하여 액상으로 만든 후 코팅 등의 다음 공정에 들어가게 되는데 이들의 코팅중 흐름능력은 지방함량과 지방특성에 따라 다르게 된다. 즉 코팅물을 녹이는 동안 지방을 첨가하면 할수록 흐름성은 증가한다. 보통 커버츄어의 경우는 코코아 버터를 첨가하여 흐름성을 조절하는 반면 하드버터를 이용한 이미테이션 초콜릿은 코코아 버터 또는 기타 지방을 첨가하여 흐름성을 조절할 수 있다. 주의해야할 것은 흐름성을 조절하기 위하여 커버추어나 이미테이션 초콜릿 둘 다 물을 사용하면 안된다는 것이다. 이미테이션 초콜릿은 약 40℃까지 온도를 높이면 액상으로 되며 적당한 흐름이 유지 되도록 전열기와 수조가 장착된 템퍼링기를 사용하여 작업을 하도록 한다.

14-8. 초콜릿 제품의 보관

정확히 템퍼링시킨 초콜릿은 온도, 습도 등을 잘 관리하면 초콜릿이 거의 수분을 함유하고 있지 않기 때문에 장기간 변화시키지 않고 보관할 수 있다. 초콜릿의 가공특성은 빛, 열 및 수분에 의하여 크게 감소될 수 있기 때문에 초콜릿제품의 보관온도는 18~20℃, 습도는 50% 이하를 기본으로 한다. 한편, 초콜릿은 이취(foreign odors)를 흡수하는 경향이 있기 때문에 포장된 상태로 보관하여야 하며 보관 중에 주의를 기울이지 않으면 안 되는 것은 브룸(bloom)을 방지하는 일이다.

쇼케이스 안에서 초콜릿 제품을 보관하는 경우 제품에 바람이 닿는 것도 좋지 않다. 어떤 쇼케이스는 냉기환류식으로 되어 있으므로 주의해야 한다. 냉기환류식의 쇼케이스는 생과자에 적합한 냉장 쇼케이스이므로 본질적으로 초콜릿 쇼케이스로는 사용할 수 없다. 또 판매점의 실내온도도 18~21℃ 가 바람직하다. 기온이 20℃ 전후라고 하더라도 초콜릿제품을 담은 포장지 등을 직사광선에 두는 것은 피해야 한다. 내부온도의 상승은 생각보다 훨씬 빠르고, 통계에 의하면 내부온도 22℃ 가 2시간 후에는 44℃ 나 된다고 한다. 이것을 다시 20℃ 정도로 낮추면 브룸이 발생한다. 이것은 유통, 수송 및 판매점에서 상품을 관리할 때 주의해야 할 사항이다.

제15장 물

인간이 생명을 유지하고 생활을 영위함에 있어서 물은 필수적이며 모든 식물과 동물의 생체 구성물질로서 뿐만 아니라 생태계의 기능을 유지하는 데 절대적인 가치를 가지고 있다. 물은 인체 중의 약 65%를 차지하고 약 2%를 잃어버릴 경우 생명에 위험을 준다.

물은 저장된 형태의 물로서 담수와 해수로 나뉘는데 우리가 직접적으로 필요로 하는 담수는 우수(rain water), 지표수(surface water), 지하수(ground water) 및 복류수(storm water)로 구분된다.

물은 환경 매체에 존재하는 여러 가지 조건에 따라 그 품질이 달라지는데 물은 품질에 따라 청결한 물(clean water), 불결한 물(polluted water) 및 오염된 물(contaminated water)로 구분된다.

청결한 물은 무기 불순물, 인축 배설물 등에 오염되지 않아 안심하고 마실 수 있는 물을 말하며 불결한 물은 여러 가지 물질을 함유되어 혼탁한 색깔을 띠고 냄새를 풍기며 병원균 등 미생물을 함유한 물을 말한다.

또한 물은 칼슘염과 마그네슘염의 함량에 따라 경수와 연수로 구분되며 물의 성질이 다르게 된다. 따라서 식품에 사용하는 물은 그 용도에 알맞은 물의 선택과 물의 위생상의 관리를 철저히 하는 것이 무엇보다 중요하다. 빵, 과자에서도 물의 역할은 중요하며 반죽의 물리적 특성에 관여할 뿐만 아니라 제품에도 큰 영향을 미친다.

제빵에서 기본 원료는 밀가루, 식염, 이스트, 물의 4가지로 이들 중 물은 양적으로 밀가루 다음으로 많으며 최종 제품에서도 약 40%를 차지한다. 제빵에서 물의 역할을 보면 다음과 같다.

가) 용매로서의 역할 :

당, 식염, 유고형분, 밀가루의 수용성 성분 등을 용해하여 이들을 균일하게 분산시켜 이스트의 발효를 도와준다.

나) 전분의 호화 :

굽기 공정에서 물을 흡수한 전분은 호화되면서 소화성을 좋게하고 빵의 구조를 형성한다. 전분입자는 자기 중량의 44% 물을 흡수하며 손상전분은 자기 중량의 2배를 흡수한다.

다) 글루텐의 형성 :

물을 흡수하여 부드럽게 된 밀가루 단백질을 혼합하면 글루텐이 형성된다. 글루텐은 자기 중량 2배의 물을 흡수한다.

15-1. 물의 구조와 형태

물의 구조상 특징을 보면 물분자는 수소와 산소의 공유결합 및 수소결합을 하고 있고, H^+와 OH^-로 해리되어 양성을 지니며 또한 극성(polarity)을 이루므로 각종 염류 및 CO_2, O_2 그리고 모든 용질에 대하여 용매로 작용한다.

한편 물은 융해열이 크기 때문에 결빙이 쉽게 일어나지 않을 뿐만 아니라 어는점과 끓는점 사이가 100℃나 되므로 광범위한 온도 범위에서 물이 액체상태를 유지할 수 있어 그 이용도가 크다.

물분자(H_2O)는 수소원자와 산소원자가 전기적인 결합을 하고 있어 분자 사이의 강력한 인력에 의하여 서로 당기는 성질을 가지고 있다. 물분자 중의 수소와 산소의 결합각은 그림 15-1과 같이 104.5°로서 정사면체의 각에 근사한 값을 가지고 있다.

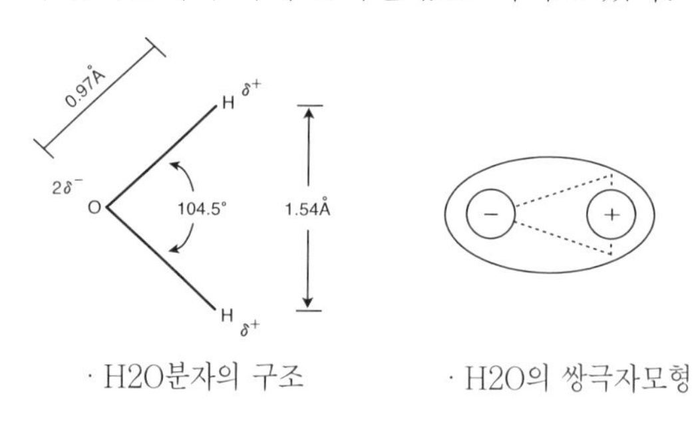

· H2O분자의 구조 · H2O의 쌍극자모형

그림 15-1. 물의 분자구조

물분자 중의 전기 음성도가 큰 산소는 공유결합된 두 개의 수소원자로 부터 전자를 끌어당기기 때문에 각 수소원자는 부분적으로 양전하 δ^+를 띠게 되고 산소원자는 음전하 δ^-를 띠게 된다.

식품중에 존재하는 물은 자유수(free water)와 결합수(bound water)의 두 형태로 존재한다. 자유수는 쉽게 증발하며, 0℃ 이하에서 잘 얼게 되는 보통 형태의 물로서 용매로 작용한다.

반면 결합수는 다른 성분들과 결합되어 있는 물로 탄수화물이나 단백질 분자들과 수소결합에 의하여 결합된 상태로 존재한다. 결합수는 자유수와는 달리 용질에 대하여 용매로서 작용하지 않으며 수증기압은 정상적인 물의 경우보다 낮고 대기 중에서 100℃ 이상 가열하여도 제거되지 않는다. 또한 -18℃를 기준으로 해서 이 이하에서도 액상(liquid phase)으로 존재하며 정상적인 물인 자유수보다 밀도가 크고 미생물의 번식과 발아에 이용되지 못한다.

15-2. 물의 분류

물은 함유된 유기물 및 무기물의 종류와 양에 따라 경수와 연수로 그리고 산성수와 알칼리수로 분류된다. 경수는 물 100cc 중 칼슘, 마그네슘 등의 염이 20㎎ 이상 함유되어 있는 것으로 센물이라고 하며 바닷물, 광천수, 온천수 등이 여기에 속한다.

경수는 일시적 경수와 영구적 경수로 구분한다. 일시적 경수라 하는 것은 물 속에 함유되어 있는 마그네슘, 칼슘이 중탄산염으로 존재할 때 가열하면 CO_2을 발생하여 불용성 탄산염으로 분해 침전하여 연수가 되는 것을 말한다. 이것은 물의 경도에 영향을 주지 않는다.

영구적 경수는 황산염, 초산염이 염화물 형태로 존재하는 물로 끓여도 영향을 받지 않고 연수화되지 않는다. 칼슘염과 마그네슘염은 물 속에 남아 경도에 영향을 준다. 연수는 물 100cc 중 칼슘, 마그네슘 염류가 10㎎ 이하인 것으로 단물이라고 하며 증류수, 빗물이 여기에 속한다.

물의 경도는 경도에 관계하는 모든 칼슘염과 마그네슘염을 탄산칼슘($CaCO_3$)으로 환산한 양을 ppm(part per million)단위로 표시하여 나타낸다. 이것은 물속의 고형분 함량과는 개념이 다르다. 물의 경도를 제빵과 관련하여 일반적으로 구분하면 연수를 1~60ppm, 아연수를 61~120ppm, 아경수를 121~180ppm, 경수를 180ppm 이상으로 분류한다.

물 속에 함유된 칼슘염과 마그네슘은 보일러, 열교환기, 물난방기 등에 물때(scale)를 만들어 작동효율을 감소시키며 증기를 사용하는 오븐에서 구운 빵제품 껍질 위에 보기 흉한 반점을 만들기도 한다.

중탄산염 형태로 된 과량의 칼슘과 마그네슘은 알칼리도를 높이기도 한다. 중탄산염은 비 속에 함유된 이산화탄소와 석회석을 용해시킨 지표수 등의 반응에 의해 만들어진다.

알칼리도가 지나치면 완충제 효과가 커져서 빵 발효 중 이스트와 효소가 최대의 활성을 나타내는 적정 pH까지 내려가지 못하게 한다. 그러나 반죽물 속에 존재하는 황산칼슘은 이스트의 활성을 돕고 글루텐의 구조를 강하게 해주므로 이스트푸드의 원료로 사용된다.

칼슘, 마그네슘, 나트륨, 칼륨 및 기타 양이온과 염화물은 용해성이 커서 물때를 만들지는 않으나 자연수의 염화물은 동물 배설물로부터 오는 경우가 많으므로 생물학적, 위생학적 분석이 필요하다.

지표에 가장 풍부하게 들어있는 원소인 규소는 용액 또는 콜로이드 상태로 물에 함유되는데 발효와 반죽 특성에 대한 영향은 없으나 아주 단단한 물때를 만든다. 철과 마그네슘은 용기에 녹을 만들며 질산염이 많은 물은 하수도에서 물이 흘러나와 오염되었을 가능성이 많다.

15-3. 물의 경도가 제빵성에 미치는 영향

물은 전체 빵 반죽의 40% 전후를 차지하기 때문에 활성 재료가 그 안에 적은양이 녹아 있더라도 반죽의 특성과 빵 품질에 현저한 영향을 미친다. 물을 제빵에 사용할 때 제일 중요한 것은 식용으로서의 적합성이다. 물의 성분은 수질기준에 적합해야 한다. 수질 기준 항목 중에 제빵성에 영향을 미치는 것으로 경도와 pH가 있다.

일반적으로 제빵에 적합한 물의 경도는 아경수(120~180ppm)로 알려져 있다. 아경수 상태의 물에는 이스트의 영양원이 될 수 있는 광물질이 함유되어 있으며 또한 글루텐을 경화시키는 효과가 있기 때문에 반죽의 물성을 개선하여 좋은 빵을 만들 수 있다. 경수는 글루텐에 영향을 주어 반죽의 물성을 단단하게 하고 가스보유력을 증가시키는 효과가 있으나 빵이 단단하게 하며 빨리 건조되어 노화가 빠른 단점이 있다.

경수를 사용하면 반죽이 너무 단단하게 되어 발효가 늦어지기 때문에 흡수량과 반죽시간을 늘리고 이스트양을 증가시키며 발효온도를 높이거나 발효시간을 연장하여 발효력을 활성화시킴으로써 반죽을 연화시킬 필요가 있다. 또한 이스트후드의 양을 줄이고 아밀라아제을 첨가하는 것도 좋은 대책이 된다.

표15-1. 물의 특성과 이스트푸드 요구량 관계

물의 형태	분류	이스트푸드의 형태	이스트푸드의 요구량	기타조치사항
산성	연수(120ppm미만)	보통	정상	스폰지에 식염첨가
(pH7이하)	아경수(120~180ppm)	보통	정상	($CaSO_4$ 첨가) 불필요
	경수(180ppm이상)	보통	정상보다 감소	스폰지에 맥아 첨가
중성	연수(120ppm미만)	보통	증가	불필요
(pH7~8)	아경수(120~180ppm)	보통	정상	불필요
	경수(180ppm이상)	보통	감소	스폰지에 맥아첨가
알칼리성	연수(120ppm미만)	산성, 또는 보통+$CaHPO_4$	증가	$CaHPO_4$첨가
(pH8이상)	아경수(120~180ppm)	산성	정상	불필요
	경수(180ppm이상)	산성	감소	맥아 증가, (초산,유산첨가)

한편 연수는 글루텐을 단단하게 결합시켜 주는 광물질이 결여되어 있기 때문에 반죽을 연하고 끈적끈적하게 한다.작업하기에 좋은 반죽상태를 만들려면 흡수율을 2% 정도 줄여야 하며 이산화탄소 생산은 정상적이지만 반죽의 가스 보유력은 감소한다. 반죽은 외관상 어린 상태를 나타내나 실제로 발효가 부족한 것은 아니다. 오히려 연수는 완충능력이 적기 때문에 발효를 가속화시켜 발효시간이 감소하는 경향이 있다. 연수로 사용한 제품의 부피는 좋은 편이나 기공조직 및 색상이 다소 떨어지는 경향이 있어 이스트푸드와 소금 사용량을 증가시켜 결점을 보완시킬 수 있다 (표15-1).

밀가루와 물의 상호보완 관계를 고려하여 글루텐이 강한 밀가루는 연수를 사용하고 글루텐이 약한 밀가루는 경수를 선택하는 것이 좋다. 제빵의 원료로서 물의 차이에 처음 주목한 것은 1916년으로 황산칼슘, 염화칼슘이 반죽에 좋은 영향을 주는 것이 확인되어 이스트푸드가 개발되면서 부터였다.

황산염, 염산염의 칼슘염은 글루텐을 강화시켜 반죽에 플러스적인 효과가 있지만 보통의 물에는 반죽의 발효에 영향을 줄 수 있는 만큼의 무기염류가 함유되어 있지는 않다.

칼슘, 마그네슘에 의한 글루텐 강화효과는 양성전해질을 가지고 있는 단백질에 이들이 결합을 하면 흡수가 방해됨으로써 반죽이 단단해지는 것으로 설명할 수 있다.

빵 반죽에 영향을 미치는 칼슘과 마그네슘은 물의 경도를 결정하는 성분이다. 따라서 반죽의 조건 중에서 물의 경도를 생각할 때 물 이외의 다른 원료로부터 유래되는 이들의 양을 생각해 볼 필요가 있다. 표15-1에서 보는 바와 같이 제빵에 사용하는 원료인 물이 대표적으로 경도(100ppm)에 영향을 미치는 성분으로 생각할 수 있으나 물에 함유되어 있는 무기질 성분이 적기 때문에 이스트푸드를 첨가하여 적정한 물의 경도를 유지시킨다.

밀가루와 탈지분유 중에 함유되어 있는 칼슘의 대분분은 단백질과 결합되어 있거나 반죽 중에 불용성 형태로 존재해 있기 때문에 물의 경도에는 영향을 미치지 않는다(표15-2).

표15-2. 빵반죽의 원료 중 칼슘과 마그네슘의 양

원료배합	(g)	Ca (mg)	Mg (mg)	총 Ca상당량 (mg)	$CaCO_3$로환산한 경도 ppm(water basis)
밀가루	100.0	17.4	25.86	0.0	2,205
탈지분유	4.0	52.4	6.1	62.5	2,298
식염	2.0	0.9	0.1	1.0	37
물	68.0	1.8	0.5	2.7	100
계		72.5	32.5	126.2	4,640
이스트푸드	0.5	36.8	-	36.8	1,350
제일인산칼슘	0.5	79.5	-	79.5	1,302

15-4. 물의 pH가 제빵성에 미치는 영향

제빵의 원료인 물은 경도보다 pH에 주의할 필요가 있다. pH가 알칼리성인 경우에는 그 영향이 크기 때문에 pH를 보정할 필요가 있다. 일반적으로 칼슘, 마그네슘의 중탄산염이 많이 존재하는 경우에 물은 알칼리성으로 된다. 제빵 원료로서 물은 pH가 약산성(6~7)상태가 좋다. 알칼리성의 물을 사용하게 되면 반죽이 알칼리화 되어 이스트의 발효, 유산균의 활동 및 아밀라아제의 활성이 감소한다. 따라서 발효속도가 느리게 되어 발효시간이 길어진다. 또한 알칼리성 상태의 물은 반죽을 부드럽게 하지만 글루텐을 약화시켜 탄력성을 감소시키며 이 결과로 가스 포집력이 저하되어 빵의 부피, 색상, 조직감이 떨어지고 노화가 빠르게 진행되며 로프균에 의하여 오염되기 쉽다. 따라서 가스생산을 가속화시키기 위해 황산칼슘을 함유한 이스트푸드의 양을 증가시킬 필요가 있다.

한편, 알칼리성 상태인 물의 pH를 조절할 수 있는 경우는 이스트의 양을 증가하거나, 발효시간을 연장시키며 이스트푸드의 양을 증가시키는 등의 조치가 필요하다.

15-5. 제빵에서의 수분분포

밀가루는 14% 전후의 수분을 함유하고 있으며 이 수분양은 70% 정도의 상대습도와 평형을 이루어 미생물 성장을 억제하고 밀가루의 화학적 특성을 변화시키지 않기 때문에 저장 안정성을 보장하는 수준이며 밀가루 구성 성분으로 중요한 역할을 한다. 밀가루 성분들의 수분 흡수량을 보면 밀가루의 약 70%를 차지하는 전분은 반죽 전체 물의 약 45.5%를, 14%를 차지하는 단백질은 31.2%를, 1.5%를 차지하는 펜토산은 23.4%의 물을 흡수한다. 손상되지 않은 전분입자는 자기 무게의 약 반에 해당하는 물을 흡수 하지만 손상전분입자는 약 2배의 물을 흡수한다.

밀가루 단백질은 약 2배의 물을 흡수하고 펜토산은 자기 무게의 15배의 물을 흡수한다. 한편 물이 반죽에 균일하게 분산되는 시간은 밀가루 입자의 크기와 강도, 사용된 혼합방법, 설탕, 소금, 우유, 유화제, 환원제 등의 재료에 따라 달라지지만 보통은 10분 정도 걸리며 연속식 믹싱방법을 도입할 경우는 1분 이내가 된다.

빵 반죽에 일반적으로 첨가되는 원료 중 물의 분산에 큰 영향을 미치는 원료는 소금, 분유, 효소 등이며 설탕, 비극성지방, 유화제 등은 실질적으로 영향이 적다. 소금은 수화 능력에 큰 영향을 미치지 않지만 글루텐을 단단하게 하여 물이 결합할 자리를 적게함으로써 글루텐 흡수량의 약 8%를 감소시킨다. 이와 유사한 효과는 이스트푸드 중의 칼슘이온과 -SS-결합을 만드는 산화제에서도 볼 수 있다. 반죽은 1차발효와 2차발효를 거치는 동안 전분이 가수분해되면서 생성하는 2~4%의 수분 때문에 반죽내의 수분량은 증가되며 반죽은 다소 질게 된다. 한편 45% 정도의 반죽 내 수분은 굽는 동안 증발되어 최종 제품에는 35% 정도의 수분이 남게된다.

제 16 장 제과제빵에서의 유화제의 역할

16-1. 유화의 정의

유화(emulsion)란 물과 기름과 같이 서로 잘 혼합되지 않는 두 종류의 액체를 안정하게 혼합시켜 장시간 유화상태를 유지하는 것을 말하고, 이러한 유화상태를 오래 지속시키기 위해 사용되는 물질을 유화제(emulsifier)라고 한다. 사실상 식품에서는 기름과 물이라고 하는 단순한 상태는 찾을 수가 없고 항상 단백질, 전분, 당, 지질, 염류 등의 복잡한 성분이 공존하기 때문에 기름과 물에 관련된 유화만을 가지고는 식품에서의 유화에 관련된 기능을 충분히 설명할 수 없다. 따라서 여러 성분으로 구성된 식품에 대한 유화는 물과 기름과의 안정된 혼합만을 말하는 것 뿐만 아니라 식품의 맛, 냄새, 입에 닿는 감촉 및 저장 안정성까지도 좌우하는 중요한 인자로서의 역할이 더 크다고 볼 수 있다. 특히 빵과 과자를 만드는 과정과 제품의 품질특성에서 유화제의 역할은 매우 크며, 다음과 같이 요약할 수 있다. 1)반죽의 접착성을 적게 하고 신전성을 좋게 하여 다루기 쉬운 상태의 반죽으로 만들 수 있어 반죽의 기계내성을 향상시킨다. 2)부드럽고 부피가 큰 빵을 만든다. 3)노화를 방지하고 신선한 상태를 장시간 유지시킨다.

유화제는 그 분자 내의 물에 용해되기 쉬운 친수성 부분(hydrophilic group)과 물에는 용해되기 어렵고 기름에 용해되기 쉬운 친유성 부분(lipophilic group)을 반드시 갖고 있는 물질이다. 그림16-1에 나타나 있는 것처럼 친수성 부분은 글리세린, 설탕, 소르비탄, 프로필렌글리콜처럼 수용성 알콜 또는 당류이며, 친유성 부분은 지방산기가 해당된다. 즉 유화제가 물과 기름의 미세한 입자에 각각 연결되어 물과 기름이 서로 분리되지 않도록 그 역할을 하고 있다. 또한 달걀 노른자에 존재하는 레시틴(lecithin)은 그림 16-2에 나타나 있는 구조를 형성하고 있어 인산기 부분(phosphorus group)은 친수성을 나타내고, 지방산기(fatty acid group)은 친유성을 나타냄으로써 물과 기름을 유화시키는 기능을 갖게 되는 것이다.

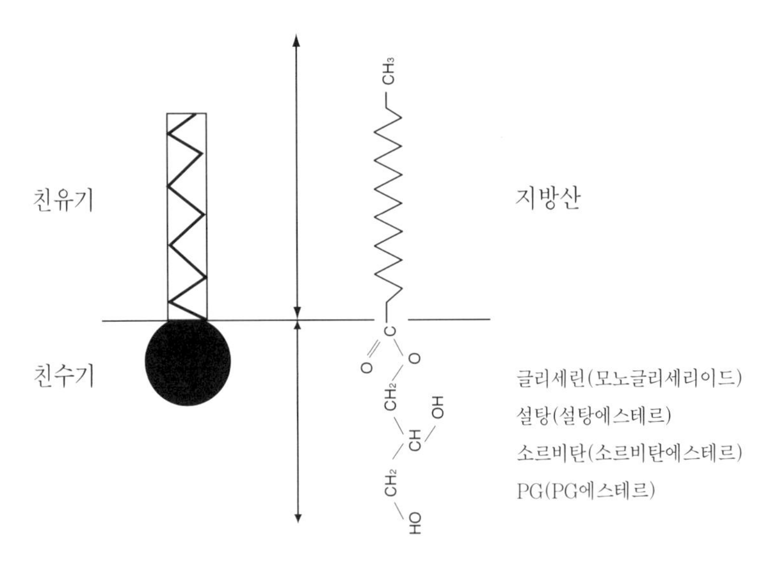

그림16-1. 유화제의 기본구조

식품성분 중 단백질은 분자 중에 친유성 아미노산 잔기와 친수성 아미노산 잔기를 갖고 있기 때문에 친유성 부분은 기름쪽에, 친수성 부분은 물 쪽으로 향해서 기름방울 표면에 흡착해 보호피막을 만들 수 있어 유화제로서의 기능을 할 수 있다. 이러한 단백질의 유화능력은 그들 구조에 따라 다르며 pH, 염농도, 단백질의 농도 및 온도에 의해 크게 영향을 받는다. 그러나 단백질은 거대분자로 존재하기 때문에 일반 유화제처럼 미세한 기름방울의 유화에는 이용하기 어렵다.

유화액에서 분산상(disperse phase)의 입자크기는 유화액의 외형을 결정하는 데, 입자 직경이 1.0~0.5㎛인 경우 우유와 같은 빛깔을 내는 반면에, 0.5-0.01 ㎛의 직경을 갖는 유화액은 엷은 청색으로부터 투명한 색을 나타낸다. 또한 입자크기는 유화액의 점도에 영향을 미치는데, 작은 입자로 구성된 유화액은 큰 입자로 형성된 유화액보다 더 큰 점도를 나타낸다.

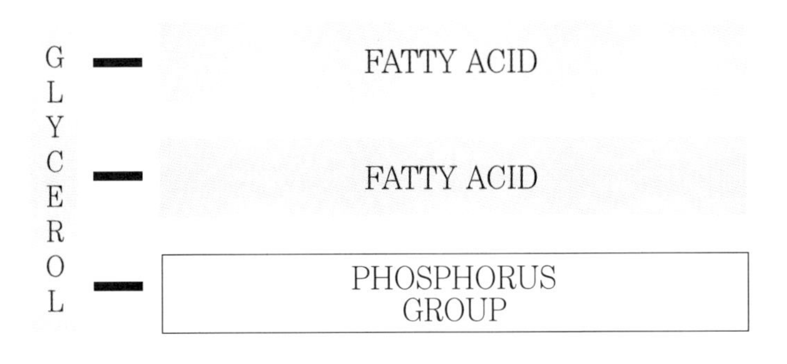

그림16-2. 인지질(레시틴)의 구조

16-2.유화의 종류

유화의 종류는 일반적으로 수중유적형(O/W형)과 유중수적형(W/O형)으로 나눌 수 있는데(그림16-3), 수중유적형의 대표적인 식품으로는 우유, 아이스크림 및 마요네즈를 들 수 있으며, 유중수적형에는 버터와 마아가린을 예로 들 수 있다. 일반적으로 양이 많은 쪽이 바깥쪽이 되기 쉽고, 기름과 물이 같은 양으로 존재할 때는 O/W형이나 W/O형 두가지로 만들 수 있다. 이러한 수중유적형과 유중수적형의 판별법으로는 물을 메틸오렌지로 착색시키는 방법이 이용될 수 있고, 가장 간단한 방법은 물속에 유화액을 떨어뜨려 간단히 분산하면 O/W형이고, 분산되지 않으면 W/O형이라고 구분하면 된다. 이밖에도 W/O/W형과 O/W/O형이 존재하는데, W/O/W형은 친유성 유화제를 첨가한 O/W형 유화액에 친수성 유화제를 포함한 물을 조금씩 첨가하여 유화시켜 만들고, O/W/O형은 W/O형 유화물을 만든 뒤 이것을 다시 물에 유화시켜 만든다.

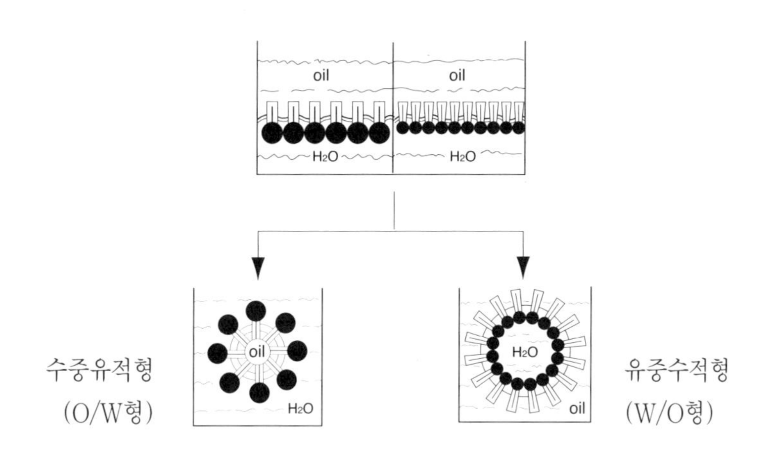

그림16-3. 유화제의 종류 및 기능

16-3. 유화안정제

유화액은 시간이 경과됨에 따라서 유화 파괴가 일어나 물과 기름이 분리되는 현상이 발생하는데, 유화안정제(emulsion stabilizer)를 유화시 함께 첨가하면 오랫동안 유화상태를 유지하게 된다. 즉 유화안정제는 O/W형 유화액의 점도를 상승시켜 기름방울이 윗쪽으로 부상하는 것을 방지하거나 기름방울끼리의 응집을 방해하여 유화를 안정화시키는 것으로 알려져 있다. 현재 유화안정제로 사용되는 물질로는 펙틴(pectin), 카라기난(carrageenan), 알기네이트(alginate), 한천(agar), 덱스트란(dextran), 로커스트빈 검(locust bean gum), 구아 검(guar gum) 및 아라비아 검(gum arabic) 등이 있다. 특히 W/O형의 유화액의 안정성을 높이기 위해 사용되는 안정제로는 셀룰로오스와 그 유도체들이 유일하게 사용된다. 또한 설탕, 소르비톨 등의 당류가 사용되는 경우에도 안정한 유화상태를 만들 수 있다. 일반적으로 산성식품에서의 유화상태를 만드는 것은 어렵고, pH4 이하에서는 유화의 안정성이 나쁘기 때문에 위의 성분들을 첨가해 만드는 것이 바람직하다.

16-4. HLB(Hydrophile Lipophile Balance)

유화제는 친수성기와 친유성기를 동시에 공유하고 있기 때문에 친수기와 친유기의 상대적인 양을 나타내는 방법에 대해서 많은 제안이 있었으나, 1956년 Griffin이 발표한 HLB값이 일반적으로 가장 널리 사용되고 있다. Griffin은 유화제 분자중 친수기의 양이 0%일 때를 0으로, 100%일 때를 20으로 하여 그 사이를 등분한 값을 HLB값(HLB number)으로 정하였다(표16-1). 친수기와 친유기가 같은 양이 있을 때는 HLB값은 10이 된다. 초창기에는 경험적인 방법에 의해 HLB값이 결정되었으나 현재는 유화제 종류별 구조와 분자량이 모두 밝혀져 계산식에 의해 HLB값이 결정되고 있다.

유화제는 그 종류에 따라서 HLB값이 각각 다르며 같은 종류의 유화제라도 친수성기와 친유성기의 양에 따라서 그 HLB값이 다르므로 적용식품에 따라서 유화제를 선택하는 것이 바람직하다.

표 16-1. 유화제의 HLB값에 따른 물리적 성질

비율		HLB 값	물과의 작용	작용영역
친수기	친유기			
0	100	0	분산되지 않음	1~3 소포제
10	90	2		
20	80	4	약간 분산	3~6 water/oil 유화제
30	70	6		
40	60	8	유상분산	7~9 수화제; 8~18 oil/water 유화제
50	50	10	안정한 유상분산	
60	40	12	투명하고 깨끗한 분산	
70	30	14		13~15 세척제
80	20	16	콜로이드 용액	
90	10	18		15~18 용해제
100	0	20		

일반적으로 W/O형 유화에는 HLB값이 적은 유화제가 적합하고 O/W형 유화에는 HLB값이 큰 유화제의 사용이 제품특성에 알맞다(표16-2). 그러나 HLB값은 유화제 분자에 주어진 수치이기 때문에 실제로 식품에 사용할 때는 실험결과에 따라 유화제를 선택 해야 한다. 예를 들면 같은 HLB값을 갖는 단일 유화제와 2종 이상의 유화제를 혼합해 HLB값을 합친 경우 HLB값은 동일하지만 실제 유화력은 차이를 보이게 되는데, 이는 유화제의 사용농도, 기름과 물의 비율, 유화시의 온도 및 다른 첨가물의 영향 등으로 달라질 수 있기 때문이다.

표16- 2. 유화제의 종류별 HLB

유화제의 종류	HLB값
모노글리세리이드	3-4
아세트산모노글리세리이드	1
락트산모노글리세리이드	3-4
시트르산모노글리세리이드	9
숙신산모노글리세리이드	5-7
디아세틸타르타르산모노글리세리이드	8-10
폴리글리세린에스테르	4-14
설탕에스테르	1-16
소르비탄에스테르	2-9
프로필렌글리콜에스테르	1-3
레시틴	3-4
폴리솔베이트	10-17

16-5. 빵과 유화제

빵이라고 하면 일단 잘 부푼 부드러운 조직을 가지고 있음을 연상하게 되는 데, 이러한 용도로 쓰이게 되는 물질이 유화제이다. 이러한 목적으로 빵반죽에 주로 모노글리세리이드(monoglyceride)가 쓰이고 있고, 현재는 빵의 신선함을 오랫동안 유지하기 위한 노화방지제로서 사용되고 있다. 이러한 유화제의 빵에 대한 기능은 다음과 같다.

1)빵반죽의 접착성이 적고 늘어남이 좋으며 다루기 쉬운 반죽이 되도록 한다.

2)반죽의 기계내성을 향상시킨다.

3)부드럽고 부피가 큰 빵을 만든다.

4)결이 촘촘한 촉감 및 식감이 촉촉한 빵을 만든다.

5)노화를 방지하고, 신선함을 오래 유지시킨다.

이것은 밀가루의 주성분인 전분, 단백질, 지질 등에 유화제가 작용하여 그 종합적인 효과로서 위와 같은 결과가 나타나는 것이다. 즉 물과 기름을 유화시켜 안정화시키는 용도가 아니고 빵이라는 식품의 특성을 변화시키는 조절제로서의 역할을 담당하게 되는 것이다.

16-6. 빵의 노화와 노화방지

갓 구운 빵은 부드럽고 좋은 향기가 있어 맛이 좋지만 시간이 경과하면서 딱딱해지고 향기도 없어지고 질겨져 전체적으로 맛이 없어지게 된다. 이러한 현상을 빵의 노화라고 한다. 제과점에서 구워파는 빵은 생산된지 얼마 되지 않기 때문에 노화가 발생할 경우가 적지만 대량으로 생산되어 비교적 장시간 유통되는 빵의 경우 노화가 진행될수록 빵의 부드러움과 향기가 적어져 신선함이 감소된다. 사실상 식빵의 경우 부드러운 특성이 무엇보다도 중요시 되기 때문에 노화를 막아 신선함을 유지하는 것이 바람직하다. 빵의 노화는 빵이 냉각되면서 아밀로오스의 결정화가 일어나 경화되고, 아밀로펙틴의 재결정화가 진행되면서, 전분입자 자체가 굳어져, 빵의 노화가 일어나게 된다. 즉 빵의 노화는 주로 아밀로펙틴의 재결정화에 의해 일어나게 되는 것이다(그림16- 4).

노화
재가열
신선한 빵
노화된 빵

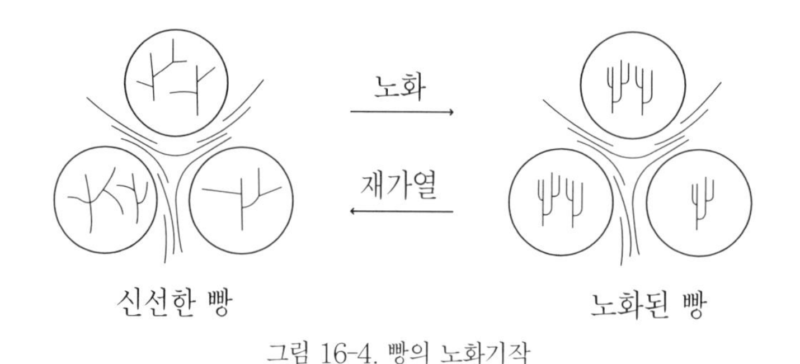

그림 16-4. 빵의 노화기작

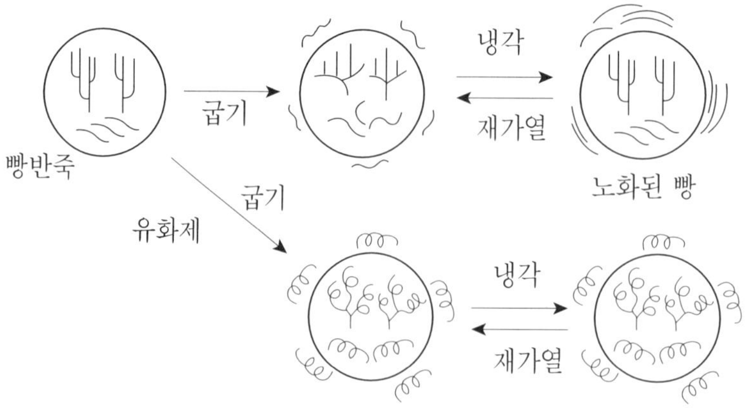

빵반죽
굽기
냉각
재가열
노화된 빵
굽기
유화제
냉각
재가열

그림 16-5. 유화제에 의한 노화방지 효과

유화제는 전분 중의 아밀로오스와 결합해 복합체를 만들기 때문에 전분입자의 결합력이 약해져 부드러운 빵이 되고 아밀로오스의 재결정화를 방지하기 때문에 노화를 억제할 수 있는 것이다. 또한 아밀로펙틴과도 복합체를 형성하여 저장 중 아밀로펙틴의 재결정화를 막을 수 있으며 또한 전분 입자 중에 수화된 물을 보호함으로써 빵의 노화를 억제하는 것으로 생각되어진다(그림16-5).

빵반죽의 물리적인 성질을 개선하는데 사용되는 물질이 유화제인데, 노화방지제로서 모노글리세리이드를 사용하면 반죽의 흡습성이 증가하고 잘 늘어나는 성질이 증가한다. 이것은 유화제가 전분의 팽윤을 막고 물을 글루텐에 흡수되게 함으로써 글루텐의 삼차원적 망의 형성을 돕고 윤활작용을 촉진시켜 반죽의 점탄성을 변화시키는 것으로 알려지고 있다. 이러한 유화제에 의한 반죽의 물리적인 성질의 변화는 제빵의 대량생산에 있어서 반죽의 기계내성을 향상시켜 작업성을 증진시킨다고 하는데 이것은 유화제가 반죽형성시 글루텐과 결합해 복합체를 만들고 이에 따라 반죽의 물리적인 성질을 변화시켜 기계내성을 향상시키는 것이다. 특히 단백질을 강화시킬 목적으로 대두분 또는 대두박 가루를 첨가한 복합분의 경우, 밀가루 중의 단백질함량의 상대적인 감소로 인하여 반죽의 물성이 나빠지고 빵의 용적이 작아지는 결점이 발생한다. 이러한 경우에 유화제의 첨가는 이러한 결점을 상쇄할 수 있어 잘 부풀어오른 빵의 생산을 가능케 한다.

빵의 노화방지에 사용되는 유화제는 거의 모노글리세리이드이며, 밀가루에 대하여 0.2~1.0%가 첨가된다. 이외에도 스테아릴젖산칼슘(CSL), 설탕에스테르(SE), 숙신산모노글리세리이드(SMG), 폴리소르베트60(Poly-60), 스테아릴젖산나트륨(SSL) 및 레시틴(lecithin)등이 이용된다. 이러한 유화제들은 빵의 용적, 신전성, 발효상태, 부드러움 및 반죽상태를 살펴볼 때 각각 장단점이 있어서 목적에 맞게 유화제를 선택하여 제빵생산에 적용하는 것이 바람직하다.

16-7. 케이크와 유화제

케이크는 종류와 명칭이 많지만 기본적으로 사용되는 원료에 따라서 분류할 수 있고, 원료의 유지함량에 따라 스폰지케이크, 버터스폰지케이크 및 버터케이크로 크게 분류할 수 있다. 스폰지케이크는 달걀의 기포력을 이용하여 제조하며 케이크의 맛을 더 좋게 하기 위해 유지를 첨가해 만든 제품이 버터스폰지케이크이다. 또한 버터나 마아가린을 비교적 다량을 사용하여 거품이 형성된 크림을 이용하여 만든 제품이 버터케이크인데, 파운드케이크가 이에 해당된다. 스폰지케이크의 경우, 달걀흰자와 노른자에 설탕을 가해 동시에 거품을 일으키는 방법을 공립법이라 하고, 흰자와 노른자 거품을 각각 일으킨 후 합치는 방법을 별립법이라 한다. 또한 모든 원료를 한꺼번에 첨가해 동시에 거품을 일으키는 방법을 All in mix법이다. 한편 버터케이크에서는 유지와 설탕에서 먼저 거품을 일으키는 방법을 Sugar batter법이라 하고, 유지와 밀가루로 거품을 일으키는 방법을 Flour batter법이라고 하고, 모든 원료를 한꺼번에 첨가해 거품을 일으키는 방법은 All in mix법이라 한다.

스폰지케이크에서의 유화제의 역할은 달걀흰자의 기포성을 돕고, 안정한 거품을 형성시키는 것인데, 유화제의 사용량이 적으면 반죽의 기포가 파괴되어 케이크 부피가 감소하나 너무 많으면 오히려 식감이 나빠지는 단점이 발생할 수 있어 최적량의 유화제의 사용량을 선정하여 사용하는 것이 바람직하다. 또한 하나의 유화제만 사용하는 것보다도 2종 이상의 유화제를 조합시켜 사용하는 것이 스폰지케이크의 품질에 더 우수하다.

현재 사용되고 있는 케이크용 기포제는 포화모노글리세리이드에 설탕에스테르, PG에스테르를 첨가해 소르비톨 용액에서 안정한 겔을 형성시킨 것으로 투명한 겔모양으로 되어 있다(표 16-3).

표16-3. 케이크용 유화제의 배합비

성분	A사	B사	C사
포화모노글리세리이드	8	15	13
설탕에스테르	25	10	20
소르비탄 지방산 에스테르	5	-	7
PG 에스테르	25	-	7
소르비톨 용액	5	5	35
물	12	30	11

이러한 케이크용 기포제의 사용량은 밀가루에 대해 4~6%이다.

스폰지케이크에서의 유화제의 작용은 달걀단백질과의 상호작용으로 반죽의 기포성을 증가시키고 안정한 거품을 만들고 케이크의 용적을 증가시킨다. 또한 식감이 우수하고 노화를 억제하는 기능을 부여하여 케이크의 신선함을 유지시키는 역할을 하고 있다.

스폰지케이크에 유지를 가하면 촉촉하고 부드러운 맛을 갖는 케이크를 생산할 수 있는데 이것을 버터스폰지케이크이라 한다. 버터스폰지케이크는 거품을 일으킨 후 유지를 첨가하는데 유지에는 소포성이 있어서 반죽의 거품을 소멸시키는 결점이 있으며 고체유지는 반죽 중에 분산되기 어려워 반죽의 거품을 없애버린다. 따라서 버터나 마아가린을 미리 녹여 첨가하든지 아니면 액체유지를 이용하여 반죽시 짧은 시간동안 섞어서 반죽에 있는 기포를 파괴하지 않는 기술을 사용하는 것이다. 또한 액체유지에 레시틴이나 모노글리세리이드 등의 유화제를 첨가하여 소포성을 억제하고 분산성을 좋게한 상태로 사용되고 있다.

버터케이크은 유지와 설탕 또는 밀가루를 우선 거품을 일으킨 후 달걀 등을 첨가해 반죽을 만드는데, 이 경우 유지의 크리밍성이 케이크의 용적과 물성을 좌우하게 되고 마아가린, 쇼트닝 등의 가소성 유지가 사용된다. 가소성유지는 작은 입자로 분산되어 있고 거품은 유지 안에 포함되어 스폰지케이크에서의 거품과는 다른 형태를 띠고 있다. 이 경우 유지 안에 포함된 거품이 작고 수가 많으면 부피가 크고 부드러운 조직을 갖는 케이크를 만들 수 있다. 따라서 온도가 낮은 겨울철에 버터케이크를 제조시 가소성유지를 먼저 온도를 상승시켜 크리밍성이 좋은 상태로 만드는 것이 무엇보다도 중요하다.

16-8. 비스킷과 유화제

비스킷에는 강력분을 사용한 딱딱한 비스킷, 박력분을 사용하고 유지량을 많게 첨가해 만든 부드러운 비스킷, 거품을 일으켜 만든 팬시비스킷과 반죽을 발효시켜 만든 크래커가 있다. 이러한 비스킷을 만들 때 설탕에스테르, 레시틴, 소르비탄에스테르 등의 유화제가 이용되는데 주로 마가린, 쇼트닝에 첨가시켜 사용한다. 비스킷을 제조시 유화제는 반죽중의 유지의 분산을 좋게 하여 점착성이 작은 반죽으로 만들어 제과기계 등의 부착을 방지하고 바삭거리는 성질을 좋게 하고, 입속에서 잘 녹게 하는 성질을 부여하는 등의 효과를 갖게 한다. 한편 크래커의 경우 유화제가 반죽의 점착성을 저하시켜 기계내성을 향상시키고 조직감을 좋게 하고 유지사용량을 저하시키는 등의 효과 이외에도 수분의 흡습성을 저하시켜 바삭거리는 성질을 그대로 보유하게 해주는 역할을 한다.

16-9. 초콜릿, 코코아 분말제품 등과 유화제

초콜릿은 코코아버터에 코코아, 설탕, 분유, 유화제 및 착향료 등을 이용하여 만들고 있는 데, 유화제는 이들의 분산성을 좋게 하며, 매끈매끈한 조직을 만든다. 또한 제조공정 중에 점도를 저하시키고, 결정을 안정화시켜 결정석출현상(브룸,blooming)을 방지한다.

초콜릿 제조공정 중 점도가 높으면 퍼짐성이 약해져 일정한 두께로 초콜릿의 성형이 어렵게 되고, 특히 공기가 함유되어 기포가 많이 발생하면 제품의 질을 저하하는 등의 공정상의 어려움을 나타낸다. 초콜릿의 제조 중의 점도를 저하시키는 데는 코코아버터를 많이 사용하면 좋지만 코코아버터의 가격이 고가이어서 경제적으로 불리하다. 그래서 코코아버터 대신에 레시틴 등의 유화제를 첨가해 점도를 저하시키는데, 레시틴 0.1~0.5%의 첨가는 코코아.버터의 사용량을 약 3~8% 정도를 감소시킬 수 있으므로 경제적으로 바람직하다. 레시틴은 코코아, 설탕 및 단백질 성분들의 계면 사이의 마찰력을 저하시킴으로 점도를 낮추게 된다. 또한 설탕에스테르, 소르비탄에스테르 등도 이와 같은 효과를 기대할 수 있고, 특히 설탕에스테르는 브룸방지 효과도 우수하기 때문에 레시틴과 혼용하여 사용하는 것이 일반적이다.

코코아 분말 자체는 습윤성이 낮아서 물에 잘 분산되지 않는데, 레시틴을 코코아 분말에

1.0~1.5% 첨가하면 빠르게 찬물이나 우유에 습윤시켜 잘 분산시킬 수 있다.

부드러운 우유 캐러멜의 강도는 수분함량(5~8%)과 지방함량(최소 6%)에 의해 좌우되는 데, 이러한 두가지 성분들에 의해 씹힘성이 결정된다. 이러한 캐러멜에 레시틴의 첨가는 캐러멜의 적절한 강도를 결정하게 되는 데, 이것은 지방분리와 수분의 증발을 방지함으로써 가능해진다. 또한 캐러멜의 제조에 레시틴이 첨가되지 않으면 설탕의 재결정화가 일어나 딱딱한 제품이 생산되게 된다.

16-10. 국내에서 사용이 허용되어 있는 유화제

현재 국내의 식품첨가물 공전에 사용이 허용되어 있는 유화제로서는 다음과 같은 것이 있다.

글리세린지방산에스테르(glycerine fatty acid ester)
소르비탄지방산에스테르(sorbitan fatty acid ester)
자당지방산에스테르(sucrose fatty acid ester)
프로필렌글리콜지방산에스테르(propylene glycol fatty acid ester)
대두인지질(대두레시틴)(soybean phospholipid, soybean lecithin)
폴리소르베이트 20(polysorbate 20)
폴리소르베이트 60(polysorbate 60)
폴리소르베이트 65(polysorbate 65)
폴리소르베이트 80(polysorbate 80)

이들 중 대두인지질은 천연물로부터 얻어지는 대표적인 유화제로서 대두유로부터 얻을 수 있으며, 계란의 노른자에도 함유되어 있다.

글리세린지방산에스테르(glycerine fatty acid ester)는 지방산과 글리세린의 에스테르로 정의하고 있으며, 모노글리세리이드 뿐 만 아니라 모노글리세리이드의 유기산 유도체와 폴리글리세린에스테르까지 포함한다. 글리세린지방산에스테르는 백색에서 담황색의 분말, 박편, 덩어리, 반유동체 및 점조한 액체상을 갖고 있는데 색깔은 원료인 지방산에 의해 달라지며 성상도 지방산의 종류에 따라 결정된다.

소르비탄지방산에스테르는 백색에서 황갈색의 액상 또는 밀납 모양의 물질인데, 감미료인 소르비톨의 탈수물인 소르비탄과 지방산의 에스테르이다. 소르비탄모노라울레이트나 올레이트는 갈색 점조성 액체이고, 팔미테이트와 스테아레이트는 담황색 분말이다. 소르비탄모노라울레이트는 냉수에 분산시킬 수 있으나 모노팔미테이트, 모노스테아레이트는 냉수에는 녹지 않고 융점이상으로 가온하면 분산시킬 수 있다. 주요한 소르비탄지방산에스테르의 종류, HLB값, 외관 및 용해성는 표 16-4과 같다.

표 16-4. 소르비탄지방산에스테르의 종류별 특성

종류	HLB값	외관	용해성
sorbitan monolaurate	8.6	담갈색 유상 액체	식물유, 아세톤, 알콜, 벤젠에 불용
sorbitan monopalmitate	6.7	담갈색 밀납상 고체	식물유에 불용, 아세톤과 알콜에 가온시 용해, 벤젠에 분산
sorbitan monostearate	4.7	담황색 밀납상 고체	식물유에 가용, 알콜에 가온시 용해, 벤젠에 분산, 아세톤에 불용
sorbitan tristearate	2.1	담황색 밀납상 고체	식물유와 아세톤에 분산, 알콜에 불용, 벤젠에 가온시 용해
sorbitan monooleate	4.3	황갈색 유상 액체	식물유와 알콜에 가용, 벤젠에 분산, 아세톤에 불용
sorbitan trioleate	1.8	황갈색 유상 액체	식물유에 가용, 알콜과 아세톤의 고농도에서 가용, 벤젠에 가용

자당지방산에스테르는 설탕과 기름을 이용하여 값싸고도 안전성이 높은 유화제로 만들 수 있다는 장점 때문에 1959년 일본에서 처음으로 공업화에 성공했다. 자당지방산에스테르는 설탕과 지방산의 에스테르이며 HLB값의 차이에 따라 백색분말에서 담황색 페이스트의 형태까지 다양하다. 자당지방산에스테르는 HLB의 낮은 값을 갖는 것에서 높은 값을 갖는 것까지 다양하기 때문에 다른 유화제에 없는 광범위한 기능을 갖고 있다. 특히 식품용 유화제로서 가장 친수성이 크므로 O/W형 유화제로서 다른 유화제와 병용되어 사용되는 경우가 많다.

프로필렌글리콜지방산에스테르는 프로필렌글리콜과 지방산과의 에스테르인데, 프로필렌글리콜은 글리세린에 비해 수산기가 적은 단순한 구조로서 모노에스테르와 디에스테르뿐이다. 스테아르산이나 팔미트산을 구성성분으로 하는 제품은 백색의 고체이고, 올레산이나 리놀레산 등의 불포화지방산을 구성성분으로 하는 제품은 담황색의 액체제품이다. 유화제로서의 활성이 거의 없기 때문에 단독으로 사용되는 경우는 거의 없고 다른 유화제와 배합하여 사용한다.

레시틴은 동식물체에 존재하는 각종 인지질의 혼합물이며, 인지질 부분(phosphorus group)은 친수성기이고 지방산 부분은 친유성기이므로 유화제로서의 기능을 갖게되는 것이다. 레시틴은 원료의 출처에 따라서 크게 두 가지로 분류되는데, 대두인지질(대두레시틴)과 난황레시틴이다. 달걀노른자에 함유되어 있는 인지질은 8~10%이고, 대두에는 0.3~0.6%의 인지질이 함유되어 있다. 대두인지질은 천연첨가물로서 주요한 식품유화제로서 사용되고 있고 대두유 정제시 부산물로 얻어지며 인지질 60% 이상의 갈색 페이스트상이고 가장 값이 싼 유화제이다. 난황레시틴은 주로 의약용으로 생산되며 화장품용으로 이용되고 있다. 일반적으로 레시틴이라 함은 대두인지질을 말하며 황색-적갈색의 투명한 페이스트 형태이고 고순도품은 담황백색 분말이다. 물에 잘 수화되어 에멀젼을 형성하여 pH 6.6을 나타내지만, pH 3.5 부근에서는 침전한다.

폴리소르베이트(20, 60, 65, 80)는 소르비탄에스테르에 에틸린옥시이드를 부가시킨 것으로서 물에 투명하게 잘 녹는 대단히 친수성이 높은 유화제이다. 특히 소르비탄에스테르와 조합시키면 자유로이 HLB값을 변화시키는 것이 가능하여 유화제 외에 기포제, 분산제로서의 목적으로 식빵, 쇼트닝, 아이스크림 등의 식품에 광범위하게 쓰이고 있다.

제 17 장 친수성 콜로이드(hydrocolloids)

친수성콜로이드는 물에 분산되어 안정한 교질 용액을 만들어 많은 자연식품과 가공식품의 안정성을 개선시켜 주는 물질로 자연에서 얻어지는 것들이 많다. 자연에서 얻어지는 친수성 교질 물질들은 젤라틴(gelatin)을 제외하면 거의 전부가 다당류에 속하는 탄수화물이며 그 출처에 따라 다음 표17-1과 같이 분류된다.

표17-1. 자연에 존재하는 대표적인 친수성 콜로이드 물질들

해조류에서 추출한 물질	식물체에서의 추출 또는 얻어진 물질	동물에서 얻어진 물질	미생물에서 얻어진 물질
한천(agar) 알긴산염(alginates) 카라기난 (carrageenan) 퍼셀라란(furcellaran)	펙틴(pectins) 곡류 고무질(cereal gums) 전분(starch) 아라비아검 (gum arabic) 카라야 검(gum karaya) 트라가칸스 검(gum tragacanth) 가티 검(gum ghatti) 구아 검(gum guar) 로커스트 콩검(locust bean gum) 사이리엄 검(psyllium seed gum)	젤라틴 (gelatin) 키틴 (chitin)	잔탄껌 (xanthan gum) 젤란껌 (gellan gum)

17-1. 해조류에서 추출되는 고무질 물질들

해조류에서 추출되는 물질들은 다당류로서는 물, 산 또는 알칼로 추출된다. 해조류의 다당류는 한천(agar), 알긴산염(alginates), 카라기난(carrageenan), 퍼셀라란(furcellaran) 등이 있으며 식물성 고무질 물질과 비슷한 성질을 갖고 있다.

1. 한천(Agar)

한천은 홍조류(red seaweeds)에서 추출되는 다당류(polysaccharides)로 홍조류를 일광에 표백한 후 0.01%의 황산, 또는 0.03%의 초산을 넣고 삶아서 점액을 채취하고 이것을 냉각시켜 고형화 한후 건조시켜 분말상태로 만든 것이다.

한천은 아밀로오스와 같은 직선상의 분자구조를 가진 아가로오스(agarose)와 아밀로펙틴과 같이 많은 가지가 달린 구조를 가진 아가로펙틴(agaropectin)의 두 성분으로 구성되어 있다.

아가로오스(agarose)는 β-D-갈락토오스(galactose)와 α-L-3,6 무수갈락토오스(anhyrogalactose)가 β-1,4 결합을 통하여 형성된 이당류인 아가로비오스(agarobiose)의 중합체이다.

한편 아가로펙틴(agaropectin)은 본질적으로 아가로오스와 같은 기본적 구조에서 일부의 갈락토오스가 황산 에스터(sulfate ester)의 황산기와 칼슘이온과의 이온 결합을 통하여 서로 횡적으로 결합되어 있다.

한천은 주로 당질 성분으로 되어 있으나 인체 내에서 소화되지 않고 그냥 배설되므로 다이어트 식품으로 이용되며 다음과 같은 성질을 가지고 있다.

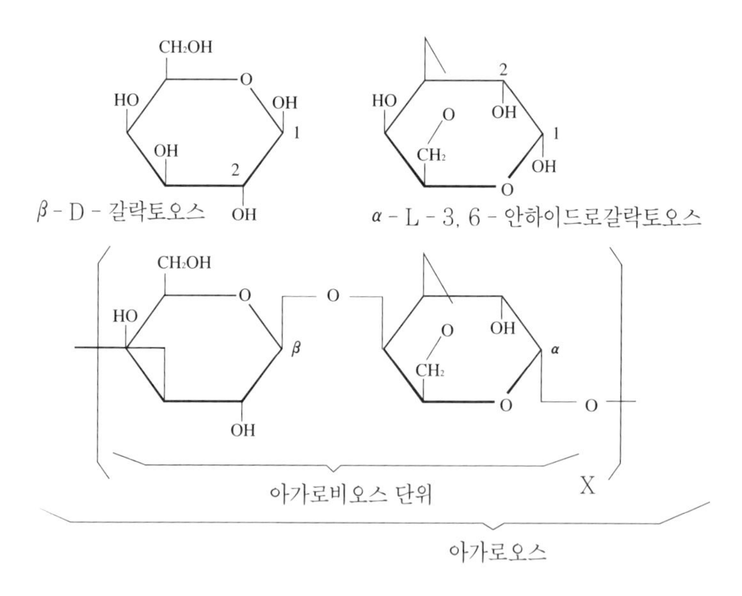

그림 17-1. 한천(우뭇가사리)의 한 구성분자인 아가로오스(agarose)의 구조와 그 구성 단위 아가로비오스(agarobiose)

1) 한천의 용해성

젤라틴보다 높은 온도에서 녹는 성질이 있으며 물에서 팽윤시킨 후 80℃ 전후로 가열하면 gel상태의 콜로이드가 된다. 설탕을 첨가할 경우 한천이 용해된 후에 넣어야 하며 한천이 녹기 전에 설탕을 넣으면 한천을 녹이는 데 필요한 물의 양이 감소되므로 용해성이 감소한다.

2) 한천의 응고성

한천의 응고성은 온도, 농도 및 산에 의하여 영향을 받는다.

(1) 온도

한천은 젤라틴보다 높은 온도에서 굳는 성질이 있으며 보통 25~35℃에서 겔화되며 일단 겔화 되면 잘 녹지 않는 성질이 있으므로 상온에서 젤라틴보다 안정하다.

(2) 농도

한천의 겔 형성은 0.2~0.3% 농도에서 시작하며 1~2%의 농도에서는 매우 단단한 겔을 형성한다. 사용농도는 0.5~1.5% 정도가 적당하며 설탕의 농도가 높을수록 또 한천의 농도가 높을수록 응고점은 높아진다. 첨가물질로 설탕을 넣지 않았을 경우에는 한천농도가 높을수록 응고온도가 높고 더 단단하며 투명하다. 한편 8~10% 정도 첨가하면 겔 강도가 증가하나 그 이상이 되면 오히려 탄성을 약화시키는 작용을 한다.

(3) 산

한천의 점도는 pH 4.5~pH 9 사이에서 크게 변하지 않으나 과즙이나 과일을 첨가하면 산성으로 되어 한천이 부분적으로 가수분해되기 때문에 응고되지 않는다. 보통 pH 5.4 정도에서 가장 강한 젤리 강도를 나타내며 그 이하로 되면 굳기 어렵다. 따라서 강산성을 나타내는 첨가물질은 피해야 하며 오렌지주스 등의 과즙은 가열 후 약간 식은 후에 첨가하는 것이 좋다.

3) 한천 이용 식품

한천은 겔을 형성하는 능력이 크고 또 그 겔은 고온에서 잘 견디는 성질이 있으므로 고온에서 다루어지는 빵, 과자류의 안정제 및 푸딩, 젤리 등의 재료로 사용된다. 소화가 되지 않는 복합 다당류이므로 저칼로리식으로 이용되고 있으며 37℃에서 녹지 않고 반고체 상태로 유지되기 때문에 미생물 고형 배지의 원료로도 사용된다.

2. 알긴산염(alginates)

알긴산(alginic acid)과 그 염인 알긴(algin)은 미역, 다시마 등이 속해 있는 갈조류(brown algae)에서 추출되는 다당류로 β-무수만유론산(β-anhydromannuronic acid)이 β-1,4결합을 통해서 중합된 직선상의 분자구조를 갖고 있다. 알긴 (algin)이란 이름은 알긴산의 염들에 대한 일반명이며, 알긴산의 나트륨, 칼슘 또는 마그네슘염의 혼합물이다.

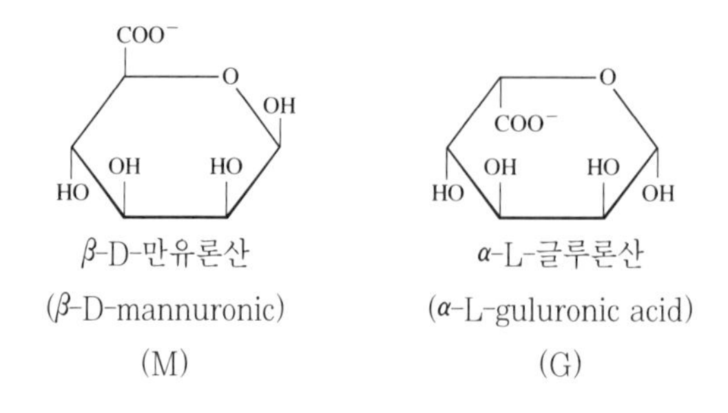

-M-M-M-M-M-M-M-	-G-G-G-G-G-G-G-	-M-G-M-G-M-G-M
β-D-만유론산의 β-1, 4- 결합에 의한 중합체 (M - block)	α-L-글루론산의 α-1, 4- 결합에 의한 중합체 (G - block)	두 구성단위가 교대로 α-1-, 4- 결합과 β-1, 4- 결합에 의해서 연결된 중합체 (M - G block)

그림 17-2. 알긴산(alginic acid)의 구성 단위들과 그 기본 단위들

알긴은 찬물에 녹지 않으나 뜨거운 물에는 약간 녹는다. 그러나 알긴은 그 농도가 충분하고 칼슘, 마그네슘 등의 2가 이온이 존재하면 찬물에서도 겔을 형성한다. 산성 용액에서는 반고체의 겔을 형성하기 때문에 산성인 과즙, 주스류에 사용하기가 어렵다. 따라서 알긴은 펙틴이나 한천과 같이 겔 형성제로 사용되기보다는 주로 안정제, 농gn제, 이수방지제 및 유화제로 사용된다. 한편 알긴은 치즈, 시럽, 아이스크림, 과즙으로 만든 아이스크림, 농축오렌지 쥬스, 냉동 젤리도너츠, 머랭(meringues), 롤 케이크의 젤리 토핑 안정제, 파이 필링(pie filling)등 제빵 관련 토핑물에도 많이 사용된다.

3. 카라기난 (carrageenan)

카라기난은 홍조류(the rhoolophta, redalgae)에 속하는 해조류에서 추출되며 갈락토오스와 무수갈락토오스의 기본 구조를 가지고 황산 에스터 결합을 한 복합체이다.

카라기난은 황산 에스터 결합의 차이에 따라 iota(ι)-, kappa(κ)-, lambda(λ)- 카라기난의 3 종류로 구분된다.

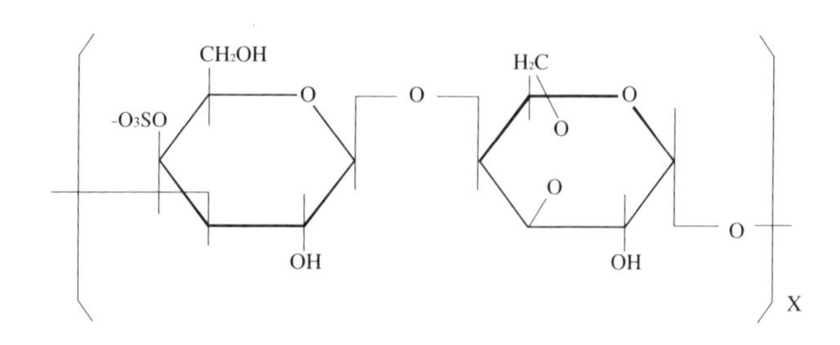

그림 17-3. K - 카라기난(carrageenan)의 구조

1% 용액의 kappa(κ)-카라기난을 가열한 후 냉각시키면 매우 강하고 부스러지기 쉬운 겔을 형성(strong, brittle gel)하고 iota(ι)-카라기난은 같은 조건에서 부드럽고 탄력있는 겔(soft, elastic gel)을 형성한다. 한편 lambda(λ)- 카라기난은 점성이 매우 큰 유체로 존재하며 겔을 형성하지 않는다. 카라기난는 pH7 이하의 산성에서 안정한데 그 안정성은 ι〉 λ〉 κ의 순 이다.

카라기난의 용도는 농화제, 안정제, 유화제 및 현탁 작용에 사용되고 초콜릿, 우유, 아이스크림, 푸딩, 치즈, 젤리 등에 사용된다. 카라기난은 비교적 가격이 저렴하기 때문에 값비싼 다른 안정제의 대체물로 사용된다. 또한 단백질과 반응하여 복합체를 형성하기 때문에 햄을 가공할 때 locust bean gum과 혼합해서 사용하면 햄을 가열할 때 발생하기 쉬운 수용성 단백질의 손실을 막아준다.

4. 퍼셀라란(furcellaran)

퍼셀라란은 홍조류에 속하는 해조(furcellaria fastigiata)에서 추출된 농화작용이 큰 고무질 물질로 D-galactose-4-sulfate와 3,6-anhydro-D-galactose로 구성되어 있다.

퍼셀라난은 75℃~80℃의 더운 물에 잘 녹으며 냉각하면 단단하고 비교적 탄성이 적은 겔을 형성한다. 이 겔의 성질은 대체로 한천과 카라기난 겔의 중간 정도의 성질을 가지고 있다. 퍼셀라란은 0.5~3%의 수용액에서 겔이 형성되며 겔의 강도는 그 농도가 커짐에 따라 증가하며 또 칼륨염을 첨가하면 증가된다. 퍼셀라란은 무색 무취의 비결정상 분말로 용도가 다양하며, 젤리, 잼 등을 제조할 때 펙틴을 대체하여 사용하면 펙틴을 사용한 잼, 젤리의 경우와 같이 오랜 시간 가열하지 않아도 되기 때문에 풍미 및 색깔 유지에 좋은 효과를 나타낸다.

17-2. 식물체에서 추출된 고무질 물질들

식물조직에서 삼출되는 고무질 물질로는 아라비아 검(arabic gum), 카라야 검(karaya gum), 트라가칸스 검(tragacanth gum) 등이 있으며 식물종자에서 얻어지는 물질로는 구아 검(guar gum), 로커스트 콩검(locust bean gum), 사이리엄 검(psyllium seed gum),펙틴(pectins), 곡류 검질(cereal gums), 전분(starch)등이 있다.

1. 아라비아 검(arabic gum)

아라비아 검은 인도, 수단과 기타 아프리카의 덥고 건조한 고원지대에서 자라나는 아카시아 나무(acacia species)의 껍질에서 얻어지는 삼출물(exudate)이다.

아라비아 검은 β-갈락토오스(galctose), 아라비노스(L-arabinose), 글루큐론산(D-glucuronic acid)등으로 구성된 중합체로 가지가 많이 달린 코일상의 구조를 갖고 있다.

아라비아 검은 찬물과 더운물에 모두 잘 녹는다. 다른 검 물질들은 점도 때문에 5% 이상의 수용액을 만들기가 어려우나 아라비아 검은 55% 정도의 수용액을 만들 수 있으며 이 수용액은 농도가 큰 전분 겔과 비슷한 성질을 갖고 있다.

아라비아 검은 빵 · 과자류, 청량음료, 아이스크림 등에 대한 안정제, 농화제 또는 증점제(thickening agent)로서 사용되고 있다. 또한 설탕의 결정형성 지연(retard sugar crystallization)에 큰 효과를 나타내며 향(flavour)의 휘발과 산화 작용을 억제시켜줌으로써 서 향기 성분의 고착제(flavour fixator)로 사용된다.

2. 카라야 검(karaya gum)

카라야 검(karaya gum)은 인도의 중앙 및 남부지방에서 자라나는 나무(sterculia urens)의 삼출물에서 얻어지는 검질물질로, D-갈락투론산(D-galacturonic acid), L-람노오스(L-rhamnose), D-갈락토오스(D-galactose) 단위가 D-glucuronic acid를 포함한 곁사슬로 연결된 복잡한 구조를 가지고 있는 아세틸화된 복합 다당류(acetylated complex polysaccharide)이다.

카라야 검은 물에 녹지 않고 물에 분산되어 3~4% 정도의 농도를 갖는 불투명한 콜로이드 용액을 만든다. 한편 카라야 검은 알칼리성 상태에서는 끈적끈적한 풀의 상태를 나타낸다.

카라야 검은 수분 보유 능력이 있기 때문에 푸렌치 드레싱의 안정제로 사용되며, 아이스 케이크, 샤베트에서는 얼음의 결정이 크게 자라는 것을 방지하고(prevent formation of large ice crystals) 수분 손실을 막고 자유수를 감소시킬 목적으로 0.2~0.4% 정도 사용한다.

한편 볼로냐 소시지(bologna sausage)와 같은 육가공 제품에서는 0.25% 정도 첨가하여 보습 효과와 점도 조절을 하기 위하여 사용된다.

3. 트라가칸스 검(tragacanth gum)

주로 이란, 시리아의 산간 지방에서 자라는 콩과 다년생 식물인 아스트라갈러스속(astragalus)의 관목에서 삼출되는 검질 물질로, D-갈락토오스(D-galactose) 또는 D-갈락투론산(D-galacturonic acid)의 중합체에 D-자일로오스(D-xylose), L-아라비노오스(L-arabinose) 등이 측쇄(side chain)로 연결된 복잡한 구조를 가지고 있는 가용성(water-soluble)의 복합 다당류(complex polysaccharide)이다.

트라가칸스 검은 식물성 친수성 물질 중에서 점도가 높은 편으로 1% 농도의 수용액에서 3,600cps정도의 점성을 나타낸다. 트라가칸스 검은 찬물에 녹으며 열과 pH2 이하의 산에도 안정한 특성을 보인다. 트라가칸스 검은 크림 같은 조직을 주기 때문에 샐러드 드레싱, 베이컨 소스에 사용되고 케첩, 양념과 같은 조미료에서는 유화 안정제로 사용된다. 또한, 빵에 사용하는 과일 topping 과 filling에 광택을 부여함으로써 자연스런 느낌을 준다. 또한, 아이스크림의 조직과 식감을 개선하는 작용을 한다.

4. 구아 검(guar gum)

구아 검은 인도와 파키스탄의 건조한 지역에서 1년생 콩과식물에 속하는 식물종자 중의 배유(endosperm)에서 얻어지는 검질 물질로, 갈락토만난(galactomannan)으로 구성되어 있으며 직선상의 α-1,4결합을 하고 있는 D-만노오스의 중합체에 D-갈락토오스가 반복되어 연결된 형태를 띠고 있다. 이와 같은 구조 때문에 로커스트콩 검(locust bean gum)보다 수화 (hydration)가 더 잘되며 찬물에서도 쉽게 점도가 큰 콜로이드 용액을 형성한다.

구아 검은 자연 검 물질 중에서 겉보기 점도가 가장 큰 물질로, 5% 수용액의 점도는 510,000 cps 정도로 같은 농도의 아라비아검 교질 용액의 100배 이상이 된다. 구아검는 pH 4 에서 pH 10.5의 영역에서 매우 안정하며 염류 등에 의해서 성질이 변하지 않는 특성을 보인다. 구아 검은 유화제, 농화제로서 제빵, 치즈, 아이스크림, 육류 충전제, 샐러드 드레싱, 과즙, 소스 등에 사용된다. 또한 한천과 카파 카라기난과 혼합 사용하여 겔의 강도 및 구조를 조절하는데 사용한다.

5. 로커스트콩 검(locust bean gum)

로커스트콩 검(locust bean gum)은 원래 지중해 지역에서 널리 재배되고 있는 상록수인 로커스트 콩(locust bean 또는 carob bean)의 배유부분(endosperm part)에서 얻어지는 검질 물질이다.

로커스트 콩 검은 D-갈락토만난 (D-galactomannan unit)이 β-1,4 결합으로 결합된 직선상의 중합체에 D-갈락토오스(D-glactopyranosyl unit)가 4:1 비율로 α-1,6-결합으로 연결된 구조를 갖고 있는 중합체이다. 로커스트 콩 검은 찬물에서 풀어지나 최대의 점도를 얻기 위해서는 가열이 필요하다.

로커스트콩 검은 매우 점도가 크서 5% 수용액의 점도는 121,000cps를 나타낸다. 이 점도는 트라가칸스 검의 점도와 대략 비슷하며 카라야 검의 점도보다 2배 정도 높다. 구아 검와 비슷하게 pH3에서 pH11에 걸쳐 그 점도나 안정성은 거의 영향을 받지 않는다. 로커스트콩 검은 치이즈, 아이스크림, 육류 충전제, 샐러드 드레싱, 우유, 유제품, 소스류 등에 사용된다.

6. 펙틴 (pectin)

펙틴은 그 분자내의 여러 유기산기의 일부가 메틸에스테르(methyl ester), 또는 염

(salts)의 형태로 되어 있는 친수성인 폴리갈락투론(hydrophilic polygalacturonic acids)으로서 교질성(colloidal properties)을 갖고 있으며 적당한 양의 당(sugar)과 산(acids)이 존재할 때는 겔(gel)을 형성할 수 있는 물질이다. 그리고 폴리갈락투론산 (α-D-galactuonic acid)은 α-1,4-결합을 통해서 연결되어 있는 아밀로오스와 유사한 α-나선형(α-helical form)을 가진 직선상의 분자(linear molecules)로 이 분자들은 수소결합, 칼슘결합, 에스테르 결합 등의 이차적인 결합을 통해서 집합체(aggregates)를 형성한다.

1) 펙틴(pectin)과 펙틴의 종류

펙틴과 관련된 일련의 물질들은 펙틴 물질들(pectic substances)로 알려져 있으며 이 펙틴 물질들은 다음과 같이 다시 분류된다.

(1) 프로토펙틴(protopectins)

프로토펙틴(protopectins)은 펙틴의 모체(parent substance)가 되는 물질로 식물조직 중에 많이 존재하며 이 프로토펙틴은 물에 전혀 녹지 않으나 높은 온도에서 가열하면 점차 수용성인 펙틴류로 가수분해되는 것으로 알려져 있다. 성숙이 안된 식물조직체에는 그 함량이 크며 숙성됨에 따라 그 일부는 효소 프로토펙티나아제(protopectinase)에 의해 가수분해되어 펙틴을 형성하는 것으로 예측된다.

(2) 펙티닌산(pectinic acid)

펙티닌산(pectinic acid)은 그 분자속의 유기산기(carboxyl groups)의 상당한 수가 메틸에스테르(methyl ester)의 형태로 되어 있는 교질성인 갈락투론산 중합체, 즉 폴리갈락투론산 (colloidal polygalacturonic acid)을 말한다.

(3) 펙틴(pectins)

펙틴(pectins)은 그 분자속의 유기산기의 일부가 메틸에스테르(methyl ester)로 되어 있는 폴리갈락투론산(colloidal polygalacturonic acid)으로 구성되어 있다. 따라서 펙틴은 적당한 양의 당, 산의 존재하에서 겔을 형성할수 있는 펙틴산, 또는 이 펙틴산의 중성염 또는 산성염 및 그 혼합물들에 대한 일반명이라고 할 수 있다.

(4) 펙틴산(pectic acids)

펙틴산(pectic acids)은 그 분자속의 유기산기에 메틸에스터 그룹이 전혀 존재하지 않는 폴리갈락트유론산이며 펙티닌산의 경우와 같이 산성염(acid salts) 또는 그 혼합물들로 존재할 수 있다.

2) 펙틴의 출처 및 성질

(1) 펙틴의 출처

펙틴은 식물조직에 셀룰로우스, 헤미셀룰로우스등과 같이 널리 분포되고 있으며 사과와 같은 과실류, 레몬, 오렌지 등과 같은 감귤류의 껍질(citrus fruits rind) 및 사탕무우와 같은 일부 야채류에 그 함량이 크다.

표17-2. 일부 식물조직의 펙틴 함량

식물조직의 종류	% 함량
당근(carrot)	7%
사탕무우찌꺼기(beet pulp)	25~30%
사과 찌꺼기(apple pomace)	15~18%
레몬껍질등 찌꺼기(lemon pulp)	30~35%
오렌지 껍질 등 찌꺼기(orange pulp)	30~40%

(2) 펙틴의 성질

펙틴은 매우 수화(hydration)되기 쉬우며 흡습성이 강하다. 물에서 친수성 교질 용액(hydrophilic colloidal solution)을 형성하며 그 외관상 점도는 매우 크다. 펙틴은 적당한 pH하에서 적당한 량의 당류가 존재하는 경우 또는 어떤 종류의 펙틴인 경우에는 칼슘 이온(Ca^{++} ion)과 같은 다가 이온들(polyvalent ions)이 존재할 때는 반고체인 겔을 형성한다. 펙틴이라는 이름 자체도 굳어진다는 말(Greek의 pectos = set, congeal)에서 나온 이름이다.

펙틴은 알콜이나 아세톤(acetone)에는 녹지 않으며 흰색의 솜털 같은 침전을 형성한다. 따라서 이 방법을 이용하여 과실류의 펙틴함량이 젤리나 잼을 만들 수 있을 정도의 양인지를 추정하는데 사용된다. 한편 펙틴은 알콜에 녹지 않는 성질이 있기 때문에 알콜을 이용하여 펙틴의 추출액에서 펙틴을 침전 분리시키는데 흔히 사용하고 있다. 펙틴은 폴리갈락투론산(polygalacturonic acid)의 중합체이므로 알칼리에 녹으며 또 알칼리에 의해서 쉽게 가수분해된다.

펙틴은 분자의 말단에 있는 갈락투론산 때문에 환원력(reducing power)을 갖고 있으며 알카리성 용액에서는 옥도(I_2)를 환원한다.

(3) 펙틴의 겔 형성 능력

펙틴의 중요한 성질의 하나인 겔 형성능력(gelling ability)은 그 펙틴의 출처, 그 구조나 구성성분들 특히 주성분인 폴리갈락투론산의 분자량과 메톡실 함량(methoxyl content) 등에 의해서 크게 영향을 받는다.

펙틴의 분자량이 적어도 20,000 이상이 되어야 겔을 형성할 수 있고 펙틴의 수분유지 능력(water holding capacity)도 분자가 클수록 크다. 뿐만 아니라 분자량의 크기는 형성된 겔의 굳기(firmness of gel) 겔의 형성 속도 등에도 크게 영향을 준다. 일반적으로 분자량이 큰 펙틴은 겔을 형성하는 즉 굳어지는 속도는 느리나 형성된 겔은 단단하다.

(4) 펙틴의 분류

펙틴은 구조, 형태, 기능 등에 따라서 분류할 수 있으나 중요한 분류 방법의 하나는 펙틴분자 속의 전체 유기산기(carboxyl group)에 대한 메틸에스테르화된 유기산기의 % 비율을 기준으로 하는 분류 방법이다.

펙틴은 이론적으로는 16.32%의 메톡실 함량을 가질 수 있으나 자연에 존재하는 펙틴들의 1000개~1500개로 추정하는 갈락투론산의 유기산기가 모두 메틸 에스테르화(esterification)된 상태라고 생각할 수 없으며 실제적으로는 그 최대함량은 14% 정도로 추정된다. 따라서 메톡실 함량은 14%가 상한치가 되고 0%가 하한치가 되기 때문에 그 중간치인 7%를 기준으로 하여 메톡실 함량이 7% 이상인 펙틴을 고 메톡실 펙틴(high methoxyl pectin), 7%이하인 펙틴은 저 메톡실 펙틴(low methoxyl pectin)으로 분류한다. 보통 식품가공에 사용되는 펙틴은 대개가 고 메톡실 펙틴(high methoxyl pectin)을 말한다.

저 메톡실 펙틴(low methoxyl pectin)과 고 메톡실 펙틴(high methoxyl pectin)은 그 성질이 다르며 특히 겔을 형성하는 조건이나 겔을 형성하는 기구(mechanism)도 현저히 다르다.

(5) 펙틴의 겔 형성 능력과 등급

펙틴은 겔 형성 능력(gelling ability)이 클수록 품질이 좋다. 펙틴의 겔 형성 능력은 일정량의 펙틴이 얼마 만큼의 설탕과 결합하여 최적 pH3.2 전후에서 65%의 당농도를 가진 일정한 굳기(firmness)의 겔리를 형성하느냐로 정해진다. 즉 1 part의 펙틴이 위와 같은 조건을 충족시키는 겔리(jelly)를 최고 150 part의 설탕과 함께 형성하였다면 이 펙틴의 등급(pectin grade)은 150이 된다.

(6) 펙틴의 겔 형성 속도

고메톡실 펙틴은 그 에스테르화도(degree of esterification, DE)가 낮을수록 그 현탁액이 겔화되는 시간은 느려진다. 이와 같이 겔화하는 시간에 따라 완속 겔 형성 펙틴(slow setting pectin)과 신속 겔 형성 펙틴(rapid setting pectin)으로 나눈다.

17-3. 동물에서 얻어지는 친수성 물질

1. 젤라틴(gelatin)

젤라틴(gelatin)은 동물의 결체조직(connective tissues)에 존재하는 단백질인 콜라겐(collagen)을 가수분해한 후 형성된 아교풀을 다시 정선하여 유해물질을 제거하고 설탕, 산, 색소, 향료 등을 첨가하여 가공한 것이다.

젤라틴은 아미노산들로 구성되어 있으며 글리신과 프롤린의 함량이 높다. 한편 젤라틴은 필수아미노산이 적어서 불완전 단백질로 분류되며 전반적으로 영양가가 적어서 다이어트 식품으로 이용되고 있다. 젤라틴은 천연 검 물질과 마찬가지로 물과 함께 가열하면 약 35℃ 이상에서 녹아서 친수성 콜로이드(졸, sol)를 형성하나 이 온도 이하에서는 반고체 상태인 겔로 존재하는데 이상의 변화는 가역적이다. 젤라틴은 0.2~0.5%의 매우 낮은 농도에서 단단하고 투명한 겔을 형성한다.

1) 젤라틴의 응고성에 영향을 미치는 요인들

젤라틴을 흡수, 팽윤시킨 후 냉각시키면 겔을 형성하는데 다음 조건에 따라 응고성이 달라진다.

(1) 온도

품질이 좋은 젤라틴일수록 높은 온도에서 단단하게 굳는데 보통 10~16℃ 정도에서 응고되며 온도가 낮을수록 응고속도는 더 빠르다. 제조된 젤리는 반드시 찬 곳에 보관하여야 하며 여름철에는 실온에서도 녹는 경향이 있다.

(2) 농도

젤라틴의 농도가 높으면 더 단단하게 그리고 빨리 응고된다. 적당한 사용농도는 2~4%이다.

(3) 첨가물

① 산

산은 젤라틴의 응고능력을 감소시키는 경향이 있으므로 산이나 과즙 또는 과일등을 첨가할 때는 젤라틴의 농도를 높여야 한다.

② 소금

소금은 젤라틴을 단단하게 만드는 성질이 있으며 보통 물의 경우는 경수가 연수보다 더 단단하게 응고시킨다.

③ 우유

보통 물보다 더 단단하게 응고시킨다.

④ 설탕

보통 농도의 설탕은 응고를 도와주나 설탕의 농도가 너무 크면 젤라틴의 응고를 방해한다.

2) 젤라틴의 기포성

젤라틴 액을 교반하면 기포가 형성되는 성질이 있으며 등전점에서 기포력이 가장 크다.

3) 용도

겔리, 마시멜로(marshmellow), 저칼로리 식품, 식품용 유화제, 또는 안정제 등으로 사용되며 식품에 피막을 형성하는 능력 때문에 건조 억제제 등으로 이용된다.

2. 키틴(chitin)

키틴은 식물의 구조 형성 다당류인 셀룰로우스와 비교가 되는 갑각류, 곤충 및 곰팡이류의 구조 형성 다당류이다. 특히 바다가재, 새우, 게 등의 갑각류 껍질에 풍부하게 존재하며 갑각류 껍질 조직에 강직성(rigidity)을 부여한다. 새우, 게 등의 껍질에 묽은 염산(HCl)을 작용시켜 그 속의 탄산칼슘을 용해, 제거 시킨 후 조 키틴(crude chitin)을 얻으며 조 키틴질을 용제로 정제하고 건조시켜 백색 분말로 만든다.

키틴의 구조는 2-N-아세틸글루코사민 (2-N-acetylglucosamime)이 β-1,4- 결합으로 중합된 직선상의 단일 다당류(homopolysaccharide)이다.

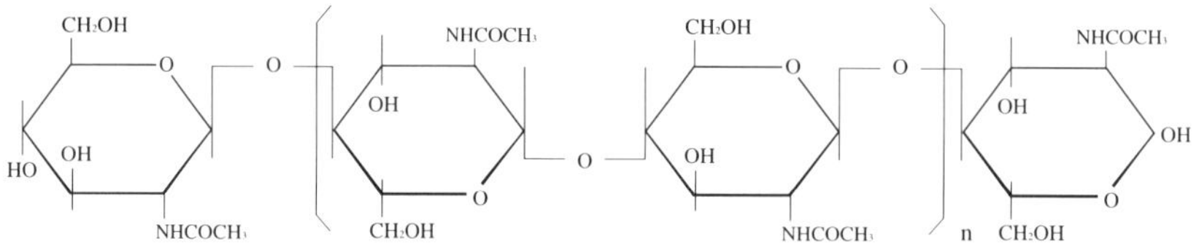

(키틴)

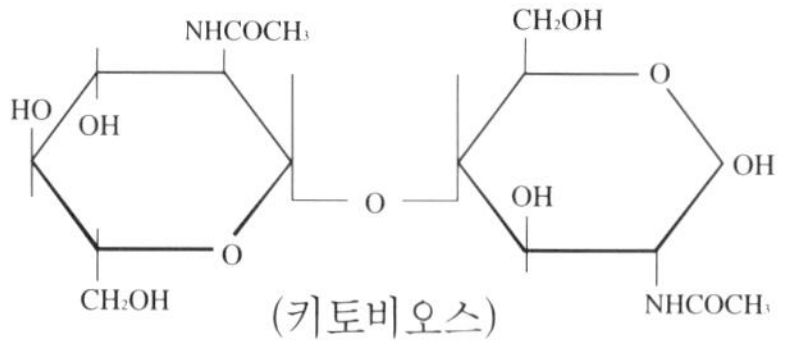

(키토비오스)

그림17-4. 키틴(chitin) 및 키틴의 구성 단위인 키토비오스(chitobiose)구조

17-4. 미생물에서 추출된 검물질

1. 크산탄 검(xanthan gum)

크산탄 검(xanthan gum)은 1960년대 초에 탄수화물 배지에서 배양된 잔토모나스 캄페스트리스(*xanthomonas campestris*) 등의 발효 과정에서 형성되는 극히 점도가 큰 물질이다. 구조는 확실치 않으나 포도당, 만노오스와 글루쿠론산이 구성단위

가 되어 있는 분자량이 매우 큰 고분자화합물로 알려져 있다.

크산탄 검은 냉수나 온수에 완전하게 용해되고 낮은 농도에서도 높은 점도를 나타낸다. 열과 pH에 극히 안정하여 크산탄검의 점도는 0℃~100℃ 의 온도 범위와 pH 1~13 의 범위에서 변화가 없다.

한편, 크산탄 검의 수용액은 의사가소성(pseudoplastic : 전단 속도가 커지면 이에 따라 겉보기 점도가 감소하는 성질)을 나타내기 때문에 입안에서의 감촉을(mouth feel)을 향상시키는 것으로 알려져 있다. 잔산 검은 농후제, 분산제 및 안정제로 사용되며 케이크 배합시 안정성을 주고 냉동 반죽에서 냉동-해동 과정에서의 반죽의 품질 저하를 방지해 준다.

2. 젤란 검(gellan gum)

비교적 최근에 개발된 검 물질로 탄수화물 배지에서 *Psedomonas elodea* 균을 배양 발효시켜 얻는다. 젤란 검은 포도당, 글루쿠론산, 포도당, 람노우스 4가지 당으로 구성된 직선상의 구조를 가지고 있다. 젤란 검은 0.05%의 농도에서 강한 겔을 형성시키며 매우 낮은 농도에서도 기능을 나타낸다. 젤란검을 용해시키기 위해서는 가열이 필요하며 용액을 냉각시켜 젤화 시키려면 양이온이 필요하다.

표17-3. 식품 중에서 검류의 전형적인 기능

기 능	사 용 실 예
점착제(adhesive)	빵,과자류의 글레이즈(bakery glaze)
결착제(binding agent)	소세지
칼로리 조정제(calorie control agent)	섭식 식품(dietetic foods)
결정 억제제(crtstallization inhibitor)	아이스크림, 설탕, 시럽(syrups)
청징제(clarifying agent)	맥주, 술
유화제(emulsifier)	살라드 드레싱(salad dressing)
피막 형성제(film former)	소세지 덮개(sauage casings)
거품안정제(form stabilizer)	맥주(beer)
젤 형성제(gelling agent)	과자류 (pudding, desserts)
안정제(stabilizer)	맥주, 마요네이즈(myonaise)
팽윤제(selling agent)	가공육류(processed meats)
시너러시스 억제제(syneresis inhibitor)	치이즈(cheese), 냉동식품(frozen foods)
조밀제(thickening agent)	쨈 (jams), 소오스(sauces)

제 18 장 향료와 향신료(flavour & Spices)

18-1. 향료

향료는 일찍이 고대문명의 발달과 함께 귀족사회의 사치품으로 사용되어왔고 16세기경부터 수요가 급증하면서 운반, 보관 및 사용을 간편하게 하기 위하여 향기성분을 꽃, 잎, 줄기, 열매, 뿌리에서 추출하는 증류방법이 발달하게 되었다.

한편 향료는 현대문명의 발전과 함께 산업화되기 시작하였으며 초기에는 주로 화장품 및 향수에 사용되었으나 2차 대전 이후 의식주의 변화로 후각신경과 미각 신경을 동시에 자극하는 식품 향료산업이 발전하게 되었다. 식품에 사용되는 향료는 첨가물로서 다른 식품 첨가물과 같이 식품 위생법으로 규제되고 있기 때문에 품질 규격 및 사용법을 준수하여 사용해야 한다. 또한 향료는 감각을 자극시키는 물질이므로 그 향료의 성질을 충분히 숙지하여 목적하는 곳에 사용하도록 해야 한다. 현재까지 알려진 향료의 냄새를 내는 원자단으로는 -OH , -CH, -COOH, -COOR, -CHO, R-O-R, $-NO_2$(-ONO), $-NH_2$, -NCS. Lactone류 등이다.

1. 식품향료의 원료

식품향료의 원료는 다음과 같이 천연향료, 합성향료, 조합향료로 구분된다.

1) 천연향료(natural flavour)

천연향료는 약 1500여종이 있으며 자연에서 채취한 후 추출, 정제, 농축, 분리과정을 거쳐 얻는다. 천연향료는 과학의 발달 수준과 관계없이 완전 모방이 불가능한 종류가 많고 합성향이 인체에 유해할 수도 있기 때문에 식품첨가물로 선호되고 있다.

(1) 동물에서 추출 : 고래, 사향노루, 사향고양이, 물개

(2) 식물에서 추출 : 잎, 꽃(꽃봉오리), 과일, 씨, 껍질, 줄기, 뿌리, 송진

2) 합성향료(synthetic flavour)

석유 및 석탄류에 포함되어 있는 약 200여종의 방향성 유기물질로부터 합성하여

만든다.

3) 조합향료(compound flavour)

천연향료는 자원이 한정되어 있으며 가격이 비싸고 또한 향기 성분을 장기간 유지하기가 어려워 대량 사용하는 데 문제점이 있으며, 합성 향료는 지구상에 존재하고 있는 천연향기 성분을 모방, 생산하는데 기술적 한계성이 있고 인체에 미치는 유해성문제가 대두될 수 있기 때문에 천연향료와 합성향료를 조합하여 양자의 문제점을 보완한 것을 조합향료 또는 보통 식품향료라고 부른다.

2. 식품향료의 분류

1) 수용성향료(essence)

물에 용해될 수 있게 만든 제품으로 각종 향기물질을 배합한 향료 베이스를 알콜, 프로필렌글리콜, 물 등의 용제로 희석 조정한 향료로 천연물질을 에탄올로 추출한 것과 조합향료를 에탄올로 녹인 것이 있다. 수용성 향료의 단점으로는 고농도의 제품을 만들기 힘들고 내열성이 약하다.

2) 유성향료(oil, flavour)

유성향료는 천연 물질에서 추출한 천연정유(essential oil)의 일반적인 명칭이나 보통 조합향료 글리콜이나 식용유를 용제로 하여 내열성이 있도록 만든 제품을 말한다.

3) 유화향료(emulsified flavour)

천연정유(essential Oil)를 수용성 상태로 만들기 위하여 식물의 친수성물질, 계면활성제, 안정제, 비중 조절제 등을 첨가시켜 유화시킨 제품으로 내열성은 비교적 좋다. 한편 농후 음료에 첨가한 경우에는 음료 자체의 비중이 높기 때문에 유화향료는 시간이 경과하면서 표면으로 떠오르는 문제점이 있다.

4) 분말향료(powdered flavour)

유화향료를 분무건조 또는 진공건조과정을 거쳐 분말화한 제품으로 대부분의 향료는 분말 입자 중에 미립자의 상태로 존재한다. 따라서 향료의 휘발 및 변질을 방지하기 쉬우며 분말 식품과 혼합이 용이하고 균일하게 분산되는 이점이 있다.

5) 기타

최근에는 식품향료의 내열성, 분산성 및 유화성 등의 문제점을 보완하기 위하여 정제타입의 향료와 β- cyclodextrin을 이용한 microcapsule에 특수 피막제를 코팅한 제품이 개발되어 사용되고 있다.

3. 향료의 용도에 따른 분류

1) 식품향료

(1) 냉동제품류 : 빙과류, 아이스크림, 샤베트 등

(2) 제과 제빵류: 빵, 케이크류, 비스킷, 드롭스, 껌류 등

(3) 음료 : 탄산음료, 비탄산 음료, 알콜음료, 다류

(4) 가공식품류 : 마가린, 치즈, 향신료, 소시지, 햄류, 베이컨, 간장, 된장, 마요네즈, 스프류

(5) 제약류 : 시럽 및 드링크류 등

(6) 담배류 및 기타

2) 화장류

(1) 화장품류 : 크림, 로숀, 립스틱, 아이섀도, 헤어스프레이, 파우더 등

(2) 향수류 : 액체향수, 반고체향수, 기체향수(호텔, 열차객실, 영화관)

(3) 비누류 : 화장비누, 삼프류, 청정제(살균소독용)

(4) 치약류

3) 공업용향

(1) 농약 살충제

(2) 합성수지류

(3) 용제 및 연료류, 도시가스

(4) 직물류 합성가죽류 타올류

(5) 목재 제품류, 가구류

(6) 페인트류, 에나멜, 잉크 왁스

(7) 기타

구두향, 만수향, 접착제, 양초, 사료(가축, 양어장, 낚시용, 원양어선용)
인쇄물, 휴지, 인조화, 장식용목걸이, 인조상아, 목걸이 등

18-2. 향신료(spices)

향신료의 일반적인 정의는 방향과 산미 등의 자극성의 향과 맛을 가진 식물성물질로 음식물의 조미로 사용되고 풍미를 증가시켜 식욕을 증진시킬 수 있는 물질로 되어 있다.
spice의 어원은 라틴어의 spices로 '종류'를 의미한다. 향신료는 요리의 주재료가 아니라, 부재료로서 크게는 요리에 맛과 풍미를 부여하는 조미료(seasoning)로 이용되며 작게는 음식의 위생효과와 건강증진효과를 부여한다. 조미료로서 요리에 향신료를 사용하는 목적은 크게 다음과 같이 네 가지로 나누어 생각할 수 있다.

· 향기 부여 - 식욕을 불러일으키는 좋은 향기를 요리에 부여한다.
· 냄새 제거 - 육류나 생선의 냄새를 완화시키거나 맛있는 냄새로 바꾼다.
· 매운맛 부여 - 매운 맛과 향기로 혀, 코, 위장에 자극을 주어서 타액이나 소화액의 분비를 촉진하여 식욕을 증진시킨다.
· 색 부여 - 요리에 식욕을 불러일으키는 맛있는 색을 부여한다.

한편 향신료는 조미료의 역할이외에 부패균의 증식이나 병원균의 발생을 억제하는 방부제로서의 효과. 곰팡이나 효모의 발생을 억제하는 효과, 유지류나 체내 지질의 산화방지효과, 소화효소 등의 작용을 활성화하는 효과 및 건위정장제 등으로서의 약리효과 등이 있는 것으로 생각된다. 향신료의 사용 방법을 보면 조리를 하는 동안 이용하는 것, 완성 후의 요리나 마무리의 조리에 이용하는 것 및 식탁에서 사용하는 것 등으로 나뉜다. 따라서 향신료는 생체 그 자체를 이용하는 경우와 정유성분(essential oil)을 추출해서 이용하는 경우로 나뉜다.

보통 향신료(natural spices)는 향신료의 향신 성분만을 추출하여 얻는 올레오레진(oleoresins)이 사용되는데 올레오레진(oleoresins)은 가격과 품질의 변동이 적고 수송, 저장에 편리하며 용도에 따라 농도와 배합율을 조절할 수 있기 때문에 가장 보편적으로 사용된다. 최근에는 올레오레진을 사용하기 편리하도록 피막제를 넣어 분말화시킨 lock spice powder가 있다.

허브는 원래 단순히 풀을 의미하는 말이었으나 현재는 요리 및 음료의 재료 또는 단순히 야채로서 이용되는 식물 및 화장품, 포플리, 입욕제 등에 이용되는 냄새나 향미가 있는 유럽산 식물이라는 의미로 이용되는 수가 많다. 역사적으로 보면 허브는 약효를 가진 식물로 고대 그리스에서 약용식물로 사람들에게 이용되어 왔으며 그 후 허브는 유럽전역에 확산되어 약용 식물로 널리 사람들에게 애용되었다. 그러나 18세기에 접어들어 과학이 발달하면서 허브의 약용식물로서의 필요성은 급격하게 감소하였다. 그러나 최근 들어서 자연식품에 대한 사람들의 관심이 높아지면서 허브에 대한 용도는 증가되어 가고 있다.

1. 향신료의 분류

향신료는 원래 맛이 강렬하고 방향이 현저한 물질로 코로 느껴지는 것을 향신료(香辛料, aromatic condiments)라고 하고 혀로 감지되는 것은 신미료 (辛味料, acrid condiments)라 한다. 향신료에는 정향, 타임, 월계수 등이 속하며 신미료에는 고추, 올스파이스(all spices), 파, 후추 등이 속한다. 한편 향신료는 향신료를 추출한 식물체의 부위에 따라 그리고 신미성분을 이루는 화합물의 특성에 따라 분류할 수 있다.

1) 식물체의 부위에 의한 분류

(1) 종실에 속하는 것 : 후추, 고추, 올 스파이스, 파프리카, 바닐라, 겨자 등

(2) 잎에 속하는 것 : 세이지, 다임, 월계수 잎, 박하 등

(3) 꽃에 속하는 것 : 정향, 샤프란, 치자 등
(4) 뿌리에 속하는 것 : 생강, 마늘, 양파 등
(5) 껍질에 속하는 것 : 계피, 육두구, 메이스 등

2) 화학물 특성에 의한 분류
(1) 산과 아민(acid amides)으로 되어 있는 비휘발성의 결정성 화합물: 격렬한 자극을 주로 입안에서 느낀다.

(2) 이소티오시안산 에스테르 또는 티오에스테르로 유황을 함유하는 휘발성화합물: 신미성분이 일부 휘발되면서 구강점막 뿐만 아니라 비강 점막에도 자극한다.

(3) 무기질소방향족화합물

2.식물체 각 부위에 따른 향신료의 종류와 특징

1) 열매, 종실에 속한 것
(1) 후추(Pepper)

학명은 *Piper nigrum L* 이고 후추과로 인도 남부가 원산지이며 인도가 주산지로 되어 있다. 후추는 과실을 건조시킨 향신료로 가장 용도가 넓다. 후추는 식욕을 불러일으키는 상큼한 향기와 찌릿한 매운 맛이 특징이다. 향미성분은 6~13% 정도 함유되어 있으며 주성분은 피페린(piperine), 차비신(chavicine)으로 피페린 함량이 품질을 결정한다.

블랙페퍼(black pepper)는 검게 익기 직전인 미숙과를 채취해서 수일간 발효 건조시킨 것으로 향기와 매운맛이 강하며 고기요리에 잘 맞는다. 화이트페퍼(white pepper)는 완숙한 과실의 껍질을 제거해서 건조시킨 것으로 향기, 매운 맛 모두 블랙페퍼보다 순하다. 요리에 가장 널리 사용되는 향신료 중의 하나로 제빵, 치즈스프레드, 케첩, 스프, 흰살 생선, 닭고기, 알 요리 등의 비교적 담백한 요리나 색이 흰 크림소스 등의 요리에 사용된다.

(2) 고추(Redpepper)

학명은 *Capsicum frutescens L* 이고 가지과로 성분 중 매운 맛인 캅사이신(capsaicine)이 0.2~1% 함유되어 있다. 중남미가 원산지이며 재배지역은 주로 열대 및 아열대에 집중되어 있다. 과실은 10cm를 초과하지 않고 단맛 종과 매운맛 종으로 대별되는데, 향신료로서 이용되는 것은 주로 매운 맛종이다. 카이엔페퍼, 쿠바스코, 기니아페퍼, 파프리카 등 세계적으로도 여러 품종이 있으며 멕시코요리, 중국요리, 한국요리, 인도요리 등은 고추를 활용한 요리로서 유명하다.

(3) 올스파이스(Allspice)

학명은 *Pimenta dioica L* 이고 오이게놀, 시오오일, 메칠오이게놀 성분이 정유 3~5% 중에함유되어 있다. 올스파이스는 열대 중남미, 오스트레일리아, 말레이시아에 분포하는 상록수로 완숙 전의 과실을 건조시켜서 이용한다. 시나몬, 너츠메그, 클로브, 후추를 섞은 복합적 풍미 때문에 올스파이스라고 명명되었다. 올스파이스 전립 알맹이는 햄버거, 비프 스튜 등의 고기요리 등에 파우더는 피자, 도넛, 쿠키, 잼 등에 이용된다.

(4) 파프리카(Paprika)

학명은 *Capsicum annuum L* 이며, 고추의 일종으로 오래 전부터 품종개량에 의해 매운 맛이 없어져 새콤달콤한 향기와 쓴맛이 난다. 생산국은 스페인, 헝가리, 미국 캘리포니아이며, 익은 과실은 선명한 적색을 나타낸다. 색소가 기름에 잘 녹기 때문에 기름요리의 착색에 적합하다.

(5) 회향(Fennel)

학명은 *Foeniculum vulgare Miller* 이고 원산지는 남유럽에서부터 서아시아로, 건조 종자는 아니스와 유사한 향기와 찌릿한 풍미가 나며 딜(Dill)과 마찬가지로 생선의 허브로서 알려져 있다. 정유는 3~8%정도 함유되어 있으며, 주성분은 안네톨(anethole)이다. Fennel의 명칭은 방향이 있는 근초를 의미하는 라틴어에서 유래하였으며 생선 냄새를 제거하기 위해 사용된다. 생선요리 외에 피클, 빵, 쿠키 등에 사용된다. 중국에서는 회향이라고 하며 허브로서는 어린잎을 생선요리의 향기를 내거나 기름기를 제거하는데 이용한다. 이집트, 인도, 중국에서는 한방약에 이용된다.

(6) 쿠민(Cumin)

학명은 *Cuminum cyminum L* 이고 이란, 인도, 모로코, 중국이 원산지로 스파이스로서 이용되는 것은 길이 6mm 정도의 종자로 cumin seed라고 한다. 쿠민은 원래 고대 이집트에서 사체를 썩지 않도록 보존하기 위한 향신료의 하나로서 사용되었다. 가장 오래 전부터 사용된 스파이스의 일종으로 신약성서 등에도 기술되어 있다. 카레 가루나 소스, 케이크, 빵에 풍미를 줄 때나 미트로프, 스튜 등의 육류요리, 피클, 소시지 등에도 잘 맞는다. 정유는 리큐어의 향기를 내는데 이용된다.

(7) 캐러웨이(Caraway)

학명은 *Carum carvi L* 이고 원산지는 유럽의 프랑스, 루마니아이며 주산지는 네델란드이다. 완숙한 씨를 통째로 또는 대강 같은 것을 스파이스로서 이용한다. 상큼한 향기와 부드러운 단맛과 쓴맛이 난다. 독일이나 오스트리아의 요리에 잘 사용되며, Sauerkraut(자와크라우트, 독일요리의 식초에 절인 양배추)나 네덜란드의 술인 큐멜에는 빼놓을 수 없다. 치즈, 빵, 쿠키 등에 향기와 단맛을 낸다.

(8) 코리앤더(Coriander)

학명은 *Coriandrum sativum L* 이고 중국 파슬리로서도 알려진 향채의 과실을 건조시켜 만든다. 카레 가루에 독특한 단맛을 내기 위해서 코리앤더를 사용한다. 피클이나 소시지, 햄 등의 풍미를 내는 데 사용하며 빵, 쿠키 등에도 이용된다. 건위, 구충제로도 쓰인다.

(9) 바닐라(Vanilla)

학명은 *Vanilla planifolia Andr* 이고 원산지는 남동 멕시코에서 남아메리카에 이르는 열대지방이다. 과실(바닐라빈즈)을 발효시켜서 추출한 액을 알코올로 희석한 것이 바닐라 에센스이며 아이스크림, 쿠키, 케이크 등의 풍미를 내는 데 이용된다. 발효한 후의 과실은 분말로 이용되는 데 이것을 설탕과 섞은 바닐라슈거는 스위트 초콜릿을 만드는 데 사용된다.

(10) 겨자(개자, 芥子, Mustard)

학명은 *Brassica juncea Coss*, 또는 *Sinapis aiba L* 이고 겨자과(Cruciferae)에 속하며 원산지는 카나다, 네덜란드, 중국이며 토종겨자와 서양겨자가 있다. 겨자라고 할 경우에는 일반적으로 전자를 가리킨다. 겨자씨에 존재하는 주요 배당체 시니그린(sinigrin)은 겨자씨를 마쇄할 때 그 조직 내에 존재하는 티오글루코시다아제(thioglucosidase)에 의해서 가수분해되어 매운맛의 자극성을 가진 향미성분인 알릴이소티오시아네이트(allyl isothiocyanate)와 여러 유도체들을 형성하는 것으로 알려졌다.

토종겨자는 본래 떫은맛을 제거해서 이용하였는데 현재에는 서양겨자와 마찬가지로 미지근한 물로 녹여서 이용되는 것이 대부분이다. 어묵, 고기요리 등의 양념으로서 빼놓을 수 없다. 서양겨자는 향기도 매운 맛도 부드러운 화이트 머스터드와 맵고 맛이 강한 블랙 머스터드가 있으며 종자를 그대로, 또는 분말로 해서 이용한다.

(11) 양귀비씨(Poppy seed)

학명은 *Papaver somniferum L* 이고 양귀비 씨는 1~1.25mm의 흰것, 황색, 갈색, 흑색이 있으나, 아편은 미숙한 과실에 상처를 내어서 얻어지는 우유상의 액을 건조한 것이기 때문에 일반적으로 재배가 금지되고 있다.

양귀비의 원산지는 극동아시아와 네덜란드이며 약 150㎝ 정도로 자란다. 양귀비씨를 얻기 위해서는 완전히 여물 때까지 기다려 표피 속에 들어있는 씨를 채취한다. 이 씨 속에는 기름이 함유되어 있는데 박하와 비슷한 향을 가지고 있다. 양귀비씨는 빵, 케이크, 쿠키, 주로 페스트리에서 많이 사용하며 샐러드의 가니쉬, 소스향을 돋구어 주는 데도 쓰인다.

2) 나무, 잎, 줄기에 속한 것

(1) 월계수잎(Sweet Bay or Laurel)

학명은 *Laurus nobilis* 이다. 월계수잎은 상록관목수의 진녹색 잎으로 일반적으로 말려서 사용하는데 말리게 되면 연한 올리브 녹색으로 변하게 된다. 원산지는 지중해 연안이고 특히 프랑스, 이탈리아에서 많이 생산되며 유고슬로비아와 그리스, 터키를 중심으로 자생한다. 월계수잎은 미국 서구에서는 만병초라 부른다. 이것은 서양에서 월계수잎의 사용이 얼마나 광범위한지를 단적으로 보여주는 예라 할 수 있다.

월계수잎은 육류스튜, 쇠꼬리 수프, 소스, 청어조림, 토마토 등 요리라면 거의 모든 곳에 빠짐없이 쓰인다 할 수 있는데, 특히 양고기의 냄새를 없애거나 갈비 절임에도 좋다.

사용할 때 주의해야 할 점은 월계수잎을 말리는 과정에서 많은 먼지가 표면에 묻어 있으므로 사용 전에 반드시 씻어야 한다.

(2) 민트(박하, 薄荷, Mint)

학명은 *Mentha piperita L* (Peppermint)이다.

페퍼민트는 청량감을 주는 방향과 맛을 지니는 특성이 있다. 꽃이 필 때 수확을 해서 건조시킨다. 민트는 우리 나라 농가의 뜰에서도 흔히 볼 수 있는 허브의 한 종류이다. 시골에서는 약재로 많이 쓰이고 있다.

서양요리에 있어서는 매우 광범위하게 사용되고 있는 것이 바로 민트이기도 하다. 민트는 종류에 있어서도 매운맛을 내는 페퍼민트, 향을 내는 애플민트, 캣민트, 스페어민트 등 다양하게 있고 모양새도 조금씩 다르다. 그 밖에 알코올 음료, 캔디, 페이스트리 뿐만 아니라 육류, 야채, 수프, 소스, 생선 등에 널리 이용되고 있다.

(3) 오레가노(Oregano)

학명은 *Origanum vulgare L* (Labiatae)으로 유럽에서부터 서아시아가 원산지이다. 잎을 건조시킨 것을 스파이스로서 이용한다. 개화 후에 잎을 수확한 것이 향기가 좋다. 독특한 매운맛과 쓴맛이 토마토 요리에 잘 맞는다. 멕시코,

이탈리아, 지중해 요리의 조림요리에 잘 사용된다. 피자, 파스타, 오믈렛, 드레싱 등에도 필수 불가결하게 사용된다.

(4) 스테비아(Stevia)

국화과에 속하며 파라과이가 원산지이며 남아메리카의 인디오 사이에서 오래 전부터 감미료로서 이용되었다. 초가을에 희고 작은 꽃이 핀다. 그곳 원주민들에게는 "카해애"라는 단맛을 내는 풀로 불리고 있다. 그 이유는 스테비아의 잎을 씹으면 설탕의 200배의 단맛이 난다. 감미성분인 스테비오시드가 저칼로리이기 때문에 다이어트 감미료나 당뇨병 환자 등의 감미료로 사용된다. 잎의 즙을 자서 설탕 대신에 이용한다.

스테비아는 스페인의 식물학자겸 의사인 "에스테브"의 이름을 따서 명명된 것으로 요리에 단맛을 내기 위해 사용하는데 칼로리가 다른 당류에 비하여 월등히 낮아서 비만이나 당뇨병, 충치, 심장병 환자의 간식에 사용하면 더욱 좋다. 그밖에도 스테비아를 차로 즐길 때에는 10장 정도의 신선한 스테비아를 넣어 끓이면 7~8잔 정도의 향긋한 스테비아를 차로 만들 수 있다

(5) 커리(Curry leaf)

학명은 *Murraya koenigii L* (Rutaceae)이며 인디아가 주산지이나 현대에 와서는 인도네시아를 비롯하여 동남아 전역에서 재배되고 있다. 커리는 본래의 커리만을 사용하기보다는 터메릭(termeric), 코리앤더(coriander seed), 생강(ginger), 캐러웨이(caraway seed) 등 여러 스파이스를 섞어 만들어내기 때문에 그 종류와 맛도 매우 다양하다.

커리의 맛은 생강과 고추의 함량에 따라 순한맛, 중간맛, 매운맛 등으로 나눌 수 있는데 남부 인도지방에서 생산되는 커리가 맵기로 유명하다. 커리가 노란색을 띠는 것은 터메릭(termeric)의 함량 때문인데 터메릭의 양이 적을수록 노란색이 약해진다. 커리가 사용되는 요리는 수백가지에 달하며, 우리에게도 익숙한 커리라이스, 커리치킨, 소스 등이 있다.

(6) 레몬그라스(Lemongrass)

벼과로 인도 남부에서부터 스리랑카가 원산지이며 열대에서 아열대에 걸쳐 널리 재배되고있다. 잎을 문지르면 레몬과 같은 상큼한 향기가 난다. 특이한 냄새가 나지 않기 때문에 허브티로서 인기가 높다. 레몬그라스는 마치 억새풀과 같은 다년생 초본으로 레몬향과 비슷한 향을 지니고 있어 레몬풀이라고도 한다. 이 향기는 레몬과 같은 "시트랄"로써 줄기와 잎에 다량 함유되어 있다. 수프, 생선, 가금류 요리에 다양하게 쓰이며 인도나 동남아시아에서는 이것을 넣

고 끓여서 황금색이 나는 차를 일상생활에서 즐겨 마시고 있다. 이밖에도 향이 레몬에 가깝기 때문에 캔디나 향수 등 레몬향이 필요한 약품이나 향료에 주로 쓰이고 있다. 현재 대량생산되고 있는 나라로는 과테말라, 브라질, 마다가스카르 등이다.

(7) 샐러드 버닛(Salad Burnet)

장미과로 유럽, 서아시아에 자생한다. 오이풀과 유사하며 잎에는 깊은 톱니바퀴가 있다. 신선한 어린 잎에는 오이와 유사한 풀냄새가 난다. 샐러드로 하거나 버터, 치즈에 잘라서 섞거나 야채수프, 허브 비네거, 차가운 드링크의 풍미를 내는 데 이용된다. 허브티로서도 소화를 촉진시키는 차로서 이용된다.

(8) 사보리(Savory)

자소과에 속하며 사보리는 초 여름에 나는 것이 가장 향이 좋다. 대부분의 허브 원산지가 지중해 국가이듯이 사보리 역시 지중해 국가들과 프랑스 남부지방에서 다량 재배된다. 매우 향기로운 잎과 연한 라일락색의 꽃을 지니고있다. 잎을 따서 말리거나 프레시한 상태로 사용한다.

(9) 보라지(Borage)

보라지의 기원은 지중해연안 지역으로 알려져 있으나 현재에는 유럽, 미국 등 여러 나라의 정원 또는 가정에서 흔히 자라고 있다. 이 식물은 푸른 꽃과 털이 보송보송한 잎과 줄기를 갖고 있다.

보라지의 어린잎은 샐러드, 꽃은 식초의 색을 내거나 디저트의 데커레이션으로도 사용된다. 말린 보라지 잎은 야채요리에 흔히 사용한다.

(10) 페니로얄(Pennyroyal)

페니로얄은 민트과에 속하는 전통적인 지중해 향신료로서 고대로마시절부터 사용되어온 중요한 허브 중의 하나이다. 페니로얄의 이름은 그리스신화의여신 "Menthe"가 변하여 다시 태어난 것이라 하여 그녀의 이름을 따서 학명을 metha라 붙였다고 한다. 페니로얄은 사람에게는 매우 좋은 향으로 느껴지지만 벼룩이나 모기 같은 해 충은 매우 싫어하는 향이므로 해충을 쫓는 효과로 침대나 베개 속에 넣어 두 기도 한다. 또한 페니로얄은 월경을 촉진하는 작용이 있어 임신중이거나 임신을 예상하는 여성은 이 향이 들어있는 요리나 기름을 사용하는 것을 피해야 한다.

(11) 마시맬로(Marshmallow)

대단히 매혹적인 마시맬로는 다년생식물로서 들판에서 자생한다. 특히 지중해 주변해변가에서 많이 발견된다. 감촉이 부드러운 흰녹색 잎을 지니고 있으며 초가을에 핑크빛 꽃을 피운다. 전체적으로 점액질을 함유하고 있으며 뿌리 부분에 가장 많은 점액질이 농축되어 있다. 섬유질이 많은 뿌리를 말려서 가루를 낸 다음 캔디와 같은 순한 맛을 내는 후식에 두루 사용한다. 마시맬로의 잎은 양치질하는 데 사용되고 잎 또는 꽃을 따서 헝겊을 발라 염증에 붙이면 염증이 가라 앉아 약용으로 쓰이기도 한다.

(12) 단델리온(Dandelion)

단델리온은 민들레의 일종으로 언제부터인가 우리 나라에서도 가끔씩 눈에 띈다. 일년 내내 꽃이 피고 번식력도 매우 강하다. 프랑스에서는 단델리온을 옛날부터 채소로 즐겨 식탁에 올랐으며 현대에 와서는 개량종이 나오고 있다. 단델리온은 불어의 dent delion, 즉 사자의 이빨이라는 의미를 지니고 있는데 이것은 단델리온의 잎이 마치 성난사자의 이빨처럼 날카롭게 갈라져있어 불어로 명명되었다고 한다.

단델리온을 요리에 사용하는 것 중 샐러드에 많이 쓰이는데 주로 어릴 때 수확한 것이 쓴맛이 적어서 제격이다

(13) 레몬밤(Lemon Balm)

자소과에 속하며 유럽에서는 2000년 이상 전부터 약용이나 향신료로서 이용되었다. 레몬과 같은 향기가 나는 허브티는 기분을 리프레시시켜서 뇌의 작용을 활성화시키는 작용을 한다. 생잎은 소스나 샐러드, 오믈렛 등에 이용한다. 홍차나 와인, 물 등에 레몬 대신에 띠워서 즐긴다. 지중해 연안 남부유럽이 원산지인 레몬밤은 그 향이 달고 진해 많은 벌들이 몰려든다 하여 비밤이라는 애칭도 가지고 있다. 다년생 초본으로 40~60㎝까지 자라며 잎과 줄기에 솜털이 나 있다.

대부분의 향신료가 그렇듯이 레몬밤 역시 약초로써 많이 쓰였다고 한다. 기원전 1세기에 기술된 의약서에는 독거미나 전갈 같은 독충에 물렸을 때 해독제로, 치통에 양치질약으로, 관장제로, 관절염에 그 잎을 문지르면 아픔을 없앤다고 기술하고 있다. 레몬밤은 그 향이 매우 깨끗하고 상큼하기 때문에 디저트요리에 많이 사용되지만 육류, 샐러드, 드레싱, 음료에까지 두루 사용되고 있다.

3) 꽃에 속한것

(1) 정향 (丁香, Cloves)

학명은 *Syzygium aromaticum L* 이고 갯복숭아나무과(Myrtaceae)이다.

모르타제도가 원산인 상록 교목으로 개화 전의 봉우리를 건조한 것을 스파이

스로서 이용한다. 별명, 백리향으로 불리울 정도로 향기가 강하다. 바닐라와 유사한 단맛을 느끼게 하는 강한 향기는 고기의 냄새를 제거하는데 효과적이다. 봉우리를 건조시킨 것을 그대로 포크햄이나 통채로 고기에 찔러서 요리하거나 파우더는 스튜나 구운과자에 이용한다. 향기가 강하며 양은 적게 사용한다.

(2) 사프란(Saffron)

학명은 *Crocus sativus L* 이고 붓꽃과(Iridaceae)이다.

원산지는 지중해 동부지역으로 향신료로 이용되는 것은 꽃의 암술을 저온으로 건조시킨 것이다. 1kg을 얻기 위해서 15만 이상의 꽃이 필요하며, 가장 고가인 향신료이다. 물에 녹이면 선명한 황금색이 되며, 독특한 단 향기와 쓴맛이 있지만, 향미보다 착색성이 강한 스파이스이다. 생선요리에 잘 맞으며, 부이야베이스나 스페인의 파에랴에는 불가결하다. 밥을 지을 때 한 주먹 넣어서 밥을 지으면 샤프란라이스가 된다.

(3) 치자나무(Cape Jasmine)

꼭두서니과에 속하며 6~7월에 강한 방향이 있는 순백의 꽃이 핀다. 11~12월에 황숙하는 장란형의 과실을 건조시켜서 식품의 착색료로 이용한다. 밤이나 고구마를 사용한 요리를 아름다운 황색으로 염색하거나, 쌀, 두부 등을 황색으로 염색하는데 이용한다. 꽃도 샐러드의 장식이나 생선회의 안주에 이용된다.

(4) 바실(Basil)

학명은 *Ocimum basilicum L* (Labiatae)이며 민트과에 속하는 일년생 식물로 원산지는 동아시아와 유럽이지만 프랑스, 이탈리아, 모로코가 주산지이고 우리 나라에서도 재배가 가능하다. 바실은 전체가 방향이 있고 높이가 20~70cm 로 꽃이 피기 직전에 베어서 건조시킨 것을 가늘게 자르거나, 분말로서 이용한다. 특히 토마토요리에서 흔히 이용되는데 이태리요리에서는 빼놓을 수 없는 향신료로서 스파게티, 피자소스, 샐러드의 드레싱, 생선요리, 수프에 사용한다.

4) 뿌리에 속한 것

(1) 생강(Ginger)

학명은 *Zingiber officinale Rose* 이고 지하의 괴경을 식용으로 한다. 재배, 수확방법에 따라 뿌리 생강, 잎 생강, 연화 생강으로 구분된다. 뿌리 생강은 가을에 수확해서 모두 출하되는 신생강과 신생강에 붙어있는 전년의 종생강이 있다. 종생강은 갈거나 해서 향신료로 이용한다.

비린내가 강한 생선이나 육류의 냄새 제거에는 빼놓을 수 없다. 식초 등에 절이는 잎생강은 곡중생강 등이 있으며 신생강이 손가락 크기만하게 되었을 때에 잎이 붙은 채로 출하한다. 연화 생강은 필생강, 싹생강 등으로 불리우며 생선회의 반찬이나 절임 등에 이용한다. 생강은 기원전 3세기에는 유럽에 전해져서 현재도 괴경을 건조시켜서 빵이나 쿠키, 카레가루, 피클, 고기요리, 음료수 등에 이용된다.

(2) 터메릭(Turmeric)

학명은 *Curcuma domestica Val* 이고 생강과(Zingiberaceae)에 속하며 열대아시아가 원산지인 다년생 식물로, 풀의 높이는 1.5~2m 정도 달하고 담황색의 꽃이 핀다. 생강과 유사한 성숙된 지하경을 건조시킨 것으로 인도나 대만이 주산지이다. 식품의 황색 착색에 이용되는 스파이스로, 커리가루의 원료, 단무지 등의 절임식품, 프렌치마스타 등의 착색에 사용된다. 약간의 쓴맛과 독특한 흙냄새가 난다.

(4) 고추냉이(Japanese Horse-Radish)

평지과에 속하며 산간의 계류에 자생한다. 풀 전체에 특유의 향기와 매운맛을 지니며, 특히 근경에는 강렬한 매운맛이 난다. 매운맛의 성분은 아릴, 이소, 티오시아네이트로 갉으면 효소의 작용으로 매운맛이 생긴다. 갉은 고추냉이는 생선회나 초밥에는 빼놓을 수 없는 독특한 향신료가 된다. 근경만이 아니라 잎이나 꽃도 나물이나 무침으로써 이용된다.

(5) 마늘(Garlic)

학명은 *Allium sativum L* 이고 백합과(Liliaceae)에 속한다. 마늘은 중앙아시아 남방지역이 원산지였으나 현재는 중동과 유럽, 중국, 대만, 아메리카, 동구제국, 기타 세계각국으로 퍼져 생산되고 있다. 마늘은 백합과에 속하는 다년생 채소로 온화한 기후를 좋아하며 파보다 내한성 및 더위에 약하다.

마늘은 가식 부분의 수분이 약 79% 정도로 저장성이 좋으며 식품의 조미료로 사용된다. 마늘의 자극 성분은 디이아릴설파이드(diallyl sulfide), 디이아릴디설피드(diallyl disulfide)를 비롯한 휘발성 유황화합물들로 마늘의 중요한 향기성분을 구성하고 있다.

마늘은 조미료 외에 여러가지 약리 작용이 있어 혈중지방저하효과, 항응고효과, 제독효과 및 항산화효과 등을 나타낸다.

(6) 양파(Onion)

학명은 *Allium cepa.L* 이며 비교적 냉한 기후에 적합한 작물로 연작이 가능하다. 양파에는 여러 종류의 휘발성 향기성분들이 함유되어 있는데 선구 물질인 알리닌(alliin)이 효소 알라이네이스(alliinase)의 가수분해 작용을 받아 형성된다. 양파의 특이한 냄새는 유황화합물인 메틸다이설피드(methyl disulfide), 메틸프로필디설피드(methylpropyl disulfide) 등 16 종류에 달하는 휘발성 유황 화합물에서 비롯된다.

양파는 최루 성분인 티오프로피온알데히드(thiopropionaldehyde, CH_3-CH_2-CH=S)를 함유하고 있어 눈을 자극한다. 양파의 구성성분은 수분이 93% 정도이며 주성분은 포도당, 설탕, 과당 등의 당질로 되어 있다. 또한 칼슘과 철분등의 무기질이 많으며 거의 모든 조리식품 및 가공식품에 사용된다.

5) 껍질에 속한것

(1) 계피, 시나몬(桂皮, Cassia Bark)

학명은 *Cinnamomum cassia Blume* 이며 남 베트남, 동 히말라야 산맥이 원산지이다. 스리랑카, 인도네시아 등이 주산지로 수피를 벗겨서 발효, 건조시켜 이용한다. 독특한 청량감과 방향이 있기 때문에 단맛이 있는 과자, 떡 등에 사용된다. 봉상의 계피는 음료의 풍미를 내기 위해서 시나몬 스틱으로 사용되며 계피 파우더는 케이크, 잼, 토스트나 과일에 넣거나 시나몬 슈거 형태로 사용된다.

(2) 육두구, 너트메그(Nutmeg)

학명은 *Myristica fragrans Houtt* (Mytisicaceae)로 서인도제도의 그라나다섬이나 스리랑카가 주산지이다. 육두구는 높이 10~20m에 이르는 고목으로 과실은 익으면 터지고 선명한 적색의 껍질로 둘러싸인 흑갈색의 껍질이 보인다. 이 선명한 적색의 껍질이 메이스이며 껍질을 깬 안의 갈색의 종자가 너츠메그이다.

단맛을 띠는 향기와 약간의 쓴 맛을 지니며 갉은 고기요리, 감자, 호박, 순무 등의 야채요리, 쿠키나 케이크, 파이 등에 풍미를 내는데 이용되고 칵테일에도 이용되는 등 용도가 넓다.

(3) 메이스(Mace)

메이스는 인도네시아 모루카섬이 원산지로 너트메그나무에서 생산된다. 아릴이라 불리는 너트메그를 감싸고 있는 짙은 노란색 피막부분을 말한다. 메이스의 향은 너트메그보다 더 미세하며 매우 방향성이 강하다.

메이스의 사용은 주로 유가공품에 쓰이며 케이크, 빵, 푸딩요리, 계란요리 등에도 이용된다.

표: 향신료의 중요한 방향 성분

향신료 종류	방 향 성 분
Pepper	22% α-pinene, 21% sabinene, 17% β-caryophyllene Δ^3-carene, limonene, β-pinene
Allspice	70% Eugenol, β-caryophyllene , methyleugenol, 1,8-cineole β-phellandrene
Bay leaf	50~70% 1,8-Cineole , α-pinene, β-pinene, α-phellandrene Linalool
Juniper berries	36% α-Pinene, 13% myrcene, β-pinene, Δ^3-carene
Aniseed	80~90% Anethole
Caraway	55% Carvone, 44% limonene
Coriander	Linaool, linalyl acetate, citral
Dill fruit	35% Carvone, 12% dihydrocarvone, 10% limonene, carveol, α-terpinene
Nutmeg	27% α-Pinene, 21% β-pinene, 15% sabinene, 9% limonene safrole, myristicin
Cardamom	20~40% 1,8-Cineole, 28~34% α-terpinyl acetate, 2~14% limonene, 3~5% sabinene
Clove	80~90% Eugenol, 9% caryophyllene, eugenol acetate
Ginger	30% Zingiberene, 10~15% β-bisabolene, 15~20% sesquiphellandrene, arcurcumene, citronellyl acetate
Turmetric	30% Turmerone, 25% arturmerone, 25% zingiberene
Cinnamon	50~80% Cinnamaldehyde , 10% eugeno; 0~11% safrole 10~15% linoalool, camphor
Parsley	1,3,8,ρ-Menthatriene, 1-methyl-4-isopropenylbenzene, β-phellandrene, myrcene
Marjoram	49~65% 1.8 -Cineole, 25% estragole ,15%α-terpineol, 11% eugenol, linalool, geranyl acetate, ocimene
Oregano	Carvacrol, thymol, ρ-cymene, carvacrol methyl ester
Rosemary	1,8-Cineole, camphor, β-pinene, camphene
Sage	1,8-Cineole, camphor, thujone
Thyme	Thymol, ρ-cymene, carvacrol, linalool

· Beltz H-D and Grosch W (1987) Food chemistry . Berlin: Springer

3. 주요 향신료

Dill Seeds	Borage flowers	Moroccan powder
Moroccan powder	Fennel seeds	Dried bay leaveas
Mint chopped fresh leaves	Dried basil	Dried marjoram
Dried sage	Thyme chopped fresh leave	Dry mustard

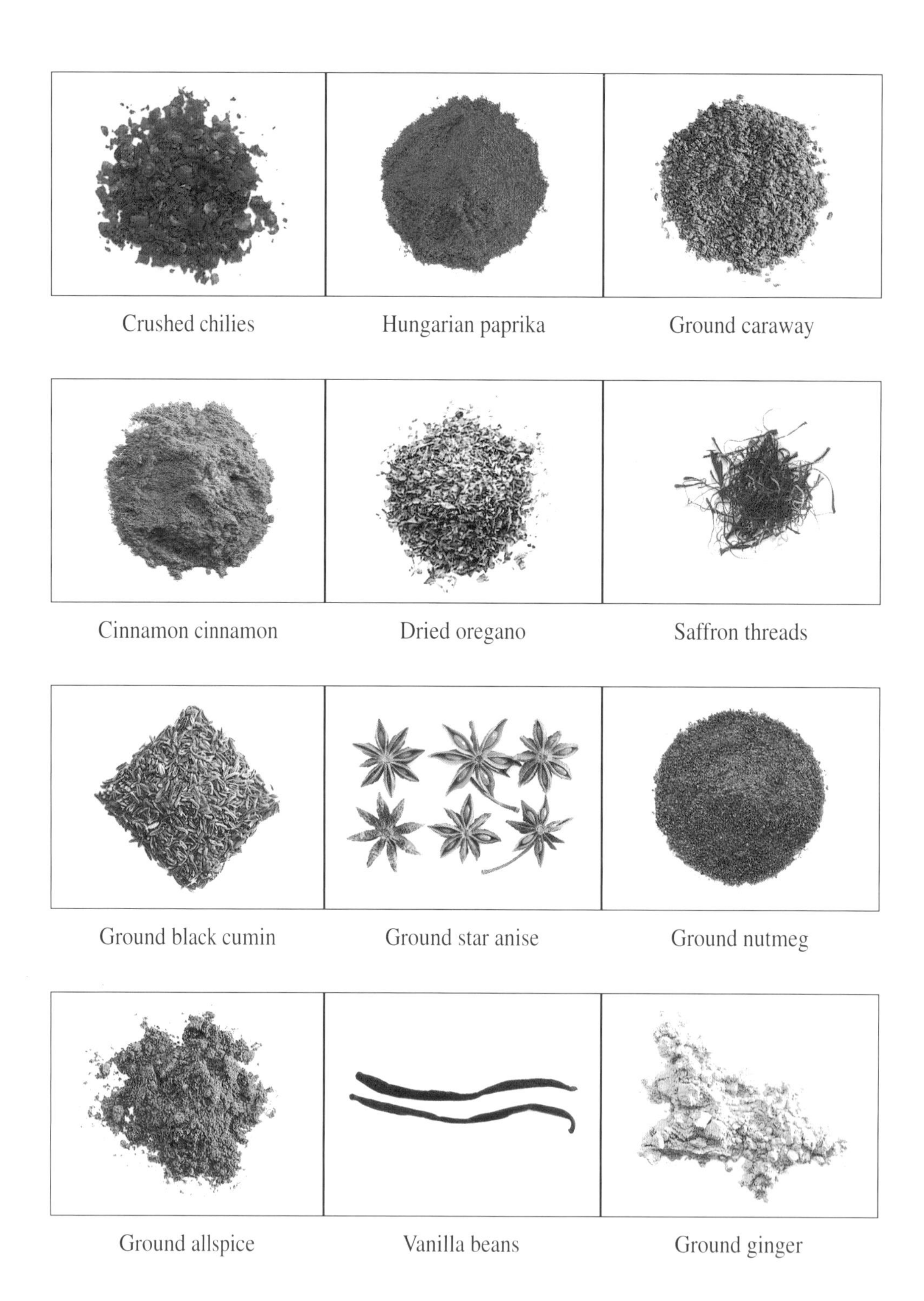

Crushed chilies

Hungarian paprika

Ground caraway

Cinnamon cinnamon

Dried oregano

Saffron threads

Ground black cumin

Ground star anise

Ground nutmeg

Ground allspice

Vanilla beans

Ground ginger

제 19 장 빵 · 과자에 사용되는 내용물(Fillings)

19-1. 단팥내용물(red bean paste)

앙금이란 전분 함량이 많은 팥, 완두콩 등을 삶아 물리적 방법으로 분리한 세포 전분을 말하며 보통 이 상태의 앙금을 물앙금 또는 생앙금이라고 한다. 생앙금 자체는 특별한 맛이 없기 때문에 여기에 설탕과 같은 당류를 첨가해 단맛을 내는데 이와 같은 앙금을 조림앙금이라 한다.

빵 · 과자에 널리 쓰이는 앙금은 가공정도, 앙금의 색깔, 앙금의 형태 및 설탕 배합량에 따라 다음과 같이 분류할 수 있다.

1. 가공 정도에 따른 앙금의 분류

1) 물앙금 또는 생앙금

수분함량이 60~65%이며 모든 앙금 제조의 기본이 된다. 물앙금의 제조법은 먼저 원료콩(팥, 콩)을 물에 잘 씻어 불린 뒤 탈수하여 약 2배의 물을 첨가하여 끓인다. 도중에 우려내기 작업을 1, 2회 행한 뒤 팥이 부드러워질 때까지 삶는다. 이렇게 삶은 팥을 냉각하면서 분쇄한 다음 50메쉬 정도의 체로 종피 같은 앙금박을 분리한다. 그리고 남은 앙금즙을 물갈이하고 탈수하여 만든다.

2) 건조앙금 또는 건앙금

물앙금을 건조시켜 수분함량이 45% 전후가 되도록 만든 것으로 분말앙금이라고 한다. 최근에는 건조시간이 길면 이취가 발생할 수 있기 때문에 짧은 시간 내에 열풍 건조 시켜 만든다. 열풍 건조하여 만든 앙금은 수분함량이 5~8% 정도이기 때문에 팽윤도가 높고 흡수성이 좋다.

3) 조림앙금

생앙금 또는 건조앙금에 설탕 또는 당류를 혼합하고 가열하면서 고유한 향과 맛을 내는 상태까지 농축한 것이다. 따라서 조림앙금은 제조 공정, 설탕 사용량, 앙금

물성 그리고 가공 원료의 종류에 따라 여러가지 명칭으로 불린다.

4) 당장류

설탕으로 절임한 팥 또는 콩을 말하며 사용원료에 따라 각각 팥당장, 완두당장, 강낭콩 당장으로 불린다. 만드는 법은 크기가 고른 붉은팥 · 흰팥 · 강낭콩을 껍질이 파괴되지 않는 범위까지 부드럽게 삶는다. 그리고 끓인 설탕용액에 삶은 원료를 담가 당액을 삼투압의 원리로 원료콩의 조직 속으로 침투시킨다.

2. 앙금의 색깔에 따른 분류

앙금 제조 원료로 사용하는 두류는 콩, 땅콩을 제외한 팥, 강낭콩, 잠두(누에콩), 완두콩 등이고 앙금제조 후 나타나는 색깔에 따라 붉은색의 적앙금과 흰색의 백앙금으로 나눈다.

적앙금에 사용하는 원료는 팥이 대표적이고 소위 잡두라고 칭하는 지방 함량이 적은 두류도 사용이 가능하다. 백앙금의 원료콩으로는 강낭콩인 홍대와 양대, 그리고 외국산 베이비 리마 빈, 라지 리마 빈, 네이비 빈 등이 이용된다.

3. 앙금 형태에 따른 분류

1) 고운 앙금

팥(콩)을 삶아 50메쉬의 채를 통과시켜 앙금박을 분리해 낸 후 탈수하여 수분 함량을 60~65%로 조절한 앙금류를 총칭한다.

2) 으깬 앙금

팥(콩)을 껍질이 포함된 앙금으로 원료팥을 삶기까지는 물앙금과 같고 그 후 앙금의 분쇄 · 분리 공정을 거치지 않고 물탱크에 넣어 냉각 · 침전시키고 2~3회 물갈이한 다음 압착 · 탈수한다.

3) 통팥 앙금

원료팥을 껍질과 함께 속까지 푹 익혀서 만든 앙금으로 팥이 다 익을 무렵이 되면 불의 세기를 줄여 뜸들여 익힌다. 다음 삶은 솥 속에 찬물을 부어 부분적으로 식힌 뒤 솥에서 꺼내어 다시 냉각한다.

4. 설탕 배합량에 따른 분류

설탕 배합량에 따른 조림앙금의 배합율은 표19-1과 같다.

1) 보통배합 조림앙금

생앙금 100(수분 약60% 기준)에 대해서 설탕을 65~75 정도 넣고 반죽하여 마무리한 것으로 보통배합의 팥 조림앙금 · 통팥 조림앙금 · 통완두 조림앙금 등은 일반 단팥빵, 생과자용으로 사용된다.

2) 중배합 조림앙금

생앙금 100에 대하여 설탕을 80~90 정도 더해서 만든 조림앙금으로 오븐에 굽는 과자류, 양갱, 찹쌀떡 등의 내용물로 사용한다.

3) 고배합 조림앙금

생앙금 100에 대해서 설탕을 90~100 정도 그리고 물엿을 15 정도 첨가하여 만든 조림앙금으로 양갱, 찹쌀떡, 모나카, 샌드위치 등에 사용한다.

표19-1. 조림 앙금의 배합 기준

원료 \ 종류	보통 배합	중 배합	고 배합	모나카 단팥
생앙금	100	100	100	100
(건조앙금)[1]	(45)	(45)	(45)	
설탕류	50~75	75~90	90~100	100~120
물엿류	0~5	5~10	10~20	10~20
식염	0.2~0.5	0.4~0.6	0.5~0.7	0.5~0.8
한천				0.2~0.4
물	35~50	40~50	45~55	50~60
	(900~1050)	(950~1050)	(1000~1100)	(1050~1150)
제품수분함량	35~40%	32~35%	30~32%	27~30%

1) 건조앙금을 사용하는 경우의 수분량은 (　　)로 나타내었다

19-2. 단팥제조 공정

앙금의 제조공정은 원료두의 종류, 생산규모의 크기 등에 따라 다르지만 일반적으로 그림19-1과 같다.

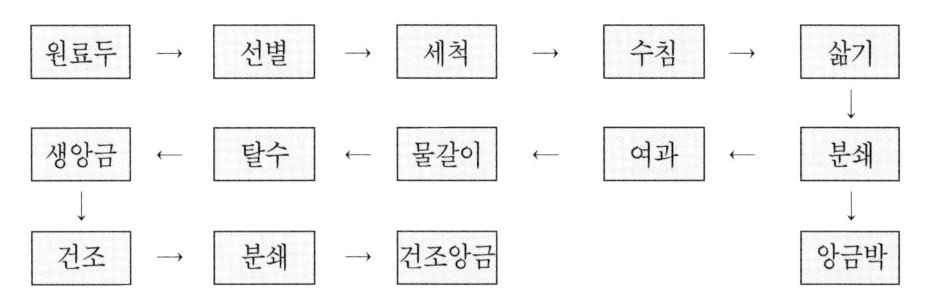

그림19-1. 앙금 제조공정

1. 원료두의 선별

단팥의 품질은 원료두의 품질과 성상에 따라 좌우된다. 따라서 제품의 목적에 따라 원료두를 충분히 이해하여 선정하는 것이 중요하다. 같은 국내산 팥이라도 품종, 산지, 수확 년도, 저장조건에 따라 풍미가 다르고 증숙의 난이도, 수율, 단팥의 색 및 향 등에 차이를 준다. 동일 품종이라도 산지, 기후조건에 따라 팥의 입도, 함수율, 색소 성분 등에 차이가 있으며 수확한지 오래된 팥일수록 함수율이 낮아 딱딱하기 때문에 삶기 어렵고 단팥의 색이 어두워지며 향도 약해진다. 따라서 수확한 지 반 년부터 1년 정도의 것이 제일 가공하기 쉽다. 한편 원료두의 품질평가방법은 확립되어 있지 않기 때문에 경험적으로 행해지고 있다.

즉 품종, 산지 및 수확년도를 가지고 원료두의 품질을 대강 추측할 수밖에는 없다. 원료두의 선별방법을 보면 우선 평평한 접시에 원료두를 놓고 원료두의 형태, 크기, 색택, 건조도 및 이물의 혼입 유무 등을 점검하는데 콩의 크기와 색은 같아야 하고, 입자는 단단하며 속의 팽창이 좋아야 이상적이다. 또한 미숙팥이 없고 수확년도가 오래되지 않은 것이 좋다. 그리고 원료팥의 수분함량 측정, 1리터당 팥의 중량 측정(입도가 클수록 중량은 작아진다) 및 불완전립의 혼합율 측정 등을 하여 원료두를 선별할 필요가 있다.

즉 일정한 앙금의 품질을 유지하기 위해서는 원료두를 항상 일정한 조건으로 확보하는 것이 가격적으로 기술적으로 상당히 어렵지만 원료단계에서 충분히 점검하여 선정하는 것이 필요하며 그 다음에 앙금제조 공정에서 원료두에 적당한 가공 처리로 품질이 높은 앙금을 만드는 일이 중요하다.

2. 세척

선별기를 통해 먼지, 나무 파편, 잎, 줄거리, 돌, 흙 등의 이물질을 제거하고 동시에 미숙성립, 손상립 등을 물위에 뜨도록 하여 제거한 후 세척하는 공정이다.

3. 불리기

불리기 공정은 선별, 세척을 마친 원료두를 물에 담가 불리면서 물이 내부에까지 침투하도록 하여 열의 전도가 쉬워지도록 하는 공정이다. 불리기 공정을 통하여 원료두의 삶는 시간이 단축될 뿐만 아니라 원료두 전체가 균일하게 삶아진다. 앙금을 제조할 때 원료두를 물에 불리기를 한 후 바로 삶는 방법과 미리 하루 밤을 수침 하여 삶는 방법이 있다. 국산 팥은 대개 불리기를 한 후 수분함량을 60% 정도로 맞춘 후 직접 삶게 되며, 외국산 팥은 일반적으로 흡수성이 나쁘기 때문에 미리 하루 밤을 수침 처리하여야 60% 정도가 된다.

수온에 따른 적두의 흡수속도는 다음 그림19-2와 같다.

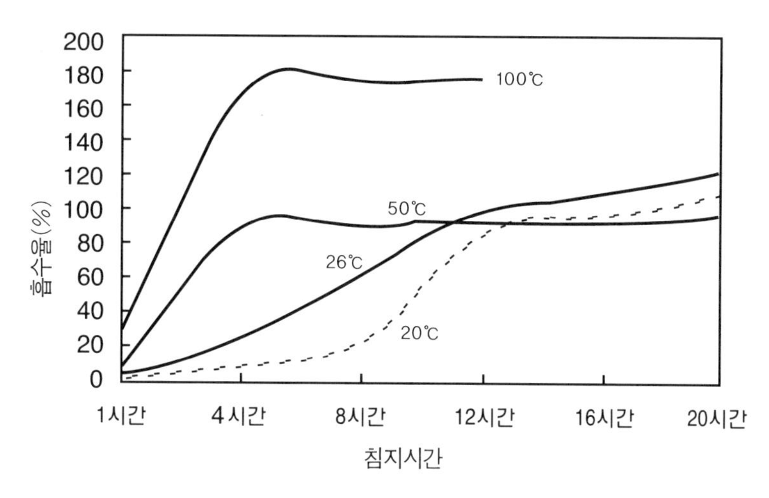

그림19-2. 수온에 따른 적두의 흡수속도

4. 삶기

삶기는 앙금 공정 중에서 제일 중요하다. 삶기 공정에서 앙금의 입자가 형성되고 풍미 요소가 형성되며 앙금의 품질이 결정된다. 앙금입자는 촘촘하게 배열된 팥의 세포입자가 흡수 팽창한 후 다시 삶기 공정에서 크게 부풀어 분리되면서 형성된다. 한편 앙금 입자의 전분은 호화되어 있으나 단백질성분이 변성되어 단단해 진다. 따라서 앙금입자는 상당한 강도를 가지며 보통 100~150μ 크기의 입자가 손끝으로 만지면 느껴진다.

삶기 시작 초기 단계에서 떫은맛 과 색소를 제거하는 물갈이가 시작되는데 물갈이의 시간을 늦추면 떫은맛과 색소 성분의 제거가 많아지며 물갈이 횟수를 증가시키는 과정에서 앙금의 풍미는 담백해지고 색상이 밝아진다.

적두인 경우 색소의 대부분은 껍질 부분에 존재하기 때문에 삶는 동안 색소가 일단 물에 용해되어 앙금입자를 팥색으로 착색시킨다.

물갈이 후 새로운 물을 넣고 상압하에서 삶으면 2시간 전후에서 삶기가 완료된다.

19-3. 앙금 만들기 공정

삶은 후 분쇄, 여과, 수세, 침전, 탈수 공정을 통하여 앙금이 제조된다.

1. 분쇄

분쇄는 삶은 원료를 갈아 부셔내면서 껍질과 앙금 입자를 분리하는 공정으로 그라인더(grinder)식과 펄프(pulp)식이 대표적이다. 두 방식 모두 물을 충분히 가하면서 냉각을 시켜 분쇄 직전의 온도가 60℃ 전후가 되도록 한다. 냉각을 시키지 않고 분쇄시키면 삶은 팥의 앙금 입자가 세포막 밖으로 과다하게 유출되어 전분의 양이 많아지며 탈수가 어렵게 된다. 또한 단팥을 만들 때 끈기를 유발시켜 식감을 저하시킬 수가 있다. 따라서 호화 앙금 입자의 파괴가 거의 없도록 하는 것이 중요하다. 이 목적을 달성하기 위해서는 분쇄할 때 물을 충분히 보급하여 자연스럽게 앙금입자를 분산시키고 과도한 기계적 마찰을 피한다. 따라서 분쇄기의 회전수를 낮추고 분쇄기의 간격을 어느 정도 넓게 해줄 필요가 있다.

분쇄된 것은 정제망으로 보내져 앙금즙과 앙금박을 완전히 분리시킨 후 앙금즙은 다음 여과 공정으로 이송시킨다.

2. 여과

여과과정은 순수한 전분세포인 앙금 입자를 얻기 위한 공정으로 분쇄공정 이후 앙금즙은 바로 40~50메쉬의 고운망으로 둘러 쌓인 회전 거름체로 보내진다. 거름체를 통과한 앙금즙은 침전조로 들어가고 통과하지 못한 앙금박은 다시 분쇄공정으로 이동된다.

3. 침전 및 물갈이 공정

여과망을 통과한 앙금즙은 연속적으로 설치되어 있는 세척 침전조를 들어가 삶는 과정에서 유출된 호화전분, 단백질, 세포 파편, 탄닌 및 앙금입자에 부착된 미세한 성분을 씻어 제거하게 되며 이 공정을 통하여 단팥의 점성은 감소되며 색도와 풍미를 갖추게 된다.

순수한 전분입자는 비중이 무겁기 때문에 침전되고 전분이외의 수용성 단백질과 수용성 물질은 물과 함께 제거된다.

물갈이 후 침전, 탈수시켜 생앙금을 만드는데 생앙금의 함수율은 60~64% 정도이고 표준치는 62%가 된다. 삶는 공정에서 앙금입자가 많이 파괴되었을 때는 물갈이 공정에서 미세한 성분을 완전히 씻어내기가 곤란하기 때문에 탈수공정에 그대로 남아 탈수 구멍을 막는 결과를 가져와 탈수 효율이 크게 떨어진다.

한편 순수한 전분 앙금은 토양세균이 번식하기 쉬우므로 5℃ 전후의 물을 사용하여 탈수 이후 앙금의 온도를 낮추어 생앙금 보관 효율을 높이고 생균수 증가를 최소화시켜야 한다.

생앙금을 그대로 방치하면 세균이 급속히 번식하여 변질되기 쉽다. 따라서 생앙금 제조 후 바로 가당 단팥 공정으로 들어가거나 냉장실에 보관 저장하지 않으면 안 된다. 냉장실에서 장기간 저장하면 품질을 저하시키기 때문에 3일 이내에 사용하도록 한다.

냉장 보관을 할 때 포장 단위는 10kg 정도로 하여 냉각 효율을 높일 필요가 있으며 간격을 두어 적재함으로써 제품의 온도를 가능한 한 빨리 냉각시켜야 보존성을 증가시킬 수 있다.

19-4. 조림 앙금 제조(가당공정)

조림앙금(단팥)은 생앙금 또는 건조앙금에 당류, 첨가제 및 물을 혼합한 후 가열, 농축시키면서 교반하여 일정하게 당의 성분을 앙금에 침투, 확산시킨 것이다.

조림앙금의 제조방법은 생앙금에 대하여 40~50%의 물을 첨가한 다음 가열하면서 일정한 속도로 저어주면서 농축시킨다. 이때 생앙금은 처음부터 전부 첨가하지 않고 1/3 정도를 넣고 끓인 다음 그 나머지는 1~2회 정도로 나누어 넣는다.

농축시간은 적단팥인 경우 50~60분 그리고 백단팥인 경우 40~50분 정도로 조정한다. 단팥의 품질은 가열 온도와 시간에 따라 큰 영향을 받는데 보통 80℃에서 1시간 농축하는 것보다 130℃에서 40~50분 농축하는 것이 색과 광택이 좋다.

한편 백단팥을 제조할 때는 갈변되는 현상을 방지하기 위하여 진공농축가열방식의 농축솥을 이용한다.

19-5. 단팥의 품질

1. 함수율과 당도

수분함량은 단팥 제품의 기본적인 점검항목으로 비교적 단순히 측정된다. 우리 나라에서 수거한 각 회사별 단팥의 수분함량은 보통단팥에서 30~40%의 범위에 집중되어 있다.

일반적으로 단팥의 농축작업에 커다란 차이가 있으나 설탕의 배합량이 정해져 있기 때문에 단팥 제품의 함수율과 당도는 대개 반비례 관계를 이룬다.

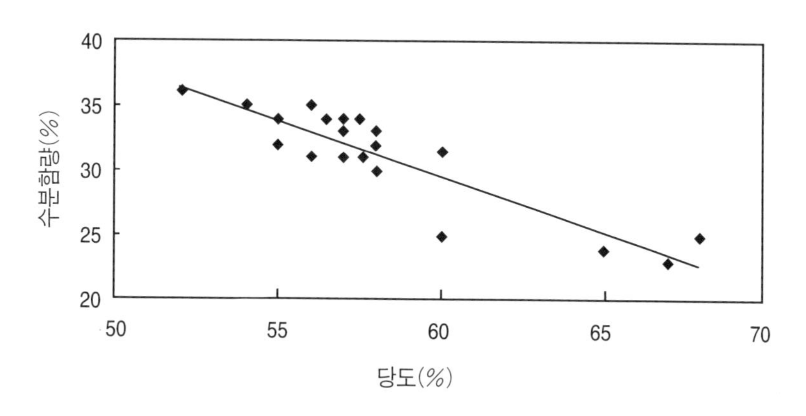

그림19-3. 단팥의 함수율과 당도의 분포

2. 색도

단팥의 색은 시각적인 수단으로 풍미와 관련되어 기호성을 강하게 유발시키는 요소로서 중요하다. 일반적으로 백단팥일 때는 하얀 색을 나타내나 적단팥일 때는 단팥의 농도에 크게 영향을 받는다. 그림19-4는 표준색도 7.5R을 기준으로 할 때 적단팥의 색도를 나타내고 있다.

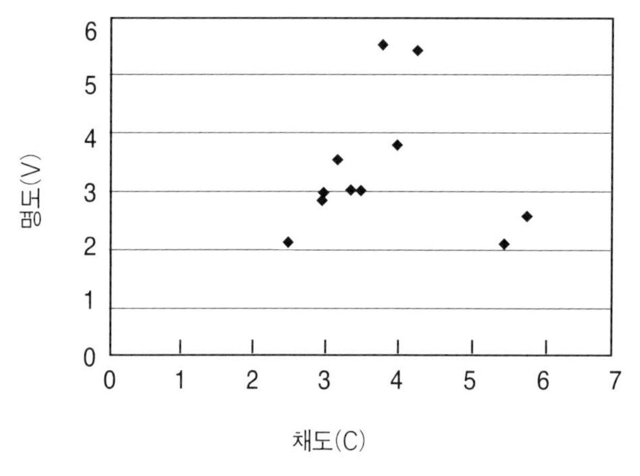

그림 19-4. 단팥류의 명도와 채도

명도 V는 수치가 커짐에 따라 연하게 되며 채도 C는 수치가 크게 됨에 따라 색채가 강해진다. 그리고 V/C에서 색도의 위치가 정해진다. 일반적으로 적두의 일반 단팥의 색도가 3/3부근에 있지만 물갈이 공정에 따라 이것보다 엷은 색이 되어 4/3.5 부근으로 색도의 위치가 변동될 수 있다. 보통 앙금 그 자체의 색으로 단팥의 색이 예측되지만 설탕을 가하여 농축처리한 단팥은 단계별로 점점 색도가 달라진다. 단팥의 색도는 가열에 의한 설탕의 캐러멜화 반응, 단백질과 당류와의 갈색물질의 형성 및 생앙금에 포함되어 있는 색소 등이 혼합되면서 색도가 만들어진다. 따라서 단팥 농축 공정에서 가열온도, 시간, 교반 조건 등이 단팥 색도를 좌우하게 된다. 따라서 색도 관리을 위한 기준을 설정하기 위하여 표준색표 등 색을 판단할 수 있는 견본을 미리 준비해 두는 것이 바람직하다.

3. 점도

단팥의 품질 중에서 점도는 중요한 요소로 되어 있다. 단팥의 점성은 설탕농도와 관계가 밀접하고 당류와 앙금 입자의 성상에 크게 영향을 받는다.

단팥 그 자체는 농축된 상태이므로 그것의 점도를 직접 측정하기는 어렵다. 따라서 단팥의 일정량에 물을 가하여 희석시켜 측정하게 된다. 측정방법은 단팥 100g에 물 50㎖를 첨가한 다음 23~24℃의 온도에서 저어주면서 섞어 균일하게 만든다. 다음 점도계를 사용하여 점도 V_{50}을 측정한다. 그리고 상기용액에 물 20㎖를 추가하여 첨가한 다음 균일하게 혼합한 후 점도 V_{70}을 측정한다.

V_{50}에서 400cp 미만의 것은 일반적인 상태의 점도이고 200cp 근처의 것은 끈기가

적은 고급 단팥으로 현미경으로 관찰을 했을 때 앙금입자의 붕괴가 거의 나타나지 않는다. 앙금의 용도에 따라 점도가 크고 작은 차이가 있지만 극히 점도가 높은 것은 앙금입자의 붕괴가 발생된다.

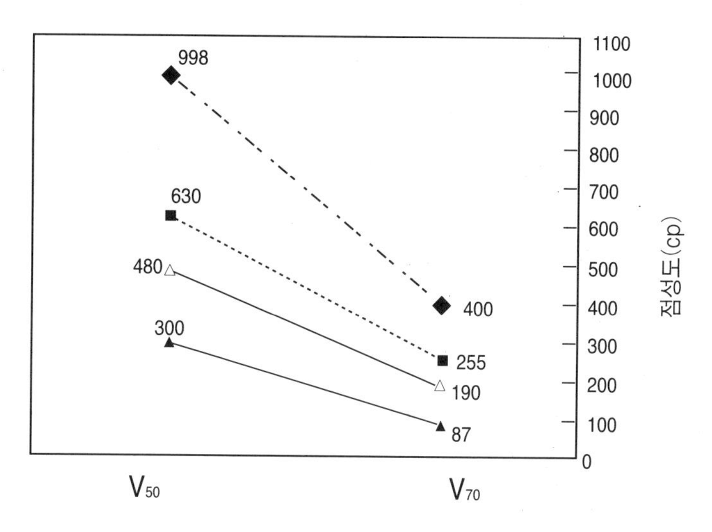

그림19-5. 단팥을 2배로 희석시켰을 때의 점도

19-6. 커스터드 크림(Custard cream)

커스터드 크림은 전분질 원료와 함께 물, 설탕, 유지, 계란 등을 넣어 가열, 호화시켜 페이스트(Paste)상태로 만든 것으로 flour paste라고도 불리운다.

프랑스 말로 Les Creme Cuites으로 우유, 계란, 설탕들을 끓이거나 구운 것으로 과자류의 일종으로 분류된다.

커스터드 크림은 제조방법에 따라 두 가지로 크게 분류되는데 원료를 저어가면서 끓인 것은 soft custard, 휘 젓지 않은 것을 pack custard라고 말한다.

1. 커스터트 크림의 원료

커스터트 크림의 원료는 설탕, 산미료, 단백질, 증점제, 유지, 유화제, 보습제, 향료, 색소, 보존료, 조미료, 물 등으로 구성된다. 원료 중에서 커스터트 크림의 물성에 가장 중요한 역할을 하는 원료는 증점제인 전분의 성질이다. 따라서 전분의 성질을 잘 이해하는 것이 중요하다. 증점제의 원료로는 옥수수전분, 밀가루 또는 변성전분 등이 주로 사용된다. 그 밖에 사용되는 증점제로는 이수현상을 막고 유지의 유화성과 안정성을 향상시키기 위하여 다마린드 껌, 알긴산나트륨을 사용하며 알긴산소다는 노화를 방지할 목적으로 사용한다.

푸딩(pudding)상태의 촉감을 얻기 위해 젤라틴 또는 펙틴을 사용하기도 한다. 한편, 카르복시메틸셀룰로오스 와 전분이 공존할 때 현저하게 점도가 증가되기 때문에 혼합하여 사용하기도 한다.

커스터드의 배합에서는 보통 당의 첨가량 한계점은 35% 정도이다. 첨가하는 당류로는 설탕, 포도당, 물엿 등이 사용된다. 포도당을 첨가하면 감미도가 낮아져 약간 씁쓸한 맛을 나타내지만 삼투압이 증가되면서 수분 활성도가 낮아져서 보존성이 향상된다.

한편 당의 첨가량을 증가시키기 위하여 변성전분을 사용하는데 변성전분을 사용하면 58%의 당 농도에서도 겔화 된다. 보통 전분의 경우 60% 당농도에서는 겔이 형성되지 않고 시럽이 된다.

2. 기타 사용 원료

1) 계란, 탈지분유 등의 단백질을 많이 함유하고 있는 원료를 첨가하면 맛이 증가되지만 보존성이 감소한다. 2.5% 정도의 계란을 첨가하면 10일 정도 보존성이 유지된다. 한편 단백질은 전분의 호화를 방해하지만 크림이 균일하게 형성되도록 도와준다.

2) 유지의 사용량은 6~10%가 표준이며 경우에 따라 20%까지 첨가하게 된다. 유지는 전분의 호화를 억제하기 때문에 첨가량이 많으면 끓지 않게 된다. 글리세린 지방산에스테르는 원료의 분산성을 증가시키는 작용을 하는 동시에 전분의 노화방지 효과가 있다.

3) 소르비톨은 보습효과을 나타내며 완충작용이 있어 단백질이 급격하게 변하는 것을 방지하여 촉감이 좋은 크림을 만들 수 있도록 하여 준다. 한편, 향료는 단독으로 사용하는 것보다 2가지 이상 병용 사용하면 상승효과를 볼 수 있으나 내열성이 큰것을 사용해야한다.

4) 조미료, 산미료는 전해질로 변화되어 적은 양으로도 물성을 변화시킬 수 있는 성질이 있기 때문에 신중하게 취급해야한다.

3. 커스터드 크림의 제조 방법

커스터드 크림의 기본 배합은 우유 100%에 대해 설탕 30~35%, 밀가루와 옥수수 전분 6.5~14%, 난황 3.5%를 기본으로 한다. 난황은 전란으로 바꿀 수도 있고 또한 옥수수전분 또는 밀가루를 단독으로 사용할 수도 있다. 그러나 각각 단독으로 사용하는 것 보다 혼합하여 사용하는 편이 깊은 맛이 난다. 설탕을 50%이상 넣게 되면 전분이 호화가 어려워 끈적끈적한 상태가 된다. 또한 익을 때 교반 속도가 빠르면 겔상태가 나빠진다. 겔화 온도는 재료의 배합, pH, 가열속도, 계란의 품질에 따라서 일정하지 않지만 그것들이 영향을 미친다.

우유는 처음에 60℃ 전후로 가온하여 사용하며 가열 온도를 너무 높이면 우유 중에 카세인 입자가 응집하여 크림상태가 거칠어진다.

제조 방법은 우유에 1/3 정도의 설탕을 넣은 후 60℃ 전후로 데운다. 별도의 그릇에 나머지 설탕, 옥수수 전분과 밀가루를 첨가한 후 난황 (또는 전란)을 넣고 거품기로 충분히 저어 덩어리가 없는 상태로 만든다. 여기에 우유를 조금씩 넣으면서 혼합한 후 될 수 있는 대로 강한 불로 주걱으로 저어 주면서 가열한다. 군데군데 끓게 되면 불에서 내리고 향료와 양주를 가한다.

4. 커스터드 크림의 대량 자동 생산

커스터드 크림의 물성적인 특성은 점성이 크며 부드러운 촉감을 나타내야 한다. 따라서 대량생산의 자동화 라인에서는 이러한 커스터드 크림의 물성을 유지시키기 위해 균일한 혼합, 연속적인 가열 및 충분한 냉각공정이 필수적이기 때문에 연속교반혼합 열교환기 또는 특수연속회전 열교환기(Scraped Surface Exchanger)가 이용되고 있다(표19-2).

표19-2. 연속식 대량 생산 공정

공 정	제 조 과 정
계 량	밀가루, 설탕, 계란, 탈지분유, 색소 , 향료 등을 정확하게 계량하여 놓는다.
탱크 용해	물을 40℃로 예열 시킨 후 당류, 밀가루, 단백질, 유화제, 보존료, 보습제, 색소, 향료의 순서로 첨가한다.
예 열	덩어리가 없도록 교반 용해시킨 다음 60℃로 가열 대기 시켜 놓는다.
제1실린더 (가열 호화)	펌프를 통해 95~110℃로 가열해서 1분30초~2분 호화시킨 다음 실린더로 보낸다
제2실린더 (예비냉각)	80~85℃로 예비 냉각한다
제3실린더 (완전 냉각)	60~70℃로 냉각한다
담기 및 포장	자동 충진기로 충진한 다음 용기에 공기 접촉이 없도록 포장한다

열 교환기는 연속적으로 가열, 냉각하는 공정 이외에도 내부의 스크레퍼 등의 구조에 변화를 주어 결정화(結晶化), 유화(乳化) 및 농축(濃縮)을 할 수 있는 장점도 가지고 있다.

이와 같은 시설은 가격과 설치비용이 비싸지만 다음과 같은 장점이 있다.

① 전 과정이 밀폐식으로 되어 있어 위생적이다.
② 조작이 자동식으로 많은 인력이 필요치 않아 생산성과 부가가치가 높다.
③ 균질한 제품을 얻을 수 있다.
④ 생산량에 대해 소형이며 장소가 경제적이다.
⑤ 온도조절이 자동적으로 제어할 수 있어서 물성을 자유롭게 선택 조절할 수 있다.

5. 커스터드 크림 기본 배합비율

우유 ······ 100
노른자 ······ 20
바닐라향 ···· 소량
설탕 ········ 33
전분 ········ 10
브랜디 ······ 소량

① 그릇에 우유를 넣고 약 80℃로 가온시킨다.
② 별도의 그릇에 전분, 설탕을 혼합하고 체질한 후 계란을 넣고 ① 의 원료를 서서히 가하면서 거품기로 혼합 용해시킨다 .
③ 혼합 용해 후 가열시켜 끓인다. 이때 주걱으로 바닥까지 눌지 않게 서서히젓는다.
④ 불의 세기 조정과 젓는 속도를 잘 맞추어 너무 가열시간이 길지 않게 한다.
⑤ 어느 정도 냉각이 되면 바닐라향 과 브랜디를 가해 혼합한다.

*커스터드 크림은 변질이 쉽기 때문에 보존에 주의하고 재고가 남지 않도록 관리를 잘 해야 한다.

표19-3. 여러 타입의 배합비율의 예

A커스터트 크림	B 커스터트 크림	레몬 커스터트 크림	초코커스터트 크림
우유 100	우유 100	우유 100	우유 100
설탕 30	설탕 30	설탕 30	설탕 30
난황 30	계란 20	난황 10	난황 10
옥수수전분 8	소맥분 3.75	소맥분 4	옥수수전분 7
바닐라향 0.1	옥수수 전분 3.75	옥수수전분 4	코코아 분말 1.5
브랜디 1	바닐라향 0.15	레몬향 0.05	팬시초콜릿 5
생크림 5		레몬즙 1	바닐라향 0.05
		브랜디 2.5	밀크초코향 0.05
			브랜디 2

19-7. 아이싱 및 글레이즈(icing & glaze)

아이싱 및 글레이즈는 빵,과자에 이용될 때 상온에서 안정성이 있어야 하고, 얇게 묻거나 흘러내리지 않도록 부착되어야 한다. 또한 일정 시간 내에 빨리 굳어야 하고 쉽게 건조되어 부스러지거나 오랜 저장 중에도 갈라지지 않아야 한다. 그리고 저장하는 동안 광택이 나고 선명한 색상을 유지하며 입자가 결정화되어 거칠어지거나 수분을 흡수하지 않아야 한다. 따라서 우수한 제품을 생산하기 위해서는 icing과 glaze의 물리적 및 화학적 특성의 기본을 이해하고 원료의 기능과 기술적인 공정의 이해가 필요하다.

1. icing과 glaze의 분류

1) 공기 함유량에 따른 분류

(1) flat icing

기포가 없거나 적게 존재하는 아이싱으로 기본 배합은 80~85%의 설탕과 15~20%의 수분으로 이루어진다.

(2) butter cream icing

지방을 포립하여 공기를 함유시킨 형태로 지방을 다량 함유하고 있고 지방의 양은 설탕의 25~125%로 되어 있다.

(3) whipped icing

공기가 많이 포집되어 대단히 가벼운 형태로 발포형 icing이라고도 한다.

2) 가열 여부에 따른 분류

(1) non-boiled type icing : flat icing, cream icing

(2) Boiled type icing : marshmellow icing, fondont icing

3) icing과 glaze의 원료 및 부원료

icing은 다른 재료들을 사용하여 용해된 설탕과 용해되지 않은 설탕의 균형을 유지시키고 설탕 결정의 크기를 안정화시킨 설탕-물 시스템이다. 따라서 icing에는 그 상품성, 작업성, 안정성을 높이기 위하여 설탕과 물 이외에 여러 성분이 사용된다.

(1) 풍미를 높이고 외관을 매력적으로 하기 위한 재료

우유 및 유제품, 난백, 유지, 초콜릿, 향료, 식염, 착색료 등

(2) icing의 기능을 높이는 원료

① 전화당(invert sugar)

설탕의 결정화를 지연시키고 거치름을 방지, 건조를 지연한다.

② 물엿(corn syrup)

설탕의 결정화를 지연하고 건조를 방지하며 icing의 body가 된다.

③ 유지, 쇼트닝

풍미 외에 몇가지 중요한 역할을 하고 icing의 매끈함, 광택, 밝기, body, spread 등을 유지시켜 준다.

④ 안정제

안정제는 식품에 대한 점착성을 증가시키고 유화 안정성을 증가시키고, 가공할 때 가열이나 보존 중의 변화에 관여해 선도를 유지하고 형태를 보존하는데 도움을 준다. 또한 미각에도 관여해 식품의 식감이나 촉감을 좋게 한다. 이같은 성질을 가진 것으로는 밀가루의 글루텐, 찹쌀의 아밀로펙틴, 과일 잼 속의 팩틴, 해조류 추출물의 알긴산, 한천 등과 단백질인 젤라틴, 우유의 카제인 등이 있다.

표19-4. 안정제의 대표적인 종류별 특징

항목 \ 종류	한천	젤라틴	카라기난	펙틴
원 료	해조 (우뭇가사리 등)	소, 돼지 등의 뼈나 가죽	해조	감귤류껍질, 사과 등
구 성	다당류	단백질	다당류	다당류
jelly조직	단단하고 탄력이 적고 부스러지기 쉽다.	부드럽고 탄력성이 있고 점성이 있다.	점조성, 탄력성이 온도에 따라 달라짐	탄력이 있고 점조성도 있다.
용해 시 준비	물에 침적 20배의 물을 흡수	4~6배의 물에 팽윤시킴	설탕 또는 분말 원료와 혼합	8배의 설탕과 혼합 40~50℃온수에서 분산
용해온도	87~95℃	50~60℃	80℃ 이상	90~100℃
gel화 개시온도	30~40℃	18℃~20℃	30~75℃	65~85℃
gel화시간	상온에서 5~24시간	10℃ 이하에서 8~18 시간	상온에서 서서히 안정됨	실온에서 가능
gel화 농도	0.5~2.0%	2~4%	0.3~1.0%	0.3% 이상
보수성	온도변화에 따라 물 분리 쉽다.	양호	양호	최적조건이 아니면 물분리
내산성	pH 4.5이하는 불가하며 pH 8~9 사이가 최대	pH 3.5~8	pH3.2~7에서 안정	pH 2.5~3.5
냉동	부적당	부적당	적당	당과로서는 변화 없음
용도	양갱, 단팥, 디저트	디저트, 아이스크림	제과 등	잼, 젤리

안정제는 gel 형성 능력이 있고 유화성, 현탁성, 보수성, film 형성 능력이 있다. 따라서 icing의 건조, 흡습과 탈습에 의한 수분의 증감을 억제하고, 제품과 icing 사이의 수분의 전이를 방지한다. 안정제로 사용되는 원료로는 알긴산염, 로커스트 콩검, 카라기난, 펙틴, 카제인, 젤라틴, 전분, CMC, 메틸 셀룰로오스 등이 있다(표19-4).

2. 일반적으로 제품에 사용되는 아이싱의 형태

Layer cake : flat icing, butter cream, fudge
Cup cake : fudge , butter cream, flat icing
Pound cake : flat icing, butter cream
Doughnut : flat, fudge
Pastry: flat, fudge
Cinnamon buns : flat, fudge

3. 아이싱의 제조

1) 단순아이싱(flat icing)의 제조

단순 아이싱의 기본 재료는 설탕과 물이다. 이 2가지 기본재료에 전화당, 물엿, 유지, 유제품, 초콜릿, 제품, 안정제, 향료, 색소 등의 재료를 첨가하여 아이싱의 품질을 향상시켜 사용한다.

(단순아이싱의 sweet. yeast goods 용 배합)

분당 · · · · · · · 82
전화당 · · · · · · 4
물엿 · · · · · · · 4
뜨거운 물 · · · · 10
바닐라 향 · · · · 0.2

전 재료를 믹서에 넣고 매끄럽게 될 때까지 배합
사용시에는 43~49℃로 데워서 사용함

2) 버터크림 아이싱(butter cream icing)의 제조

크림아이싱의 공기함유량은 flat icing과 whipped cream icing의 중간 정도이며 미국식과 프랑스식으로 구분된다.

(1) 미국식 버터크림

유지는 설탕의 25~50% 정도를 사용하며 설탕의 형태는 분당을 사용한다. 사

용하는 유지는 마가린, 쇼트닝, 버터 등이다.

〈vanilla butter cream 의 예〉

분당 ········· 59
물 ·········· 8
전화당 ········ 5
유화쇼트닝 ····· 20
버터 ········ 7.5
바닐라 ······· 0.5

분당, 전화당, 바닐라, 물을 균일하게 혼합한 다음 쇼트닝과 버터를 첨가하여 혼합한다

〈 chocolate butter cream의 예 〉

분당 ········· 50
물 ·········· 8
코코아 분말 ····· 5
탈지분유 ······· 2
유화 쇼트닝 ···· 22
버터 ········ 7.5
바닐라 향 ····· 0.5
전화당 ········ 5

분당, 전화당, 코코아 분말, 탈지분유, 바닐라 및 물을 볼에 넣어 혼합하고 쇼트닝과 버터를 첨가하여 원하는 상태까지 교반한다.

(2) 프랑스식 버터크림(french type butter cream)

미국식은 분당을 쓰는 반면 프랑스식은 액당을 주로 사용한다.

〈 프랑스식 버터크림 〉

(a)난백 ········· 50
설탕 ········ 100
식염 ········ 0.25
(b)버터 ········ 20
연유 ········· 10
향료 ········ 소량

(a)를 서서히 50℃로 데워 거품기를 사용하여 거품이 생길 때까지 혼합하고 (a)에 버터와 쇼트닝을 서서히 첨가한다. 믹서의 속도는 중간 속도로 혼합을 계속하면서 연유를 서서히 첨가하여 잘 혼합시킨다.

3) 버터크림(butter cream)제조

버터크림은 빵의 내용물과 케익의 데커레이션에 없어서는 안되는 재료이다. 버터크림의 품질은 다양하지만 공통적으로 요구되는 품질 특성은 다음과 같다.

가) 풍미가 좋으며 입안에서 잘 녹아야 한다.
나) 공기가 충분히 함유되어 가벼워야 한다.
다) 형태를 오랫동안 유지하며 분리되지 않아야 한다.
또한 오래 방치하면 조직이 굳어지지만 이것을 다시 혼합했을 때 원래의 부드러운 크림으로 복원되어야 한다.

버터크림에 사용되는 재료는 쇼트닝, 마가린 및 버터 등의 지방 및 액당을 기본 재료로 하여 여기에 난백, 난황, 연유, 물엿, 양주, 향료 등의 재료가 사용된다.

버터크림의 제조는 수직형 혼합기에 쇼트닝과 마가린을 넣어 비터로 교반하면서 유지 중에 공기를 분산시키고 당액과 분당을 가한다.

한편 배합 중에서 지방을 혼합하고 있을 때 지방의 결정은 기포를 미세하게 자르는 칼날과 같은 역할을 한다. 지방의 결정입자가 미세한 경우는 공기를 작게 자르므로 포집되는 공기기포도 미세하며 수가 많게 된다.

한편 라드와 같이 지방의 결정이 큰 것은 기포가 거칠어지게 된다. 또한 공기의 이탈이 쉽기 때문에 공기의 함유율도 저하된다. 일반적으로 유지에 수소를 첨가하면 결정구조가 β프라임형으로 변하여 크림성이 좋아진다. 그러나 유지의 크림성은 수소첨가 이외에 템퍼링 조건도 큰 영향을 미친다.

① butter cream의 배합 예

일반용

마가린 · · · · · · · 60
쇼트닝 · · · · · · · 40
설탕 · · · · · · · · 95
물엿 · · · · · · · · 15
물 · · · · · · · · · 45
럼주 · · · · · · · · 적당
바닐라 · · · · · · 적당

고급용

버터 · · · · · · · · · 50
쇼트닝 · · · · · · · · 50
설탕 · · · · · · · · · 90
물 · · · · · · · · · · 45

위 기본 배합비에 연유, 계란, 생크림, 바닐라, 생레몬, 양주 등을 적당히 배합하여 품질을 향상시킨다.

4) 폰당(fondant)제조

폰당은 미세한 설탕 결정이 농후한 설탕시럽으로 쌓인 집합체로 구성되어 있다.

〈 fondant 배합의 예 〉

설탕 · · · · · · · · 1000
물엿 · · · · 100~150g
물 · · · · · · · · 400cc
주석산 · · · · · · 소량

위의 배합을 116℃ 전후까지 가열할 때 시럽이 솥의 내부 벽에 결정화되면 결정이 거칠어지기 쉽기 때문에 서서히 가열하고 3~4분마다 솔로 솥의 내부 벽의 가장자리를 씻어 준다. 113~116℃까지 가열한 후 열을 식히면서 골고루 일정한 속도로 저어주면 끈기가 생기고 흰색의 폰당이 생성된다.

5) 퍼지(fudge)형의 아이싱 제조

퍼지형의 아이싱은 버터크림류로 분류되며 일반적인 버터크림보다는 지방질이 적고 조직이 미세하며 광택이 있는 점이 혼당과 흡사하다.

〈 초콜릿 fudge icing A 〉

분당 · · · · · · · · · 63
끓는 물 · · · · · · · 10
전화당 · · · · · · · · 4
콘시럽 · · · · · · · · 4
식염 · · · · · · · · 0.25
초콜릿 · · · · · · · · 15
유화 쇼트닝 · · · · · 4

재료를 배합기에 넣어 전체가 부드럽고 매끄러운 감촉과 광택이 날 때까지 약 10분간 혼합한다.

〈 초콜릿 fudge icing B 〉

쇼트닝 · · · · · · 960
비타초콜릿 · · · · 1920 — 끓을 때까지 가열
우유 · · · · · · · 1080
물엿 · · · · · · · 480
설탕 · · · · · · · 4800
식염 · · · · · · · · · 8
바닐라 · · · · · · · 60

① 설탕, 식염, 바닐라에 쇼트닝, 비타초콜릿 혼합물을 첨가하고 완전히 혼합한다.
② 물엿은 뜨거운 우유에 녹인 다음 ①에 넣고 중속에서 2분 정도 혼합한다.

〈 바닐라 fudge icing 〉

분당 · · · · · · · 72.5
끓는 물 · · · · · · · 5
전화당 · · · · · · · 3
물엿 · · · · · · · · 3
식염 · · · · · · · 0.5
바닐라 · · · · · · 0.4
쇼트닝 · · · · · · 8.6
탈지분유 · · · · · · 3

6) 마시멜로 아이싱

젤라틴 또는 난백을 당액과 함께 거품을 일게 함으로써 많은 양의 공기를 함유하는 매우 가벼운 아이싱을 만들 수 있는데 이것을 마시멜로 icing이라 한다.

일반적 배합비는 설탕 40~45%, 물 20~30%, 젤라틴 1~2%, 포도당 15%, 전화당 15%로 구성된다.

〈 마시멜로 아이싱 〉

분당 · · · · · · · 50.5
전화당 · · · · · · · 25
찬물 · · · · · · · 22.5
젤라틴 (200 bloom)2.25
향료 · · · · · · · 적당

젤라틴은 냉수에 넣어 15분 정도 수화시킨 후 60℃로 가열하여 설탕과 전화당을 첨가하고 비중이 약 0.32가 되도록 고속에서 20분 정도 혼합한다.

7) 복합(combination) icing 제조

2가지 이상을 혼합 또는 조합해서 만든 아이싱으로 다음과 같다.

cream icing + 마시멜로 → 마시멜로 cream icing
cream icing + fondant → fondant cream icing
cream icing + fudge → fudge cream icing
cream icing + jelly → jelly cream icing

부록

부록 1. 당알코올의 성질(P116 관련)

	소르비톨 sorbitol	만니톨 mannitol	자이리톨 xylitol	이소말트 isomalt	말티톨 maltitol	락티톨 lactitol	에리트리톨 erythritol
화학구조 H=수소첨가	H · 포도당 (단당류)	H · 과당 (단당류)	H · 자일로스 (단당류)	H · 이소말튤로스 (이당류)	H · 맥아당 (이당류)	H · 유당 (이당류)	$H(CHOH)_4$
출처	전분-포도당	전분-전화당	자일로스	자당	전분-맥아당	유당	
상대적감미도 (자당=100)	60-70	40-55	100	45-65	85-95	30-40	75-80
용해열 (cal/g)	-26	-30	-35	-9	-8	-13	-42.9
녹는점(℃)	96-100	164-169	92-96	145-150	130-135	151(무수)	125
용해도% (20℃)	70-74	18	63-66	25	62	55	37
배변완하량 (g/day)	20-30	15-20	25-50	30-50	30-50	20-50	많은 양
당뇨병 사용적합성	적합	적합	적합	적합	적합	적합	적합
열량(Cal)	2.6	2.0	2.4	2.0	2.1	2.0	0.2
수용액 점도	낮음	낮음	낮음	낮음	낮음	낮음	낮음
흡수성	높음	낮음	보통	낮음	낮음	보통	낮음
적용제품	일반식품 제약	제약 제한식품	제약 특수식품	캔디 당과제품 설탕공예	캔디 당과제품	당과제품	일반식품

이소말트(Isomalt)(P117 관련)

이소말트는 알콜에는 녹지 않으나, 물에 대한 용해도는 30℃의 온도에서 설탕의 약 50%, 70℃에서는 약 90%의 용해도를 나타내어 온도가 증가함에 따라 설탕의 용해도에 가까워진다. 가열에 의한 갈변반응도 일으키지 않는 장점을 가지고 있으며, 이소말트의 융점은 145~150℃로서 160℃까지 가열해도 거의 분해되지 않으며 잔존률은 96.8%로 다른 당류보다 열에 안정적이며 끓이거나 압출가공에 사용하는 것이 적합하다. 식품 생산 중에 발생할 수 있는 일반적인 조건하에서 산과 알칼리에도 안정한 경향을 나타낸다. 다른 당류에 비해 온도에 따른 수분흡수율이 낮아 매우 안정적인 상태를 유지하며 25℃, 상대습도 85%정도에서 수분을 흡수하기 시작한다.

부록 2. 온도에 따른 포도당, 자당, 이소말트의 용해표

온도(℃)	0	10	20	30	40	50	60	70	80	90	100
포도당(%)	35	39	47	55	62	71	75	78	82	85	88
자당(%)	64	66	67	69	70	72	74	76	78	81	83
이소말트(%)	7	17	24	31	39	48	56	62	69	75	80

참고 문헌

1. Radley, J.A. : starch and Its Derivatives. vol. I. John wiley and Sons. Ine, New York, 1954.
2. 김동훈 : 식품화학. 탐구당, 서울,1998
3. Radely, J.A.: Starch and its Derivatives, 3rd ed., Vol. 1, P.223, John Wily and Sons, Inc., New York,1954
4. 김성곤, 김희갑 : 소맥과 제분공업, 한국제분공업협회, 서울, 1985
5. 김성곤 : 밀가루의 품질, 미국소맥협회, 서울,1986
6. 田中康夫. 松本博 : 製パン材料の 科學, 光琳, 東京 1994
7. 岡本陸久, 佐野充彦 : 油化學. 38(2).(3) 1989
8. E.A.McGill : Baker' s Digest, 49(2). 28 1975
9. 田中康夫, 松本博 : 製パン材料の 科學. 光琳,東京,1992.
10. swortfiguer, M, J : Baker' s Digest, 39(2). 1962
11. Edelmanm, E. C. etal : Cereal Chen. 27(1), 1950
12. 조남지 : Bifidobacterium bifidum을 이용한 밀가루 brew가 반죽의 이화학적 성질 및 빵의 품질에 미치는 영향. 건국대 박사 학위 논문(서울) 1997.
13. Nam Ji Cho et al : The method of bread-making with Mulberry leaf powder and the change of Amino acid composition in flour brew fermentation by saccharomyces cerevisiae or Bifidobacteria. Food Sci. Biotechnol. vol. 9(1) 2000.
13. 中江恒 : パン化學ノト パンニス社 1979
14. 田中康夫 : 뉴푸드. 인다스토리, 19(11)1977,
15. 주현규, 조남지 외 2인 : 제과제빵재료학, 광문각, 서울,1994
16. E, J. pyler : Baking science TechnologyⅢ, Vol. Ⅰ, Kansas, 1988
17. Griffin, W.: Olucs to the surfactant selection offered by the IⅡ.B system Off. Dig, Fed. Paint Varn. Prod. Clubs 28, 446 455, 1956.
18. Kermode, G. O. : Food additives. Sci. Am. 226(3), 15-21 1972
19. Krog, N, and aluridsen, B. J.: Food emulsifiers and their association with water. In "Food Emulsions", pp, 67-139, Dekker, New York 1983
20. Manley, D. J. R.: Technology of Biscuits, Crackers, and Cookies, Ellis Horwood. Ltd. Chichester, England. 1983
21. Nash, N. IL, and Brickman, L. M. Food emulsifiers Science and art. J. Am. Oil Chem, Soc, 49(8), 457-461 1972
22. Schuster, G,: Manufacture and stabilization of food emulsions. Lecture persented at the INSKO Trairing Course, Helsinki, Finland.1981

23. Schuster, G, and Adams, W, F, Emulsifiers as additives in bread and fine Baked goods. Adu. Cereal Sci. Technol. 6, 139 287. 1984
24. Schoch, T. J. Starches and amylases. Proc. Am. Soc. Brew. Chem., pp. 3-92, 1961
25. Schoch, T. J., and Elder, A. L.: Starches in the food industry. Adu. Chem. Ser 12, 31, 34, 1955
26. Baking science lecture, American insititute of baking, Kansas, 1990
27. 송재철, 박현정 : 최신식품가공학, 유림문화사, 서울, 1997
28. 허경만 : 올리고당, 유한문화사, 서울, 1992
29. Schunemann and Treu : Baking, the art and science, Baker Tech. Inc. Canada, 1984
30. 福場博保, 小林彰夫 編著 , 調味料, 香辛料の 事典, 朝倉書店, 1996
31. 武政三男, スパイス百科事典, 三琇書房, 1981
32. Root. W. Herbs and Spices , Alfred Van der March Fditions , 1985
33. Miloradorich, M . The Art of cooking with Hebs and spice .Doubleday & Company.1989
34. 渡 長男 , 製菓事典, 朝倉書店. 1981
35. 安達 嚴 , パン , 洋菓子 事典, (株) 製菓 實驗社, 1983
36. Donna. R ,Tainte, Spices& Seasoning , VCH, 1990
37. Joseph Merory , Food Flavorings Composition, manufacture and Use , AVI , 1968
38. Radly, J. A , Starch Production Technology , Applied science publishers LTD, 1982
39. 遠勝一夫, 食品製造工程圖解, 1983
40. Elisabeth Ortiz, The encyclopedia of herbs spices& flavorings , DK publing,inc, 1992
41. Alistair M. Stephen, Food polysaccharides and their application, Marcel Dekker .inc 1995
42. The copenhagen pectin factory Ltd , Handbook for the fruit processing industry, 1984
43. M.Glicksman, Gum technology in the food industry, Academic press, NY, 1953
44. I. C. M. Dea and A. Moriison, Chemistry and interaction of seed galactomannans, Adv,carbohydr, Chem.Biochem.31:241 ,1975
45. V. J. Morris, Xanthan-locust bean, Carbohydr,polym 21; 53 ,1993
46. Judie D, Dziezak, A Focus on Gums , Food Technology, 116-132, 3, 1991
47. Bell,D,A. Methylcellulose as structure enhancer in bread baking ,Cere Foods World. 35(10). 1990
48. 日本アルギン酸 工業會, アルギン酸, 1985
49. M, Alekander, Characterisation of pectin from citrus peels, jour of food sci and tech, 17. 1980
50. R. Berolzheimer, Culinary arts institute encyclopedic cookbook, Perigee book, N.Y, 1988
51. A. L.Branen, P.Michael Davidson, Food Additives, Marcel Dekker, inc, N.Y, 1990
52. R. Carl Hoseney , Principles of Cereal science and technology , AACC, USA, 1986
53. 芝崎 勳, 笹島 正秋, 天然物に よる食品の 保藏 技術, 有限會社 お茶水企劃 , 1985

54. 김충복 ,호리마사유끼 , 앙금과 和菓子, 민음사 ,1992
55. 安部章藏, Application of a pressure cooker equpped with a kneader to the sweetening process of Adzuki Ann, 日本工業學會誌, 37(6), 1990
56. Syozo Abe , The quality improvement of adzuki-nama-ann, neri-ann and tsubu-ann and improvement of manufacturing process using automatically controlled plants , 日本工業學會誌 41(2) ,1994
57. 釘宮正往, 練りあんのあん粒子の崩壞, 損傷に 及ぼす 製造工程の影響, 日本工業學會誌 , 39(3), 1992
58. 中井博康, 食品 圖鑑, 日本營養大學出版部, 1995
59. Donald K.D, Icing and Glazes: formulation and processing, cereal food world, 25(7), 1980
60. Harry J. Lipman, Advances in Icing technology, The Bakers digest , 2, 1972
61. Alfered L, Structure and Behavior of icing , The Bakers digest , 2, 1969
62. R. Macrae, R.K.Robinson, Enclopaedia of Food science food Technology & Nutrition, 1993
63. 坂村貞雄, 農産食品の 科學と利用, 文永堂出版株式會社, 1990
64. The encyclpedia of herbs spices & flavorings, Dk publishing, INC. New York, 1995
65. 김성곤,조남지, 김영호 : 제과제빵과학, (주)비앤씨월드, 서울, 1999
66. Khoo, U., Christianson, D.D. and Inglett, G.E. : Baker ' s Dig., 49(4) 24 1975
67. 뚜애, S., Okada, K., Nagao, S. and D Appolonia, B.L.: Cereal Chem., 67, 480 1990
68. Hoseney, R. C., Finny, K.F., Shogren, M.D. and Pomeranz, Y. :Cereal Chem., 46,126 1969
69. American Association of Cereal Chemists. Approved Method of the AACC. St Paul, MN, 1962
70. Chuster, G and Adams, W.F : Advances in Cereal Science and Technology, Vol.Ⅳ. AACC Inc. St. Paul, 1984
71. Bread & Cake lecture materials, AIB, Kansas, USA,1990
72. Longton, J., and Legrys, G.A. : starch, 33:410, 1981
73. Y. Pomeranz. ed. : advances in cereal science and technology, 1984
74. Wayne Gisslen : Professional Baking. John Wiley & Sons, Inc. New York, 1996
75. Katz, J.R., and Itallie, T.B.V.: Ⅶ. Amylograph and Amylose. J.Phys. Chem. A.1931
76. reed, G. and Peppler, H.J. : In yeast technology, AVI Publishing Co. Westport, CT,1973
77. Macritchie, F. : Flour Lipids. Cereal Chem. 58, 1981
78. 日本麥類研究所. その原料と加工品. 東京.1970
79. 강국희: 유산균식품학, 성균관대학교 출판부, 서울,1990
80. 조남지. 비피도박테리움속을 이용한 빵의 제조방법. 대한민국 특허 제 0232418호. 1997
81. 식품과학용어집. 대광서림. 서울. 1994
82. 유산균과 건강. 제11회 국제학술심포지엄. 서울. 1999